新时代市政基础设施规划方法与实践丛书

厂网河城一体化流域治理规划方法与实践

俞　露　李炳锋　邓立静　孙　静　李亚坤　张　亮　主编
深圳市城市规划设计研究院股份有限公司　组织编写

U0330592

中国城市出版社

图书在版编目（CIP）数据

厂网河城一体化流域治理规划方法与实践／俞露等
主编；深圳市城市规划设计研究院股份有限公司组织编
写. -- 北京：中国城市出版社，2024. 11. -- （新时代
市政基础设施规划方法与实践丛书）. -- ISBN 978-7
-5074-3776-8

Ⅰ. TV88

中国国家版本馆 CIP 数据核字第 2024HK5210 号

随着城市化和生态文明建设的不断推进，城市治水工作逐渐从单要素治理走向流域一体化系统治理，从重视工程措施走向注重精细管控，从单纯的水域治理走向治水、治产、治城相融合的流域治理。流域治理包括水安全、水资源、水环境、水生态等方面，本书基于作者团队多年从事城市排水系统规划研究、排水管网问题监测诊断、流域水生态环境治理规划研究工作经验，重点围绕水环境提升、水生态改善，介绍"厂网河城"一体化流域治理规划方法与实践。全书分基础篇、方法篇、实践篇三个部分，基础篇从流域一体化治理视角，阐述了流域的一般概念和特征、城市流域的要素及特点，梳理了流域治理发展历程，明确了新发展理念、新时期治水思路下流域治理的关键环节，提出了"全要素、全过程、全周期、全流域、智慧化"的"厂网河城"一体化流域治理框架思路；方法篇介绍了"厂网河城"一体化流域治理规划的总体要求、规划编制步骤和具体方法，并对模型应用、智慧管控、水城融合等重点环节和内容进行了详细说明；实践篇介绍了作者团队开展的全要素统筹、全过程治理、全周期管控、全流域融合的流域治理规划研究案例。

本书不仅介绍了流域治理规划方法，而且涉及了产业发展、智慧管控等相关内容。作者团队力图以全面的内容、翔实的资料、具体的案例，系统介绍面向生态文明建设的流域治理规划方法，供城市水务行业的科研人员、规划设计人员、施工管理人员以及相关行政管理部门和公司企业人员参考，也可作为相关专业大专院校的教学参考用书和城市水务建设领域的培训参考书。

责任编辑：朱晓瑜　张智芊

责任校对：赵　力

新时代市政基础设施规划方法与实践丛书

厂网河城一体化流域治理规划方法与实践

俞　露　李炳锋　邓立静　孙　静　李亚坤　张　亮　主编
深圳市城市规划设计研究院股份有限公司　组织编写
*
中国城市出版社出版、发行（北京海淀三里河路 9 号）
各地新华书店、建筑书店经销
北京红光制版公司制版
建工社（河北）印刷有限公司印刷
*
开本：787 毫米×1092 毫米　1/16　印张：20¼　字数：476 千字
2024 年 12 月第一版　　2024 年 12 月第一次印刷
定价：**75.00** 元
ISBN 978-7-5074-3776-8
　　　（904789）

版权所有　翻印必究

如有内容及印装质量问题，请与本社读者服务中心联系

电话：（010）58337283　QQ：2885381756

（地址：北京海淀三里河路 9 号中国建筑工业出版社 604 室　邮政编码：100037）

丛书编委会

主　　任：俞　露

副 主 任：黄卫东　伍　炜　王金川　李启军
　　　　　刘应明

委　　员：任心欣　李　峰　陈永海　孙志超
　　　　　王　健　唐圣钧　韩刚团　张　亮
　　　　　陈锦全　彭　剑

编　写　组

策　　划：俞　露　刘应明

主　　编：俞　露　李炳锋　邓立静　孙　静
　　　　　李亚坤　张　亮

编撰人员：黄垚泅　王　颖　吴　丹　李玮青
　　　　　罗虹霞　杨可昀　王政君　刘　豪
　　　　　张兴宇　梁玉杰　王晓飞　肖紫月
　　　　　何广英　镡正旭　杨利冰

丛书序言

城市作为美丽而充满魅力的生活空间，是人类文明的支柱，是社会集体成就的最终体现。改革开放以来，我国经历了人类历史上规模最大、速度最快的城镇化进程，城市作为人口大规模集聚、经济社会系统极端复杂、多元文化交融碰撞、建筑物密集以及各类基础设施互联互通的地方，同时也是人类建立的结构最为复杂的系统。2021年3月，《中华人民共和国国民经济和社会发展第十四个五年规划和2035年远景目标纲要》对外公布，强调新发展理念下的系统观、安全观、减碳与生态观，将"两新一重"（新型城镇化、新型基础设施和重大交通、水利、能源等工程）放在十分突出的位置。

市政基础设施是新型城镇化的物质基础，是城市社会经济发展、人居环境改善、公共服务提升和城市安全运转的基本保障，是城市发展的骨架。城市工作要树立系统思维，在推进市政基础设施领域建设和发展方面也应体现"系统性"。同时，我国也正处在国土空间格局优化和治理转型时期，针对自然资源约束趋紧、区域发展格局不协调及国土开发保护中"多规合一"等矛盾，2019年起，国家全面启动了国土空间规划体系改革，推进以高质量发展为目标、生态文明为导向的空间治理能力建设。科学编制市政基础设施系统规划，对于构建布局合理、设施配套、功能完备、安全高效的城市市政基础设施体系，扎实推进新型城镇化，提升基础设施空间治理能力具有重要意义。

深圳市城市规划设计研究院股份有限公司（以下简称"深规院"）市政规划研究团队是一支勤于思索、善于总结和勇于创新的技术团队，2016年6月至2020年6月，短短四年时间内，出版了《新型市政基础设施规划与管理丛书》（共包括5个分册）及《城市基础设施规划方法创新与实践系列丛书》（共包括8个分册）两套丛书，出版后受到行业的广泛关注和业界人士的高度评价，创造了一个"深圳奇迹"。书中探讨的综合管廊、海绵城市、低碳生态、新型能源、内涝防治、综合环卫等诸多领域，均是新发展理念下国家重点推进的建设领域，为国内市政基础设施规划建设提供了宝贵的经验参考。本套丛书较前两套丛书而言，更加注重城市发展的系统性、安全性，紧跟新时代背景下的新趋势和新要求，在海绵城市系统化全域推进、无废城市建设、环境园规划、厂网河城一体化流域治理、市政基础设施空间规划、城市水系统规划等方面，进一步探讨新时代背景下相关市政工程规划的技术方法与实践案例，为推进市政基础设施精细化规划和管理贡献智慧和经验。

党的十九大报告指出："中国特色社会主义进入了新时代。"新时代赋予新任务，新征程要有新作为。未来城市将是生产生活生态空间相宜、自然经济社会人文相融的复合人居系统，是物质空间、虚拟空间和社会空间的融合。新时代背景下的城市规划师理应认清新局面、把握新形势、适应新需求，顺应、包容、引导互联网、5G、新能源等技术进步，塑造更加高效、低碳、环境友好的生产生活方式，推动城市形态向着更加宜居、生态的方向演进。

上善若水，大爱无疆，分享就是一种博爱和奉献。本套丛书与前面两套丛书一样，是基于作者们多年工作实践和研究成果，经过系统总结和必要创新，通过公开出版发行，实现了研究成果向社会开放和共享，我想，这也是这套丛书出版的重要价值所在。希望深规院市政规划研究团队继续秉持创新、协调、绿色、开放、共享的新发展理念，推动基础设施规划更好地服务于城市可持续发展，为打造美丽城市、建设美丽中国贡献更多智慧和力量！

中国工程院院士、

深圳大学土木与交通工程学院院长　陈湘生

2021 年仲秋于深圳大学

丛书前言 _____

当前，我们正经历百年未有之大变局。城市这个开放的复杂巨系统面临的不确定性因素和未知风险也不断增加。在各种突如其来的自然和人为灾害面前，城市往往表现出极大的脆弱性，而这正逐渐成为制约城市生存和可持续发展的瓶颈问题，同时也赋予了城市基础设施更加重大的使命。如何提高城市系统面对不确定性因素的抵御力、恢复力和适应力，提升城市规划的预见性和引导性，已成为当前国际城市规划领域研究的热点和焦点问题。

从生态城市、低碳城市、绿色城市、海绵城市到智慧城市，一系列的城市建设新理念层出不穷。近年来，"韧性城市"强势来袭，已成为新时代城市发展的重要主题。建设韧性城市是一项新的课题，其主要内涵是指城市或城市系统能够化解和抵御外界的冲击，保持其主要特征和功能不受明显影响的能力。良好的基础设施规划、建设和管理是城市安全的基本保障。坚持以人为本、统筹规划、综合协调、开放共享的理念，提升城市基础设施管理和服务的智能化、精细化水平，不断提升市民对美好城市的获得感。

2016年6月，深圳市城市规划设计研究院股份有限公司（以下简称"深规院"）受中国建筑工业出版社邀请，组织编写了《新型市政基础设施规划与管理丛书》。该套丛书共5个分册，涉及综合管廊、海绵城市、电动汽车充电设施、新能源以及低碳生态市政设施等诸多新型领域，均是当时我国提出的新发展理念或者重点推进的建设领域，于2018年9月全部完成出版发行。2019年6月，深规院再次受中国建筑工业出版社邀请，组织编写了《城市基础设施规划方法创新与实践系列丛书》，本套丛书共8个分册，系统探讨了市政详规、通信基础设施、非常规水资源、城市内涝防治、消防工程、综合环卫、城市物理环境、城市雨水径流污染治理等专项规划的技术方法，于2020年6月全部完成出版发行。在短短四年之内，深规院市政规划研究团队共出版了13本书籍，出版后均马上销售一空，部分书籍至今已进行了6次重印，受到业界人士的高度评价，树立了深规院在市政基础设施规划研究领域的技术品牌。

深规院是一个与深圳共同成长的规划设计机构，1990年成立至今，在深圳以及国内外200多个城市或地区完成了近4000个项目，有幸完整地跟踪了中国快速城镇化过程中的典型实践。市政规划研究院作为其下属最大的专业技术部门，拥有近150名专业技术人员，是国内实力雄厚的城市基础设施规划研究专业团队之一，一直深耕于城市基础设施规划和研究领域。近年来，深规院市政规划研究团队紧跟国家政策导向和技术潮流，深度参与了海绵城市建设系统化方案、无废城市、环境园、治水提质以及国土空间等规划研究工作。

在海绵城市规划研究方面，陆续在深圳、东莞、佛山、中山、湛江、马鞍山等多个城市主编了海绵城市系统化方案，同时，作为技术统筹单位为深圳市光明区海绵城市试点建设提供 6 年的全过程技术服务，全方位地参与光明区系统化全域推进海绵城市建设工作，助力光明区获得第二批国家海绵城市建设试点绩效考核第一名的成绩；在综合环卫设施规划方面，主持编制的《深圳市环境卫生设施系统布局规划（2006—2020）》获得了 2009 年度广东省优秀城乡规划设计项目一等奖及全国优秀城乡规划设计项目表扬奖，在国内率先提出"环境园"规划理念。其后陆续主编了深圳市多个环境园详细规划，2020 年主编了《深圳市"无废城市"建设试点实施方案研究》，对"无废城市"建设指标体系、政策体系、标准体系进行了系统和深度研究；自 2017 年以来，深规院市政规划研究团队深度参与了深圳市治水提质工作，主持了《深圳河湾流域水质稳定达标方案与跟踪评价》《河道截污工程初雨水（面源污染）精细收集与调度研究及示范项目》《深圳市"污水零直排区"创建工作指引》等重要课题，作为牵头单位主持了《高密度建成区黑臭水体"厂网河（湖）城"系统治理关键技术与示范》课题，获得 2019 年度广东省技术发明奖二等奖；在市政基础设施空间规划方面，主编了近 30 个市政详细规划，在该类规划中，重点研究了市政基础设施用地落实途径，同时承担了深圳市多个区的水务设施空间规划、《深圳市市政基础设施与岩洞联合布局可行性研究服务项目》以及《龙华区城市建成区桥下空间开发利用方式研究》，在国内率先研究了高密度建设区市政基础设施空间规划方法；在水系规划方面，先后承担了深圳市前海合作区、大鹏新区、海洋新城、香蜜湖片区以及扬州市生态科技城、中山市中心城区、西安市西咸新区沣西新城等重点片区的水系规划，其中主持编制的《前海合作区水系统专项规划》，获 2013 年度全国优秀城乡规划设计二等奖。

鉴于以上成绩和实践，2021 年 4 月，在中国建筑工业出版社再次邀请和支持下，由俞露、刘应明整体策划和统筹协调，组织了深规院具有丰富经验的专家和工程师启动编写《新时代市政基础设施规划方法与实践丛书》。该丛书共 6 个分册，包括《系统化全域推进海绵城市建设的"光明实践"》《无废城市建设规划方法与实践》《环境园规划方法与实践》《厂网河城一体化流域治理规划方法与实践》《市政基础设施空间布局规划方法与实践》以及《城市水系统规划方法与实践》。本套丛书紧跟城市发展新理念、新趋势和新要求，结合规划实践，在总结经验的基础上，系统介绍了新时代下相关市政工程规划的规划方法，期望对现行的市政工程规划体系以及技术标准进行有益补充和必要创新，为从事城市基础设施规划、设计、建设以及管理的人员提供亟待解决问题的技术方法和具有实践意义的规划案例。

本套丛书在编写过程中，得到了住房和城乡建设部、自然资源部、广东省住房和城乡建设厅、广东省自然资源厅、深圳市规划和自然资源局、深圳市生态环境局、深圳市水务局、深圳市城市管理和综合执法局等相关部门领导的大力支持和关心，得到了各有关方面专家、学者和同行的热心指导和无私奉献，在此一并表示感谢。

感谢陈湘生院士为我们第三套丛书写序，陈院士是我国城市基础设施领域的著名专家，曾担任过深圳地铁集团有限公司副总经理、总工程师兼技术委员会主任，现为深圳大学土木与交通工程学院院长以及深圳大学未来地下城市研究院创院院长。陈院士为人谦逊随和，一直关心和关注深规院市政规划研究团队的发展，前两套丛书出版后，陈院士第一时间电话向编写组表示祝贺，对第三套丛书的编写提出了诸多宝贵意见，在此感谢陈院士对我们的支持和信任！

本套丛书的出版凝聚了中国建筑工业出版社（中国城市出版社）朱晓瑜编辑的辛勤工作，在此表示由衷敬意和万分感谢！

《新时代市政基础设施规划方法与实践丛书》编委会

2021 年 10 月

水污染问题是我国乃至世界各国城市化过程中的遗留问题，也是制约城市发展的最大环境问题，对于我国来说，更是高质量全面建成小康社会的重要短板之一。随着我国水污染治理工作向纵深推进，政府管理者和专业人员越来越充分意识到，水污染治理是一个长期、复杂、系统的工程，流域治理的技术思路也在不断调整、修正和优化。

传统流域治理往往专注某一方面，工程设施也比较单一，通常只能对一种或多种污染物发挥控制作用，任何一项设施或一个环节出现问题，都将影响水体水质目标的实现。在碎片化的水环境治理现状下，水污染控制系统各组成要素的建设及运维的目标各不相同，难以形成合力。如污水处理厂以出水水质达标为目标，其规模预测较少考虑管网建设时序和收集效率，导致收集能力和处理能力不匹配，污水处理厂只能被动接受管网输水；管网建设则以保障传输能力为目标，对其实际可收集的污水、雨水、生态基流、地下水等不同来源造成的管网传输实际污染物的浓度和总量差异则预计不足，雨季高水位运行现象普遍存在；河道治理长期侧重于防洪标准的提升，与沿河管网建设、排放口整治、生态修复的衔接不足，污水处理厂尾水排放与河道生态补水需求脱节。由于管理分割造成的责任边界不清，协调统筹不足，缺乏系统性规划，在发生水污染事件时只能开展应急处置，难以从源头解决问题，同时也难以开展跨流域、跨厂区调配，排水系统的功能不能得到充分发挥。

探索"厂网河城"一体化、流域全要素治理与管理的治水模式，按照自然水体循环，打破现有分块、分级的传统水务治理方式，以流域为单元实现治污源头管控、过程同步、结果可控，是业内的广泛共识，并得到了国家有关部委的积极支持。2019年5月，住房和城乡建设部等三部委联合印发《城镇污水处理提质增效三年行动方案（2019—2021年）》，提出"积极推行污水处理厂、管网与河湖水体联动'厂—网—河（湖）'一体化、专业化运行维护，保障污水收集处理设施的系统性和完整性"。"厂网河城"各要素是流域污染治理中的关键节点和重要组成，其中"河"是目标，同时也是流域污染的受纳体，从水生态环境提升角度来看，流域治理就是通过实施截污、清淤、补水、生态修复，加强日常管养，实现水清岸绿、鱼翔浅底的愿景。

深规院市政规划研究院股份有限公司作为国内知名的市政工程规划与研究的专业团队，全方位服务深圳市城市建设发展，"十三五"以来更作为主要技术支撑单位之一，全过程服务深圳市治水提质工作，开展了《深圳河湾流域水质稳定达标方案与跟踪评价》《河道截污工程初雨水（面源污染）精细收集与调度研究及示范项目》《深圳市"污水零直排区"创建工作指引》《大沙河流域水环境创优示范研究》等一系列工作并取得了丰富的成果。其中，《高密度建成区黑臭水体"厂网河（湖）城"系统治理关键技术与示范》成果获 2019 年度广东省技术发明奖二等奖，《基于海绵城市建设的城市面源污染控制关键技术及应用》成果获 2021 年度广东省环境保护科学技术二等奖，《城市雨水径流污染全链条精细化管控关键技术研究及应用》成果获 2023 年度广东省市政行业协会科学技术奖一等奖。

本书对上述工作和成果进行了梳理总结，内容分为基础篇、方法篇和实践篇等三部分，由俞露、刘应明负责总体策划和统筹安排等工作，俞露、李炳锋、邓立静、孙静、李亚坤、张亮等六人共同担任主编，俞露、李炳锋负责大纲编写和组织协调工作，李炳锋、刘应明、张亮负责文稿审核等工作，邓立静、李亚坤负责格式制定和文稿汇总等工作。基础篇中，第 1 章"流域治理概念与历程"由邓立静、崔若凡、俞露负责编写；第 2 章"新时期流域治理要求"由崔若凡、邓立静负责编写；第 3 章"'厂网河城'一体化治理框架"由俞露、李炳锋负责编写。方法篇中，第 4 章"规划概述"由俞露、孙静负责编写；第 5 章"规划方法"由李亚坤、孙静、李玮青、李炳锋负责编写；第 6 章"模型应用"由黄垚洇、邓立静、李炳锋负责编写；第 7 章"智慧管控"由王颖、刘豪、李亚坤负责编写；第 8 章"水城融合"由邓立静、李亚坤、罗虹霞负责编写。实践篇选取了作者团队完成的典型案例，其中，第 9 章"深圳河湾流域水质稳定达标方案及跟踪评价"案例突出了全要素治理思路，由孙静、俞露负责编写；第 10 章"大沙河流域创优示范监测研究"突出了全过程治理思路，由李亚坤、李炳锋负责编写；第 11 章"排水系统建设完善与提质增效案例"突出了全周期治理思路，由邓立静、李炳锋负责编写；第 12 章"罗湖区碧道建设规划"案例突出了全流域融合治理思路，由孙静、张亮负责编写。附录包括"相关术语定义""相关政策文件"两部分，由崔若凡、邓立静负责编写。在本书成稿过程中，邓立静、孙静、肖紫月等负责完善和美化全书图表制作工作。杨可昀、马倩倩、梁玉杰、何广英、镡正旭、杨利冰等诸位同志完成了全书的文字校对工作。本书由俞露、刘应明审阅定稿。

本书是编写团队多年来在"厂网河城"一体化流域治理规划方面的工作经验的总结和提炼，希望通过本书与各位读者分享我们的规划理念、技术方法和实践案例。虽编写人员尽了最大努力，但限于编者水平，书中疏漏乃至不足之处恐有所难免，敬请读者批评指正！

本书在编写过程中参阅了大量的参考文献，从中得到了许多有益的启发和帮助，在此向有关作者和单位表示衷心的感谢！所附的参考文献如有遗漏或错误，请直接与出版社联系，以便再版时补充或更正。

最后，谨向所有帮助、支持和鼓励我们完成本书编写的家人、专家、领导、同事和朋友致以真挚的感谢！

《厂网河城一体化流域治理规划方法与实践》编写组

2024 年 7 月

目　录

第 1 篇

基 础 篇

　　水是万物之母、生存之本、文明之源，逐水而居、因水而兴是城市建设发展重要特征。流域是与水密切相关的概念，流域治理简而言之就是兴水利、除水害。水能维持生命，也可以终结生命；水可以兴国富民，也可以衰国害民，所以流域治理在古今中外都是治国大事，可以说人类文明发展史和城市建设发展史就是一部流域治理史。但是，不同的历史时期，流域治理的重点与要求不同，梳理流域治理的概念和历程，可为新时期的流域治理提供借鉴。

　　本篇首先简要介绍了流域治理的概念与历程及国内外相关规范标准、案例，然后再阐述新发展理念要求和新时期治水思路指导下的新时期流域治理关键环节；最后提出了"全要素统筹、全过程治理、全周期管控、全流域融合、智慧化赋能"的流域治理框架，是本书提出的新时期"厂网河城"一体化流域治理规划方法与实践的基础。

第1章 流域治理概念与历程

随着城市化发展，流域的地理高程、下垫面以及内部的河湖水系均发生了显著变化，进而导致流域边界及流域的气候水文、资源环境以及生态系统等要素产生明显变化。在城市的迅速扩张过程中，流域的自然生态系统和经济社会系统逐渐失衡，演变出了一系列突出的城市水问题，包括水环境恶化、水生态失衡、水安全威胁以及水资源紧张等。因此，流域治理的焦点已不再局限于对洪涝灾害和水资源的关注，而是转变为涵盖洪涝防治、生态环境提升、水系景观改善以及资源可持续利用的综合治理策略，以适应并应对不断变化的城市环境。

本章对流域的概念、特征、发展历程、标准规范及实践案例等进行阐述，详细介绍了流域的一般概念、基本特征以及城市流域的构成要素、城市化对流域的影响及存在问题，叙述了流域治理的发展历程，阐述了我国流域治理的相关标准规范，并选取了国内外流域治理的典型案例，以期读者能够深刻理解流域和流域治理的理论基础和核心思想，全面了解我国流域治理的发展阶段和面临的核心问题。

1.1 流域的概念与特征

1.1.1 流域的一般概念和特征

1. 流域的概念

流域是一个在水文学、地貌学、环境学等多学科中较为常用的概念。从狭义来看，"流域"概念主要是从水文学的角度去定义，强调集水区内的所有降雨都汇集向同一河流、湖泊或盆地。从广义来看，流域是包含某一水系（或水系的一部分），并由分水线或其他人为、非人为界线（如灌区边界等）将其圈闭起来的相对完整、独立的区域。因此，广义的流域也可称为"排水区"，其核心在水，包含了水的汇集区以及与本水系相关的一些非集水区。

总体而言，流域的定义都是用集水区的概念来完成的，其核心是"分水岭包围的集水区"[1]。分水岭和分水线都是分开相邻流域的边界，分水岭是相邻流域之间的山岭或高地，分水线是流域四周水流方向不同的界线。由于流域内的径流包括地面径流和地下径流，因此，分水线也分为地面分水线和地下分水线。地面分水线一般是山脊线，平原地区以堤防或岗地作为分水线。由于地下分水线难以测定，常以地面分水线来划分流域的范围。一个大流域按照水系等级分水线，可划分为若干个子流域；不断嵌套划分至不可再划分时，得到组成流域的最小单元，即流域基本单元。集水区属于流域的较小子集，是流域内的特定区域，该区域的水被一个特定的水体（如河流、湖泊或水库）收集和排放。集水区通常根据较大流域内的地形和水流模式进行划定。集水区的概念常用于水资源管理和规划领域，对开展水量和水质的管理与实践至关重要。

按照地面分水线与地下分水线的重合情况，可分为闭合流域和不闭合流域。地面分水线与地下分水线相重合，并且除流域出口断面外和流域以外的区域无水量交换，为闭合流域；地面分水线和地下分水线不重合，存在流域出口以外的地下水交换，则为不闭合流域。

按水体是否与海洋连通，可分为外流流域和内流流域。流域内的水流能直接或间接流入海洋的，称为外流流域；仅流入内陆湖泊或消失于沙漠之中的称为内流流域。外流流域按连通的大洋分为太平洋流域、印度洋流域、大西洋流域、北冰洋流域和南冰洋流域等五大流域，并可按河流湖泊及其支流进一步细分，如长江流域、黄河流域等（图 1-1）。

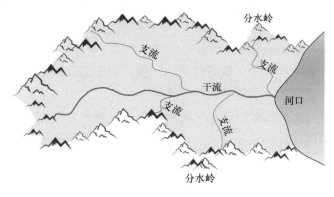

图 1-1　流域示意图

2. 几何特征

流域从水文学的角度来看，其水文特征取决于流域的几何特征和自然地理情况。流域不仅是水文单元，而且是生态环境和社会经济的重要载体，在塑造景观、调节水流、支持生物多样性及为人类社区和自然生态系统提供基本服务等方面发挥着关键作用。

流域的几何特征包括流域面积、河网密度、流域长度、流域平均宽度、流域平均高程、流域平均坡度等（表 1-1）。

流域几何特征说明 表 1-1

序号	几何特征	定义	相关说明
1	流域面积	流域地面分水线和出口断面所包围的面积，在水文上又称为集水面积	流域面积大小直接影响河流的水量和径流形成过程，在自然条件基本相同的情况下，流域面积愈大，径流量也愈大
2	河网密度	流域内全部河流（包括干流和支流）长度总和与流域面积的比值	表示一个地区河网的疏密程度，受到气候、植被、地貌特征、岩石土壤等因素影响
3	流域长度	流域从河源到河口的几何中心轴长	通常用干流长度近似表示
4	流域平均宽度	流域面积与流域长度之比值	比值越小，流域越狭长

续表

序号	几何特征	定义	相关说明
5	流域平均高程	流域内各相邻等高线间的面积乘以其相应平均高程的乘积之和与流域面积的比值	
6	流域平均坡度	每相邻两等高线间的平均地面坡度与相应两等高线间面积的乘积的总和,与流域总面积的比值	流域平均坡度的大小是说明流域汇流快慢、水能蕴藏状况和侵蚀条件的指标之一

3. 自然地理特征

流域的自然地理特征包括地理位置、地形、气候水文、下垫面条件等[2]。

(1)地理位置:以流域所处的经纬度来表示,反映流域所处的气候带及其水文循环特征。

(2)地形:影响流域内的水流,山丘、山谷和山脊等特征决定了水运动的方向和速度,以及水在整个景观中的分布。地势陡峭的区域,水流速度快,可能导致严重的水土流失,而地形平坦的区域发生土壤侵蚀的可能性较小。

(3)气候水文:流域的气候特征包括降水、蒸发、湿度、气温、风等,是流域水文特征的重要因素,影响河流的形成和发展。流域又是水文循环的组成部分,流域内的降雨、蒸发、渗透、径流和地下水补给等水文过程,调节了流域内水的运动和分配。

(4)下垫面条件:包括土壤类型、土地利用和土地覆盖情况等,对流域的水文循环和径流变化有重要影响。土壤类型对于流域雨水径流的渗透、水土流失和地下水补给等有显著影响,如砂质土壤的渗透性较强,导致对地表径流产生量贡献较低;在黏土区,雨水径流渗透能力较差,地表产汇流速度快、流量大。流域内的人类活动和土地利用实践影响其水文和生态,一方面,城市化、农业、森林砍伐和污染会改变流域内的水质、栖息地可用性和生态系统功能;另一方面,通过植树造林、开荒垦殖、涵养水源等水土保持措施,可改善流域的下垫面条件,通过植被覆盖和根系固土,可减少土壤侵蚀和土壤流失,保护土壤肥力和地貌稳定,同时调节流域径流并影响气候条件。

通常用地表径流系数表示不同下垫面表面在任意时段内径流深度(或径流总量)与同一时段内的降水深度(或降水总量)的比值(表1-2)。

不同下垫面径流系数　　　　　　　　　　　　　　　　　　表1-2

地面种类	径流系数
各种屋面、混凝土或沥青路面	0.85~0.95
大块石铺砌路面或沥青表面各种的碎石路面	0.55~0.65
级配碎石路面	0.40~0.50
干砌砖石或碎石路面	0.35~0.40
非铺砌路面	0.25~0.35
公园或绿地	0.10~0.20

1.1.2　城市流域的要素及特点

1. 城市流域的概念

城市流域不同于自然流域，城市化发展改变了自然流域的结构，其边界不仅由地理空间分水线决定，城市竖向、下垫面、天然河渠及调蓄空间等要素的变化，加上城市排水系统建设，改变了自然流域的降水产汇流方向、过程和范围，导致流域边界产生显著变化[3-4]，城市流域的水文过程及水循环机理也发生了深刻变化。人类活动的加剧与城市化的发展，打破了自然流域水循环系统原有的规律和平衡，改变了降水、蒸发、入渗、产流和汇流等水循环各个过程，使原有的流域水循环系统由单一的受自然主导的循环过程转变成受自然和社会共同影响、共同作用的新的水循环系统[5]。

城市流域的水循环中，自然系统与人工或社会系统的相互作用、协同与演变过程受到了国内外学者的广泛关注。Jia[6]将城市流域水循环系统分成自然子系统与人工子系统，自然子系统由降水、地表、土壤、地下水和河道等要素组成，人工子系统由供水系统、排水管道和污水处理厂等要素组成，并分析了两大系统对东京都水量平衡的影响。Sivapa-lan 等[7]提出了社会水文学（Sociohydrology）的概念，将人类及人类活动纳入水循环动力的一部分，重点关注人类系统与水文系统的反馈协同作用。一些学者如 Viglione 等[8]、Elshafei 等[9]、Chen 等[10]尝试构建定量化的"人-水"耦合模型，对社会系统与水文系统的协同演变规律进行研究。国际水文科学协会 10 年科学计划（2013—2022 年）将"变化中的水文循环与社会系统"列入了 10 年研究计划。王浩等[11]基于内陆干旱区"天然-人工"二元水循环模式的研究，并提出流域"自然-社会"二元水循环系统的概念[12]：自然水循环通过"降雨-坡度-河道-地下"四大路径，实现由面到点和线的自然汇集循环；社会水循环随着城市水系统的发展，形成了"取水-给水-用水-排水-污水处理-再生回用"六大路径；自然水循环与社会水循环的路径交叉耦合、相互作用，形成"自然-社会"二元水循环（图 1-2）。"自然-社会"二元水环境的理念强调了人类与自然环境相互依存和相互影响的关系，提醒人们在水资源利用和管理中要考虑到人类活动对水循环的影响，以实现可持续的水资源利用和生态环境保护。国内学者基于二元水循环的概念和模式，先后开展了水资源、水环境和水生态相关研究。黄强等[13]根据黄河年径流资料，探讨二元模式下黄河 20 世纪 20 年代以来的径流演变规律及其动因，并发现人类对水土资源的掠夺式开发改变了原有的水分循环，影响河川径流变化。王西琴等[14]建立了二元水循环下的河流生态需水的水量与水质计算方法，并确定了河流生态需水的"质"与"量"的评价标准，实现了河流生态需水水量与水质的综合评价。魏娜

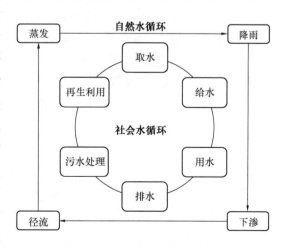

图 1-2　自然-社会水循环示意图

等[15]分析了用水总量与用水效率控制的概念和关系，构建了基于二元水循环理论的用水总量与用水效率多重调控机制。

2. 城市流域构成要素

随着人类社会经济活动发展，城市流域从水域逐步向陆域延伸，不仅包含自然要素，还包括社会要素、经济要素、文化要素，且与自然要素相互驱动或者互馈。社会要素直接影响自然要素的变化，推动经济要素和文化要素的发展；根据自然、经济、文化等要素的变化，社会要素作出下一步的人为调整，以促进城市流域的可持续发展，实现各要素的耦合协同。

（1）自然要素

自然要素包含城市流域的水文系统和生态系统，反映城市流域的自然地理特征和生态环境属性等基本特征，具有高度的时空差异性。其中，水文系统包括降雨、蒸发、河道水系、径流、水质等，生态系统包含土地利用类型、植被覆盖、水生生物等。城市流域的自然要素构成流域完整的生态系统，各自然要素之间存在复杂的反馈机制，与社会、经济要素存在物质、能量与信息的交换，对流域内活动有支持、容纳、缓冲及净化的作用[16]。

（2）社会要素

城市流域的社会要素是指与城市流域社会服务功能相关的要素，对城市流域社会经济发展起支撑作用，主要包括了流域管理机制和政策法规、水务工程（取水、给水、用水、排水、污水处理、再生回用）、群体认知与价值观等。

①流域管理机制和政策法规

流域综合管理是当前流域治理的重大课题和普遍趋势，也是统筹流域资源环境、解决城市水问题的重要手段。流域水资源利用、保护、治理等多方面、易冲突的利益诉求，加上流域治理权责不清、体制机制上下游衔接不畅等制度结构层面的问题，需要通过系统科学、运行高效的管理体系实现资源环境和社会发展的协调与平衡。制定科学合理的流域管理机制和政策法规，可以有效管理和保护流域内的水资源、生态环境以及相关社会经济活动，协调各种利益相关者的需求，实现流域内水资源的可持续利用和生态环境的保护。

流域的整体性决定了区域间及部门协调联动的重要性，也决定了流域协调机构的关键性[17]。需建立专门的流域管理机构或委员会，对流域进行统一规划，提出治理政策法规和标准，提供资金保障，协调各方利益并开展流域监督管理。针对跨界流域，也会选择建立由多个地方政府组成的分散式的协调机构，因地制宜开展流域治理，如美国五大湖流域建立了由密歇根湖委员会、苏必利尔湖委员会、伊利湖委员会、安大略湖委员会和休伦湖委员会组成的五大湖渔业委员会协同治理、具体实施所在湖泊流域管理[18]。我国根据机构设置和流域治理需要，国家层面设置七大流域协调机构，省级及其以下的行政区采用流域治理与区域治理相结合的模式，通过建立由地方党政负责人作为河长、负责协调管理河湖流域的"河长制"，压实主体责任，提高了流域治理的协同效率。

流域管理机制是解决流域治理问题、提高流域治理效能的重要抓手，主要包含政府治理机制、市场治理机制和多元协同治理机制。通过建立跨区域/部门信息共享、合作、应急机制，促进水资源、土地利用、环境保护等相关部门之间的合作与协调，加强流域管理的整体性和综合性。市场治理机制的重要体现是水权制度，明确水资源的所有权和使用权，运用市场机制优化水资源配置，通过计收水费、污水处理费、污染税等方式，发挥市场在生态资源配置中的作用，促进水资源管理和水环境治理；另一方面，建立生态补偿机制，对于为保护生态系统提供重要生态服务的区域或者个体进行补偿，鼓励生态环境的保护和恢复。流域治理需要政府、企业与公众共同参与，明确企业、社会组织和公众参与的范围和责任，拓宽市场和社会参与渠道。近年来，我国逐步完善流域治理的政策机制，推动流域系统化治理。2023 年，我国发布的涉及流域治理的重要政策就有 10 余项，涵盖流域治理、涉水基础设施建设以及生态环境保护等多方面（表 1-3）。

2023 年流域治理相关政策　　　　　　　　　　　　　　表 1-3

序号	政策名称	发文部门	发布时间
1	关于推进建制镇生活污水垃圾处理设施建设和管理的实施方案	国家发展改革委 住房城乡建设部　生态环境部	1 月 18 日
2	生态环境统计管理办法	生态环境部	1 月 19 日
3	环境基准工作方案（2023—2025 年）	生态环境部	2 月 27 日
4	黄河流域生态保护和高质量发展联合研究管理暂行规定	生态环境部	3 月 2 日
5	排污许可管理办法（修订征求意见稿）	生态环境部	3 月 27 日
6	国家农业绿色发展先行区整建制全要素全链条推进农业面源污染综合防治实施方案	农业农村部	3 月 28 日
7	入河排污口监督管理办法（征求意见稿）	生态环境部	4 月 20 日
8	国家绿色低碳先进技术成果目录	科技部	5 月 4 日
9	城市黑臭水体治理及生活污水处理提质增效长效机制建设工作经验	住房城乡建设部	5 月 11 日
10	关于加强非常规水源配置利用的指导意见	水利部　国家发展改革委	6 月 22 日
11	关于加强城市排水防涝应急管理工作的通知	住房城乡建设部　应急管理部	7 月 4 日
12	关于延续黄河全流域建立横向生态补偿机制支持引导政策的通知	财政部　生态环境部 水利部　国家林草局	7 月 18 日
13	环境基础设施建设水平提升行动（2023—2025 年）	国家发展改革委 生态环境部　住房城乡建设部	8 月 24 日
14	关于进一步加强水资源节约集约利用的意见	国家发展改革委 水利部　住房城乡建设部　工业和信息化部　农业农村部 自然资源部　生态环境部	9 月 1 日
15	长三角生态绿色一体化发展示范区建设三年行动计划	国家发展改革委	12 月 15 日
16	关于进一步推进农村生活污水治理的指导意见	生态环境部　农业农村部	12 月 26 日
17	农村黑臭水体治理工作指南	生态环境部　水利部　农业农村部	12 月 26 日
18	生态环境导向的开发（EOD）项目实施导则（试行）	生态环境部　国家发展改革委 中国人民银行 国家金融监督管理总局	12 月 27 日
19	关于推进污水处理减污降碳协同增效的实施意见	国家发展改革委 住房城乡建设部　生态环境部	12 月 29 日

推进流域治理体系法治化，重点在于构建一个相互协调、内在平衡的流域治理法治规范、法治程序、法治实施和法治监督体系，形成一个以法治为基础保障、"优化协同高效"的流域治理现代化体系，提高运用法治体系有效治理流域的能力和水平，使流域治理效能得到新提升[19]。国外流域综合治理法治化起步较早，早在19世纪末至20世纪初，欧美国家就开始重视流域治理并构建相关法律体系。以美国为例，20世纪前期构建了以防洪（《防洪法》）和水土流失治理（《水土保持法案》《标准土壤保持地区法》）为主的法律体系，20世纪后期转向水污染治理，颁布了《环境政策法》《联邦水污染控制法》《清洁水法》等一系列法律法规控制水污染问题，然而，美国并没有一部专门的流域治理法律法规，而是以多部水资源保护、污染控制、自然资源保护法为具体约束推进流域综合治理。我国流域治理法治化进程相对滞后，主要在《中华人民共和国水法》的框架下对水资源实行流域管理，并通过《中华人民共和国水污染防治法》《中华人民共和国防洪法》等法律法规控制污染排放、保障洪涝安全。2020—2022年，我国相继颁布《中华人民共和国长江保护法》和《中华人民共和国黄河保护法》，通过建立流域法规推动全流域生态系统保护和经济社会全面绿色发展，标志着流域治理与保护的法治化迈上新台阶。

② 水务工程

a. 取水系统：取水系统包含城市水源和取水工程设施。城市水源是城市水系统的源泉和基础，为城市水系统提供足量并符合一定质量标准的"原料水"，并维持城市航运、景观、生态等用水需求。广义的水源系统包括城市河湖水系、生态湿地、雨水资源和污水再生资源等。通过取水工程设施从城市水源取水，输送给供水厂进行处理或直接供给用户。取水工程设施一般包括取水构筑物、泵站、原水预处理设施和原水输水管线等。

b. 给水系统：给水系统是城市"供给系统"的重要组成部分，是城市"生命线"的核心工程，其主要功能是开发、输送和加工"原料水"，使其成为符合一定标准的"商品水"，并将其送到各类用户，包括生活用水、生产用水和社会服务用水等。

c. 用水系统：用水系统是城市"消费系统"的重要组成部分，是城市水系统的主要"驱动力"，其主要功能是"消费水"和"节约水"，尽可能以最少的耗水促进城市社会经济的可持续发展。用水系统对水量的需求决定了城市水系统的总体规模，在传统"以需定供"思想的指导下，水资源往往被过度开发。

d. 排水系统：排水系统是由排水管道和排水附属设施等组成，用于收集、输送城市污水和雨水的工程设施系统。广义的排水系统还包括对城市污水处理系统和再生回用系统，是城市"消化系统"的重要组成部分。

e. 污水处理系统：污水处理系统是为使污水达到排入某一水体或再次使用的水质要求对其进行处理利用的系统。在直接排污和不当排水的情况下，有可能会破坏水源或造成内涝灾害；在污水达标处理和雨水有序控制的情况下，又是潜在的水源、供水和用水的补充系统。

f. 再生回用系统：再生利用系统是指污水通过一系列的预处理、生化处理和深度处理后，出水满足再次使用的水质要求并将之回用到农业、工业及其他方面的系统。再生回用系统的出水称为"再生水"或"中水"，通过再生水替代现有水源来补充水资源，既能减少水环境污染，又可以缓解水资源紧缺的矛盾，实现水资源可持续利用，带来良好的社会、经济和环境效益（图 1-3）。

③ 群体认知与价值观

受到不同文化、地域、利益关系、教育程度和公众宣传等因素的影响，社会各界对于流域及其管理的认知水平和对流域价值的理解和评价存在差异。不同文化背景和历史传统塑造了人们对流域的基础认知，而不同利益相关者对流域的价值观存在差异，例如农民关注灌溉水源，工业企业关注水资源供给，环境保护部门关注生态保护等。不同地理位置和环境条件下的流域面临不同的挑战和机遇，例如干旱地区更关注水资源节约集约利用，湿地资源丰富的区域更关注水资源涵

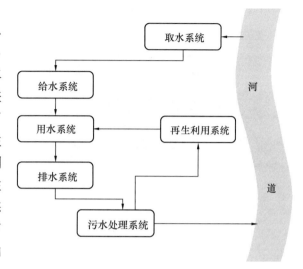

图 1-3　水务工程系统示意图

养和生态保护。另外，受教育程度和公众宣传，也影响了民众对流域管理的认知水平，可通过教育和宣传引导公众改变不良的生活和生产方式，减少对流域生态环境的破坏；同时激发公众的参与意识和责任感，营造良好的舆论氛围，推动政府和相关机构加大对流域管理的投入和支持，促进流域管理政策的制定和实施。

（3）经济要素

城市流域的经济要素是以水资源利用为核心，包括城市流域的产业布局、经济结构、资源状况等要素，体现对城市流域资源的开发和利用。水资源除了本身的资源属性外，还是一种经济货物，是经济产出的重要组成部分。通过水权分配和水市场建立，将水的价值转移到产品中，从而调节水资源短缺、缓解用水竞争、提高水资源利用效率，同时通过水权交易实现水资源的区域间、产业间、部门间的优化平衡。现代流域经济逐步从以自然资源属性和资产属性为中心转向围绕水的属性建立可持续发展的经济系统，强调经济、环境、生态价值并重，通过发展旅游产业，水文化、水环保等亲水产业，带动滨水区域的产业、社区发展，形成良性循环的水经济系统，实现人水产城融合可持续发展。

（4）文化要素

水是人类及其他生物赖以生存的基础，流域为人类生存和生产提供基本物质条件，逐渐成为人类聚居之地，并通过人的交流沟通，进而产生文化和文明。流域与文化密切相关，是承载人类文明起源和发展的主要地理空间单元，其文化要素最直观地体现在景观和遗产。景观是指一定区域呈现的景象，是由土地及土地上的空间和物体所构成的综合体。流域景观不仅包括流域内的自然景观，还包含具有鲜明地域特色的历史建筑、早期聚落、宗教场所等人文景观，反映了地域自然演变的规律和人文历史的变迁。流域遗产一般指流

域文化遗产，包括历史建筑、文物、文化遗址等物质遗产以及非物质文化遗产，有些景观也可认为是遗产（图1-4）。流域文化遗产的保护是要结合自然和人文，在保护文化遗产的同时，促进流域层面的协同发展以及人与自然和谐共生。

图1-4　四川都江堰（左）和张掖丹霞世界地质公园（右）

（图片来源：〈左〉都江堰［Online Image］.［2024-4-29］. https：//wlt. sc. gov. cn/scwlt/hydt/2024/4/29/df51993ca1524131ac3608fe2e0a1ede. shtml；〈右〉张掖丹霞世界地质公园［Online Image］.［2020-12-15］. https：//www. gansu. gov. cn/gsszf/c100002/c100009/202012/270080. shtml）

对文化要素的保护和利用，为流域经济转型升级提供新路径。通过文化旅游构建与生态文明的紧密联系，形成了"文化传承＋文化发展＋生态保护"的有机整体。文化产业具有创意性、引领性、低投入、低消耗的特点，对优化产业结构、扩大消费、增加就业和促进经济转型和可持续发展有重要作用，是推动高质量发展的重要支点。2019年2月，中共中央、国务院印发了《大运河文化保护传承利用规划纲要》，倡导建设"大运河文化带"，从强化文化遗产保护传承、推进河道水系治理管护、加强生态环境保护修复、推动文化和旅游融合发展、促进城乡区域统筹协调、创新保护传承利用机制6个方面，通过开展文化遗产保护展示、绿色生态廊道建设、文化旅游融合提升、河道水系资源条件改善等"四大工程"以及精品路线和统一品牌行动、运河文化高地繁荣兴盛行动，促进大运河文化保护传承和利用，统筹大运河沿线区域经济社会发展。

3. 城市化对流域的影响

城市化对流域产生重要影响，由此导致一系列的突出问题。"城市化"（Urbanization）的概念最早由西班牙学者赛达在其著作《城市化基本原理》中提出，并在20世纪70年代后期被引入我国。城市化是指由于社会生产力的发展而引起的市、镇数量增加及其规模扩大，人口向市、镇集中且市、镇地区的人口占总人口比例不断增加，市、镇物质文明和精神文明不断扩散，区域产业结构不断转换的过程[20]。城市化需经历农村人口向城市生活方式转变、城市建成区扩张以及城市环境营造[21]，主要体现在经济增长和发展、人口结构变化、社会转型、城市空间的重塑和延伸四个方面[22]。同时，为适应城市化的需要，城市的基础设施建设得到发展，交通、能源、水利、通信、教育、医疗等方面的设施及其服务功能显著提升。中国的城市化经历了1949—1977年经济重建和工业化主导的城市化、1978—1995年以市场为主导的城市化、1996—2010年经济全球化驱动的地方城市化以及2010年以后以土地经济为主导的城市化四个阶段[23]，尤其在过去40多年，城镇数量高速增长且高密度集聚，城市用地面积急剧扩张，建筑空间纵向延伸，城市经济规模持续增长，城市基础设施建设水平大幅度提升，人口、经济和谐发展持续彰显，逐步形成了以长三角、珠三角为代表的城市群体系。然而，随着城市化进程的发展，城市化对流域的影响复杂而深远。城市化改变了自然流域的下垫面属性和水文特征，影响了区域的气候降雨、水资源、生态环境等方面，也对流域的可持续发展和生态安全产生重要影响。

（1）城市化对气候降雨的影响

自然下垫面（如林地、湿地、农田、水体等）转为大规模的不透水下垫面，导致城市流域下垫面的热力性质、粗糙度和含水量等因素发生改变，直接影响近地面大气的物理属性、地气能量交换和水文循环，带来或加重城市气候环境效应，如热岛效应和雨岛效应。热岛效应是指城市内的人工构筑物（如混凝土、柏油路面、各种建筑墙面等）吸热快、热容量小，表面升温快、降温缓慢，导致城市中的气温和地表温度比周边郊区要高的现象（图 1-5）。热岛效应产生的热岛环流以及建筑物空调、汽车尾气超常排放热量，使城市上升形成热气流，热气流积累导致暖云降雨，形成雨岛效应。雨岛效应集中出现在夏季汛期，雨量较大，易造成城市积水或区域性内涝。

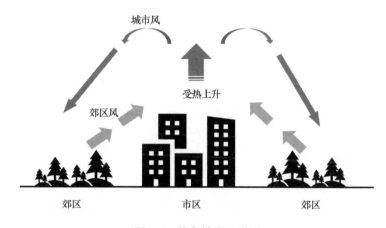

图 1-5　热岛效应示意图

（2）城市化对水文的影响

城市化改变了土地利用结构和下垫面特征，从而影响了流域径流产生量和峰值流量。国内外多名学者对土地利用及植被覆盖程度对流域径流产生量的影响进行了研究。Sun 等[24]和 O'Driscoll 等[25]通过对美国森林管理和城市化对流域水文、水质的影响研究，发现土地利用和植被覆盖程度变化导致流域径流流量变化，其变化幅度取决于干扰的严重程度（例如不透水面的面积、森林砍伐率、道路密度等）、气候条件（降雨、辐射）以及土壤地质等流域特征。Zhou 等[26]的研究也提出了植被覆盖变化与城市径流产生量的关系受到气候与流域下垫面条件制约，且具有明显的尺度效应。不透水面比例增加，城市流域径流产生量显著增加。Oudin 等[27]对美国不同气候带 140 多个城市化较明显的流域的径流量进行研究，发现随着不透水面比例的增加，多数流域的洪峰流量和总径流量均有增加。不透水面比例增加会显著降低地表土壤入渗速率，从而增大地表径流比例，影响流域汇流速率；再加上植被减少造成蒸散下降，导致流域暴雨流量、洪峰流量增大，增加洪涝灾害风险[28]。Lull 和 Sopper[29]的研究表明，快速城市化流域的年径流量、暴雨流量和年最大洪峰流量随城市化进程显著增加（图 1-6）。有的研究甚至发现城市化可能导致洪峰流量提高 2～10 倍。

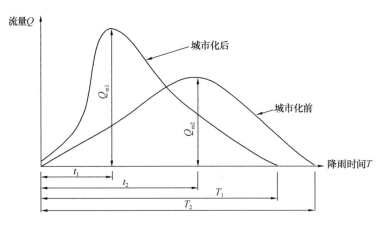

图 1-6　城市化对水文的影响

（3）城市化对水资源的影响

城市迅速膨胀，人口高度集中，工业迅速发展，城市工业生产和居民生活对水资源的需求也急剧增加，对流域水资源造成压力。城市居民用水的消耗定额平均为农村居民的5～8 倍，新兴工业的耗水量更多，对水质的要求更高，故城市用水量的增长速度大大超过了人口增长的速度[30]。由于地表水源和供水设施难以适应城市发展需求，许多城市超量开采地下水，导致地下水资源日趋枯竭，甚至造成地面沉降的危害。

（4）城市化对水环境的影响

地表水环境污染的主要来源包括点源污染与非点源污染（即面源污染），两大污染源对城市水体的污染源负荷的贡献随着城市化过程及治理措施的应用而发生变化。在城市排水系统建设不完善时，点源污染极其严重，而面源污染的贡献常常会被忽略。1972 年，美国国会通过了《水污染法案》，规定 1985 年达到污染零排放。然而，污水处理厂和污水管网系统的建设未能解决美国水体污染问题，原因在于暴雨径流将地表污染物带入城市水体。因此，美国国家环境保护局在 1977—1981 年的科研计划中，正式提出了面源污染控制的研究课题。据美国国家水质委员会在 20 世纪 80 年代初估算[31]，美国面源污染中的悬浮物、氮、磷等污染物负荷均高于点源污染中的污染物负荷，面源污染负荷占污染总负荷的 53%～92%（表 1-4），且面源污染的比例随着点源污染的控制而增大。

美国面源污染负荷和占比统计　　　　　　　　　　　表 1-4

污染物	面源污染		点源污染		总负荷（t/d）
	负荷（t/d）	占比（%）	负荷（t/d）	占比（%）	
悬浮物	$319×10^3$	92	$29×10^3$	8	$348×10^3$
氮	$62.3×10^3$	79	$16.3×10^3$	21	$78.6×10^3$
磷	$4.25×10^3$	53	$3.75×10^3$	47	$8.0×10^3$

城市化对面源污染的影响主要表现在以下三个方面：一是城市产生营养物、杀虫剂、病菌、石油、油脂、沉淀物以及重金属等污染物；二是城市化降低了流域吸收、保留、滞留、吸收污染物的能力，增加了土壤侵蚀和河流泥沙量，加重水污染程度；三是在全球气候变化背景下，许多地区的强降雨事件增多，不仅极易引发洪涝灾害，极端降雨过程也加重了非点源污染物迁移的风险[32]。具体体现在暴雨次数越多、频率越高，且洪水面积越广、水量越大，污染物产生总数量和污染范围也越大[33]。

（5）城市化对生态系统的影响

城市化过程中，对自然生态系统的破坏和改造会导致生态环境的恶化，包括森林覆盖率减少、湿地退化、生物多样性丧失等问题，影响了流域的生态平衡和生态系统服务功能。城市化对生态系统的最直接的影响是改变了输送生态系统能量和物质的水文循环[34]，包括区域气候、河流地貌、水资源量、河流水质及生态等，从而影响了控制流域生态系统功能和服务的关键因素，如清洁水源、栖息地等。研究表明，当流域不透水覆盖率达10%，就会引起河流退化[35]，并对河流水系理化环境的稳定性造成影响。流速的增加、河床基质的变化以及物理化学和/或生物污染物的增加等都可能对河流生物群产生影响[36-37]，尤其是对某些类型的水生生物造成负面影响。例如，鱼类、两栖动物、爬行动物和无脊椎动物的多样性会随着对干扰较敏感的物种的减少而减少，对栖息地改变更具耐受性的物种会随之增加。

4. 城市流域的突出问题

随着城市化发展，流域的自然生态系统和经济社会系统逐渐演变失衡，变化环境下城市流域面临的水环境、水生态、水安全、水资源等水问题日益突出，成为制约城市可持续发展的重要因素，也构成了城市流域治理的核心挑战。

（1）水环境污染

高度城市化带来的人口、产业、建筑等向城市集聚[38]，城市流域内工业废水、农业排放、市区雨水径流、废弃物等污染物排放总量不断攀升，加上基础设施建设速度跟不上城市发展速度，导致城市水环境污染加重，影响水生态系统健康。据调查研究，城市发展造成生活源 COD 入河量的大幅度增加[39]，总磷、氨氮等污染物含量也有所增加，导致区域水环境压力增大；加上排水系统不完善、环境监管不严格等历史原因造成城市污水、废水直排入河，水体富营养化、黑臭水体等水环境问题突显。相关研究表明，城市化程度越高，城市污染负荷总量越高，水污染负荷与水环境容量分布比例越高[40]。

总体上，我国城市水环境质量状况由 20 世纪 80 年代局部恶化，到 20 世纪 90 年代全流域恶化，城市地表水污染普遍严重，绝大多数城市河流均受到不同程度的污染。党的十八大以前，我国的水污染防治以点源治理为主，提出工业污染源达标排放和污染物排放总量控制的"双达标"要求，大力推进污水收集处理设施建设，全面消除污水直排口，实现地表水环境按功能区达标。2015 年国务院颁布了《水污染防治行动计划》，工业、农业农村以及城镇生活污水治理进一步深化，城市水环境质量取得明显好转。2014—2023 年全国地表水考核断面水质优良（Ⅰ～Ⅲ类）断面比例由 61.3% 上升到 89.4%，劣Ⅴ类断面比例从 9.2% 下降到 0.7%[41]，黑臭水体治理完成率由 2018 年底的 66% 上升到 2020 年底的 98.2%[42]。随着源头管控和治理力度的加大，点源污染得到有效控制，城市水环境污染正在由点源污染转向面源污染和截流系统的溢流污染。城市面源污染主要为雨水径流携带的污染物，正逐渐成为影响城市水质的重要因素；截污系统在面对强降雨等极端天气时，可能出现因管道排水能力不足而造成混流污水溢流的情况，进而对城市水环境造成新的威胁（图 1-7）。因此，城市水环境治理需更加关注面源污染和截污系统溢流污染的防控，采取综合措施，持续巩固提升城市水环境质量。

图 1-7 城市沿河截污系统溢流实景图

（图片来源：〈左〉截污干管溢流生活污水［Online Image］．［2023-12-15］．https：//www.mee.gov.cn/ywgz/zysthjbhdc/dcjl/202312/t20231215_1059145.shtml；〈右〉编者拍摄）

（2）水生态退化

城市化发展导致部分地区人口规模和社会经济发展水平等超过了江河自然的水生态承载能力，对水资源、水环境和水生态系统造成复合压力，导致水资源供需矛盾突出、水体污染风险加剧，进而影响水生态系统健康[43]。一方面，水环境中的有害物质增加，如重金属和有机化合物，可能直接毒害或破坏水生生物的呼吸、消化和生殖系统，导致其死亡或健康受损；进而可能导致水生生物的数量减少或消失，破坏水生生物的食物链，并导致有害藻类过度繁殖而造成水体富营养化，从而影响整个生态系统的平衡和生物多样性。另一方面，水环境污染破坏河湖湿地生态系统，导致天然水生生境面积大幅萎缩，栖息地破碎化，影响水生生物生存。"十三五"以来，我国水污染防治取得一定成效，地表水环境质量得到有效改善，但部分河湖水生态保护形势依然严峻，主要表现在：①典型流域（如长江）水生生物多样性下降，多种珍稀水生野生动植物濒危程度加剧，水生物种资源严重衰退[44]；②天然水生生境面积（如长江流域、京津冀地区）大幅萎缩，导致栖息地破碎化，威胁水生生物生存[45-46]；③湖泊富营养化和水华问题突出[47]；④城市污水和工业废水排放引发的有机物、重金属等堆积，损害水体自净能力，对水中生态系统造成威胁[48]。

（3）水安全风险

在过去的几十年里，城市化对洪涝安全的影响已得到广泛认识，城市内涝已成为城市安全、可持续发展的现实障碍和治理难题。一是城市扩张改变地表覆盖和地形特征，大量土地被硬化，加上农田、自然雨洪行泄及调蓄空间减少，导致城市径流量和洪峰流量增加。二是受限于资金、规划、技术等多方面的因素，排水防涝设施的建设往往滞后

图 1-8　河道断流实景图

（图片来源：玛纳斯河国家湿地公园内干涸的河道［Online Image］．［2022-04-06］．https：//www.mee.gov.cn/ywgz/zysthjbhdc/dcjl/202204/t20220406_973790.shtml）

于城市化发展，历史欠账较多，导致城市在面对强降雨或极端天气时，排水系统难以承受压力，容易引发城市内涝。三是随着全球气候变暖，叠加城市热岛效应与雨岛效应的共同作用，导致极端降水事件的频率和强度增加，对城市排水防涝系统提出了更高的挑战（图 1-8）。

我国是世界上洪涝灾害多发频发的国家之一。我国 660 多座城市中，绝大多数坐落在江河湖海之滨，加上自然调蓄空间不足、排水设施建设较为滞后、应急管理能力不强等原因，我国城市洪涝灾害影响面依然较大，约 2/3 的国土面积及 85% 的省（含自治区、直辖市）都面临不同程度的洪涝灾害。根据水利部有关数据，2015 年至 2018 年，分别有168、192、104 和 83 座城市进水受淹或发生内涝，平均每年受淹或发生内涝城市的数量约占我国城市数量的 1/5[49]。城市内涝导致人民生命财产的重大损失，2022 年，洪涝灾害直接经济损失 1288.99 亿元（水利工程设施直接损失 319.12 亿元），占当年 GDP 的0.11%；受灾人口 3385.26 万人，因灾死亡 143 人，失踪 28 人，倒塌房屋 3.13 万间；全国农作物因旱受灾面积 6090×10^3 ha，直接经济总损失 512.85 亿元[50]。

（4）水资源短缺

我国水资源短缺形势严峻，虽然水资源总量丰富，居世界第六位，但人均水资源量仅为世界平均水平的 35%，全国有近 2/3 的城市存在不同程度的缺水问题[51]；并且我国水资源紧缺程度的空间变化趋势显著，从东南向西北水资源紧缺程度逐渐加重[52]。城市快速扩张对水资源的需求不断增加，不科学或不合理的取用水及管理措施可能引发管理型水资源短缺问题[53]；另外，人民生活及工业产生的污水对城市水环境造成负面影响，导致我国一些水资源较丰富的地区出现水质型缺水（图 1-9）。

另一方面，中国非常规水利用水平整体偏低，难以缓解水资源短缺问题。受到城市经济、设施规模、处理工艺、出水水质等因素影响，我国大部分城市的污水再生利用效率普遍偏低，再生水管道建设滞后，目前，再生水主要用于农业灌溉、工业用水和河道补水等

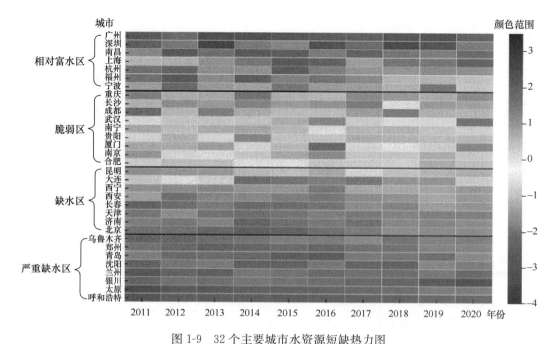

图 1-9　32 个主要城市水资源短缺热力图

（图片来源：赵孝威，张洪波，李同方，等．中国城市水资源短缺类型与发展轨迹识别——以 32 个主要城市为例［J］．自然资源学报，2023，38〈10〉：2619-2636.）

领域，未开展大规模的道路冲洗、绿化浇洒等城市市政杂用。随着海绵城市建设的持续推进和绿色建筑的推广，雨水利用正逐步成为一种重要的水资源管理方式。在城市建设中，可通过建设源头分散的雨水花园、生态湿地、雨水收集系统等收集、净化和储存雨水，用于建筑道路冲洗、绿化灌溉和空调冷却等，以减少对自来水和地下水的需求。

1.2　流域治理发展历程

1.2.1　流域治理的概念

流域治理是对特定地理水文区域（流域）的土地资源、水资源、森林资源和社会系统进行管理的过程[54]，以可持续的方式维护自然资源，满足人类对水资源、食物、能源和居住空间的需求，同时保障娱乐、美学及生态功能的实现，使水土资源及其他自然资源的生态效益、经济效益和社会效益得到充分发挥。在全面规划的基础上，流域治理通过研究流域的相关特征，合理、可持续分配农、林、水、牧等资源，并因地制宜地布设综合治理措施，对水土及其他自然资源进行保护、改良与合理利用[55]。

流域治理的概念源远流长，可追溯至公元前 2000 年[56-57]。到了 20 世纪末，城市化发展伴随的人口快速增长，导致土地、水和其他自然资源的可用性日益受到限制。其中，淡水资源短缺和河流污染对上亿人口的生产生活造成严重影响，甚至引起水生生物灭绝和人类疾病。流域治理从水文循环和水资源管理拓展到对环境质量、生态系统、景观改善及资源可持续利用的综合治理[58]。因此，流域治理是一个跨界治理问题，强调整体性、综合性和跨学科性，通过综合性的管理措施，包括政策、规划、技术和实践，来保护、管理和维护流域内的水资源和生态系统，维护流域生态平衡，实现水资源的可持续利用，促进社会经济发展。这种治理方法不仅涉及水的管理，还要考虑土地利用、生态保护、社会经济发展等方面，需要各利益相关方的合作和参与，从而实现整体的资源管理和环境保护。

1.2.2　流域治理的发展

人类文明的发展进步一直与水息息相关，自古以来人类逐水而居、因水而兴，大江大河流域孕育了人类文明、造就城市发展的同时，也会带来洪涝、污染等威胁人类生产生活的问题。因此，人类千百年来在不断探索和完善与水和流域的和谐相处的方法。城市发展历程蕴含着流域历程，不同的时代背景之下，流域治理方法与模式具有不同的特点。

1. 古代：除水害、兴水利

几千年来，中华民族一直在和流域水旱灾害作斗争。"大禹治水"就是中国古代标志性的流域治理事件，相传在三皇五帝时期，大禹吸取了其父亲鲧采用堵截方法治水的教训，发明了一种疏导治水的方法，率领民众开展疏浚工程，使得洪水能够顺利东流入海，成功治理了黄河流域的洪水。古代王朝的统治者都将发展水利作为治国安邦的重点，通过筑堤、修堰、灌排等工程治河防洪、引水灌溉，使水旱灾害区变为农田灌溉区，为百姓安居乐业、国家繁荣稳定奠定了基础；同时通过开凿运河，打通水运交通，沟通区域经济，促进了国家不同区域的经济发展和民族融合。

随着人们开始在大江大河流域聚居，形成了早期的城市。古代城市的供排水系统成为城市重要的公共基础设施。井水、泉水以及河渠湖池是江河流域内聚居人口的主要水源，解决了不断增长聚集的人口对水源水量的需求。中国古代早期主要依赖于凿井取水，后来逐渐形成重力输送、由渠道或管道组成的供水管渠，我国最早的供水管渠是约公元前700年东周时期阳城的地下输水陶质管道系统，后来又发现了西汉时期长安城修建的龙首渠及调蓄设施。城市排水是解决雨水涝水、生活粪污排放的重要手段。中国早在4300多年前，就在河南淮阳平粮台古城建造了陶制排水管道[59]（图1-10），到西周至春秋战国时期（公元前11世纪至前220年），地下排水管道得到了广泛应用；唐宋时期，以当时的大都市长安城为例，更是形成了依"街""坊"而建的完善的城市排水管渠系统，包括了明沟、渗水井、排水管道以及城门下修建的排水涵洞等[60]。

西方国家在古代时期同样开始了对建立城市供排水系统的探索。早在公元前700年，伊拉克的埃尔比勒城就建成了长达20km的暗渠，用于输送地下水。约公元前300年，古罗马建成了较为完备的供排水系统，长达400km的供水管渠满足了城市内50万人的用水需求，并配备了分流池来调蓄水量，以应对干旱季节的供水问题。古罗马还建设了独立的尿液收集和利用系统，通过公共小便池收集尿液后提供给洗衣店，利用尿液中的氨成分去除毛料上的油渍和污垢。古罗马的城市供排水系统极具代表性，被认为是古代文明的重要

图 1-10　平粮台古城遗址的排水管道

（图片来源：平粮台古城遗址的排水管道［Online Image］.［2022-12-24］https：//
hct. henan. gov. cn/2022/12-24/2661671. html）

标志之一，并随着罗马帝国的扩张而在欧洲普及[61]。

2. 近代：净饮水、治污水

早期的城市排水系统主要将雨水和生活污水直接排放至周边自然水体。然而，随着城市人口的激增和工业发展，特别是在 18 世纪第一次工业革命后，城市迅速扩张，人口密集区域的大量粪便、垃圾未经有效处理便直接排入河湖水体，导致饮用水源遭受严重污染，进而引发大规模流行疾病。在 19 世纪，污水中的大量细菌引发了霍乱，在欧洲各国广泛传播，致死率极高。当时的欧洲人采取了寻找新水源、将取水口向上游转移、将污水排放口迁至远离城市的区域，以及沿海城市将污水排海等多种措施，试图避免饮用水源受到污染，但实际上并未能够根本性解决水体污染与城市卫生问题。

近代的流域治理主要得益于西方国家在净水与污水处理技术上的显著突破，这些技术有效缓解了河道污染问题。在饮用水净化方面，1893 年，美国劳伦斯市建立了首个慢砂滤给水过滤厂，此举成功地将当地伤寒病的患病率降低了 80%。进入 20 世纪后，净水技术持续进步，快速砂滤器的出现极大地提升了处理效率，使得病原微生物的去除率高达99%。随后，氯气消毒工艺也被引入净水流程中，过滤、消毒技术的共同作用，逐渐发展为标准的供水净化工艺。在污水处理技术方面，19 世纪末，西方国家开始尝试沉降池工艺，通过重力沉降去除部分污水中的好氧性固体，以缓解纳污河道的恶臭与污染问题。进入 20 世纪，德国人发明的英霍夫沉淀池，实现了固液分离与污染物的厌氧降解，随后这一技术在欧洲和北美得到了广泛的推广和应用。与此同时，生物滤池（滴滤池）、活性污泥法等污水处理技术相继问世，这些技术极大地提高了污水处理的效率和能力，形成了经典的污水处理工艺流程，并在多个城市得到了实际应用[62]。

3. 现代：控污染，提品质

现代的流域治理始于 20 世纪 70 年代。1972 年，美国通过了《清洁水法》（Clean Water Act），这是流域水环境治理的里程碑性法律，规定了水质标准和污染控制措施；欧洲国家也相继出台了类似的法律，旨在减少污染物排放。与此同时，西方国家采取了多项综合治理措施，包括大规模建设城市污水处理厂、对工业污染排放实施严格监管、湿地保护以及河流生态修复等，以期从根本上改善水环境问题。随着合流制排水系统引发的溢流污染以及初期雨水径流污染问题日益突出，美国于 1994 年发布了《CSO 控制策略》（CSO Control Strategy，（1989）和《CSO 控制政策》（CSO Control Policy），并相继提出最佳管理实践（Best Management Practice，BMP）、低影响开发（Low Impact Development，LID）、绿色基础设施（Green Infrastructure，GI）等措施，强调绿色基础设施与灰色基础设施有机结合，在实现合流制排水系统溢流污染控制和源头雨水径流污染削减的同时，改善城市人居环境质量。

自 20 世纪 70 年代起，随着工业化的迅猛发展和乡镇企业的崛起，中国面临水环境问题逐渐显现，也开始了现代流域治理，经历了初期治理、法律体系构建、大规模治水、系统化治理等多个阶段。

（1）初期治理

在 20 世纪 70 年代，北京官厅水库污染、大连湾黑臭水体污染、松花江水系污染等事件标志着水污染治理与环境保护事业的正式启动。以北京官厅水库污染为例，由于上游张家口市众多工厂（包括冶金、化工、造纸、农药等 256 家）每日将超过 12 万吨的未经处理的生产废水直接排入官厅水库上游的洋河，导致官厅水库出现大量死鱼，且鱼类体内滴滴涕超标。北京市政府迅速采用跨省市协同管理策略，对重点排污大户实施停产、迁厂等紧急措施，短期内使官厅水库水质得到恢复，同时投入 3000 余万元分批对大同市和张家口市的工厂进行工艺改造、"三废利用"及污水净化设施建设。官厅水库治理过程凸显了当时中国在工业污染排放和水质控制等技术标准方面的不足，并催生了 1973 年中国首个污染排放标准《工业"三废"排放试行标准》的颁布与实施。

（2）法律体系构建

进入 20 世纪八九十年代，中国逐步构建了较为完整的法律法规和技术标准体系（表1-5）。1989 年，第三次全国环境保护会议确立了"预防为主、谁污染谁治理、强化环境管理"的三大环境政策，并提出了污染限期治理、污染集中控制、排污许可证制度、城市环境综合整治定量考核、环境保护目标责任制五项新的制度和措施，标志着中国环境保护工作迈上了一个新台阶。

20 世纪八九十年代中国水污染防治相关法律法规和技术标准统计表　　　　表 1-5

法律法规/政策/标准名称	颁布时间	备注
《中华人民共和国环境保护法（试行）》	1979 年	环保领域的第一部法律，该部法律确立了中国环境保护的基本方针和政策，标志着中国环境保护开始步入依法管理的轨道

续表

法律法规/政策/标准名称	颁布时间	备注
《地面水环境质量标准》GB 3838—83	1983 年	首次发布，1988 进行第一次修订，1999 年进行第二次修订
《中华人民共和国水污染防治法》	1984 年	我的首部水污染防治方面法律
《农田灌溉水质标准》GB 5084—85	1985 年	首次发布，1992 年进行修订
《污水综合排放标准》GB 8978—88	1988 年	首次发布，1996 年进行修订
《渔业水质标准》GB 11607—89	1989 年	首次发布
《景观娱乐用水水质标准》GB 12941—91	1991 年	首次发布
《中华人民共和国水土保持法》	1991 年	首次颁布
《地下水质量标准》GB/T 14848—93	1993 年	首次发布

（3）大规模治水

1994 年，淮河流域特大水污染事故的爆发与污染治理，推动了中国第一部流域性治污法规《淮河流域水污染防治暂行条例》和第一部流域治污规划《淮河流域水污染防治规划及"九五"计划》的编制印发。1996 年，我国修订了《中华人民共和国水污染防治法》，明确了重点流域水污染防治的规划制度，即"33211"工程，对"三河"（淮河、海河、辽河）、"三湖"（太湖、巢湖、滇池）、"两控区"（酸雨控制区、二氧化硫污染控制区）、"一海"（渤海）和"一市"（北京市）进行重点流域保护和水污染防治（图 1-11）。"九五""十五"两期水污染防治计划以工业点源污染控制为主，通过产业结构调整、工业污染治理、推行清洁生产、建设城市污水处理厂、减少化肥和农药使用、加强畜禽养殖综合利用、实施生态清淤和建设防护林带等综合措施，遏制了水环境治理恶化的趋势，全国地表水水质有所改善，但总体来看，各流域污染仍然十分严重，截至"十五"末期，各项治理任务完成情况也较为滞后。

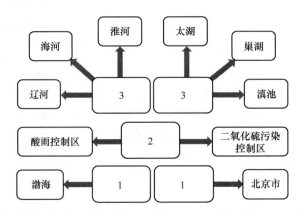

图 1-11 "33211"工程重点流域分解示意图

"十五"期间，部分城市如上海、北京开始了河道生态治理的初期探索，通过改造硬化河道，增加小型湿地、亲水栈桥等，增加河段的景观性与亲水性。然而，这一时期的治理主要以滨水景观工程为主，严格意义上的河流生态修复尚未全面展开。

（4）系统化治理

"十一五"期间（2006—2010 年），水污染防治计划改为水污染防治规划，强调规划目标指标的可达性，提出具有可达性的总量控制目标和水质目标，优先解决集中式饮用水水源地水质安全问题、跨省界水体问题、城市重点水体"三大"突出环境问题。"十一五"期间，我国加快了城镇污水处理设施的建设和工业污染的全过程控制[63]，加强了污水排放标准和执法力度，并推动了水污染防治评估和全国污染源普查工作，基本摸清了非点源污染现状和水污染治理的关键问题[64]。"十二五"时期，提出了从粗放型向精细化、系统化转变的治理思路，建立了"流域—控制区—控单元"三级分区防控体系，首次将农业面源污染纳入流域污染防治范畴，实现了从"点源控制为主"向"点面结合共同防治"的转变。

2015 年 4 月，国务院发布了《水污染防治行动计划》（简称"水十条"），提出了污染减排、生态扩容、系统治水等具体措施，构建了政府、企业、市场、公众共同参与的水污染防治机制（图 1-12）。在"十三五"期间，通过重点流域水环境治理、专项规划和重大治理工程的实施，全国水质总体稳定向好，特别是在饮用水水源地环境保护、城市黑臭水体治理、长江保护修复等方面取得了明显成效，但部分流域和湖库水质仍面临挑战，水生态环境质量的改善成效仍有待提升。

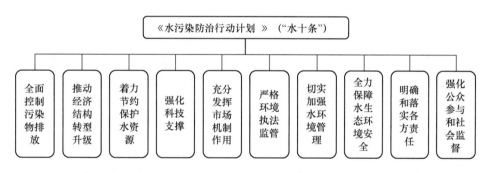

图 1-12 "水十条"内容分解图

4. 当前：求协同，增价值

"十四五"时期（2021—2025 年），是中国在全面建成小康社会的基础上，向美丽中国建设目标迈进的第一个五年。从"九五"时期起，我国已实施了五期重点流域水污染防治规划，而"十四五"规划首次将其表述为"水生态环境保护规划"，表明治理思路从单纯的"污染防治"转向"水资源、水环境、水生态"三水统筹、协同治理，为流域的高质量发展奠定了基础。

2021 年 10 月 12 日，习近平主席在《生物多样性公约》第十五次缔约方大会领导人峰会上提出"对山水林田湖草沙进行一体化保护和系统治理"的理念。2021 年 11 月，《中共中央 国务院关于深入打好污染防治攻坚战的意见》提出，坚持水资源、水环境、水生态系统治理思路，在基本消除城市黑臭水体的同时，也要提供更多优美环境和优质生态产品。2022 年初，生态环境部提出在"十四五"时期的治水重心不应单纯追求优良水体比例，而应注重巩固治理成果和提升治理质量。过去十年，中国在水环境治理方面取得了显著成绩，地表水质国控断面达到Ⅰ～Ⅲ类的比例显著提升，劣Ⅴ类水质断面比例减少；并积极推进生态工程建设，如湿地保护、河流生态修复等，有效改善了水生态环境。尽管如此，中国整体的水环境状况仍未达到"十四五"美丽中国建设的目标，河湖生态环境问题尚未根本解决，水环境质量改善不平衡、不协调的问题仍然突出。为解决现存问题，我国提出了"三水统筹、协同治理"，统筹"山水林田湖草沙"等生态元素综合施策，全面提升水生态环境质量，维护河湖健康，保障生态系统平衡和河湖生态用水。

综上，中国流域水污染防治观念与方法在早期具有单一、粗放、缺乏系统性的特点，经过几十年的发展完善，现已实现从单纯点源治理向面源、流域和区域综合整治的突破和发展，从侧重污染末端治理向注重源头治理、工业生产全过程控制发展，从单一的浓度控制向浓度与总量控制发展，从单纯关注水环境污染向水资源、水环境、水生态"三水统筹、协同治理"理念转变，从治污为本向以人为本、生态优先的思想转变。今后，在流域治理的目标上，应着眼于人口、资源、生态环境和经济的持续协调发展，探索出新时期的可持续的流域治理路线。

1.3 流域治理规范与案例

1.3.1 流域治理相关标准规范

伴随流域治理的发展，相关排水防涝、水资源保障、水环境提升等方面的标准规范也在不断发展完善。进入21世纪后，流域治理相关标准规范除了最基础的供水源、除水害、治污水等内容，更加注重流域整体水生态环境品质的提升、治理的协同与生态价值的实现。

防洪排涝是流域治理最基础的保障，近年来我国印发了《城市防洪规划规范》GB 51079—2016、《城市排水工程规划规范》GB 50318—2017，修订了新版本的《城镇内涝防治技术规范》GB 51222—2017、《室外排水设计标准》GB 50014—2021等相关规范文件（表1-6）。

我国近期防洪排涝方面标准规范 表1-6

标准规范名称	主要内容	印发部门	印发时间
《城市防洪规划规范》GB 51079—2016	对城市防洪标准、城市用地防洪安全布局、城市防洪体系、城市防洪体系工程与非工程措施方面进行了规范要求。提出城市防洪规划的编制应遵循"因地制宜、统筹兼顾、防治结合、预防为主"的原则，强调构建工程措施与非工程措施相结合的城市防洪安全保障体系；同时注重城市防洪工程措施综合效能，充分协调好城市防洪工程与城市市政建设、涉水交通建设以及滨水景观建设的关系；并提出除害与兴利相结合的理念，应注重雨洪利用，削减或控制城市暴雨所产生的径流和污染。根据规范要求，需转变对雨洪的传统认识，注重雨洪利用，基于低影响开发（LID）理念，通过采取入渗、调蓄、收集回用等各种雨洪利用手段，削弱或控制暴雨所产生的径流和污染	住房和城乡建设部、国家质量监督局	2016年6月

标准规范名称	主要内容	印发部门	印发时间
《城市排水工程规划规范》GB 50318—2017	明确了城市排水工程规划的主要内容，对中国排水防涝技术标准体系的完善具有里程碑意义，融合了海绵城市建设理念，以系统和统筹的思路解决城市排水防涝问题。提出从"源头减排、排水管渠、排涝除险"三方面构建城市防治系统。"源头减排"方面，针对具有"渗、滞、蓄、净"等功能的设施提出了设计要求，要求因地制宜推行低影响开发建设模式；"排水管渠"方面，首次在国内提出内涝防治重现期下排水管渠设计方法和要求；"排涝除险"方面，利用水体、绿地等绿色设施和调蓄池等灰色设施，与行泄通道相结合，为超过雨水管渠设计标准的雨水径流提供消纳空间和合理出路，提高城市的排水防涝能力	住房和城乡建设部	2017 年 1 月
《城镇内涝防治技术规范》GB 51222—2017	新版规范明确了城市污水工程与雨水工程是两个各自独立的系统，所面临的问题各有不同。其中，污水系统侧重于污水的收集、处理与再生利用；雨水系统则侧重于降雨的"渗、滞、蓄、净、用、排"，强调对雨水径流的控制。规范明确提出了城镇内涝防治技术，即源头减排设施、排水管渠设施及排涝除险设施，将城市雨水问题的解决前移到城市选址和用地布局阶段，要求城市总体规划阶段应充分考虑城市降雨的蓄排平衡关系，统筹规划滞蓄空间与行泄通道；防涝系统应以河、湖、沟、渠、洼地、集雨型绿地和生态用地等地表空间为基础，结合城市规划用地布局和生态安全格局进行系统构建，控制性详细规划和专项规划阶段应落实具有防涝功能的用地。 与前一版相比，新版规范更加侧重雨水管网的系统性，比如在设计重现期选择因素中增加了关键因素汇水面积，要求主干系统的设计重现期应按总汇水面积进行复核，更加强调了雨水管渠的系统性作用。 新版规范的污水工程部分更加注重污水的深度处理和可再生利用，对污水处理厂的用地给予了更高的保障，并且在具体占地指标方面强调了土地的节约利用，新增了污水处理厂的防护距离要求	住房和城乡建设部	2017 年 1 月
《室外排水设计标准》GB 50014—2021	适用于新建、扩建和改建的城镇、工业区和居住区的永久性室外排水工程设计。明确"排水工程设计应以经批准的城镇总体规划、海绵城市专项规划、城镇排水与污水处理规划和城镇内涝防治专项规划为主要依据，从全局出发，综合考虑规划年限、工程规模、经济效益、社会效益和环境效益，正确处理近期与远期、集中与分散、排放与利用的关系，通过全面论证，做到安全可靠、保护环境、节约土地、经济合理、技术先进且适合当地实际情况"。 纳入了推进海绵城市建设，加强降雨初期的污染防治等内容，提出"排水工程设计应与水资源、城镇给水、水污染防治、生态环境保护、环境卫生、城市防洪、交通、绿地系统、河湖水系等专项规划和设计相协调。根据城镇规划蓝线和水面率的要求，应充分利用自然蓄水排水设施，并应根据用地性质规定不同地区的高程布置，满足不同地区的排水要求"	住房和城乡建设部	2021 年 4 月

新时期国家强调"节水优先"，更加注重对水资源的综合利用与节约保护，印发了《全国水资源综合规划》《"十四五"城镇污水处理及资源化利用发展规划》《"十四五"节

水型社会建设规划》，发布《水资源规划规范》GB/T 51051—2014、《城镇再生水利用规划编制指南》SL 760—2018等文件（表1-7）。

我国近期水资源节约与综合利用方面文件及标准规范 表1-7

文件及标准规范名称	主要内容	印发部门	印发时间
全国水资源综合规划	对中国用水总量、用水效率、水功能区限制纳污能力等方面提出要求。以满足广大人民群众的用水需求、促进经济社会又好又快发展、改善和保护生态环境为目标，从保障国家可持续发展的战略高度出发，深入系统地回答了水资源可持续利用中的重大战略问题。 一是全面调查和科学评价了中国水资源及其开发利用与水生态环境状况和演变规律；二是系统分析了中国水资源承载能力和水环境承载能力，科学提出了中国今后一个时期水资源可持续利用的战略目标、总体思路和主要任务；三是研究制定了全国、流域和区域水资源总体配置格局及开发利用与节约保护的控制性指标；四是研究论证了重大水资源配置工程总体布局，提出了有利于水资源合理配置的管理措施；五是制定了节约高效利用水资源、保护水生态环境和保障饮水安全、供水安全、粮食安全和生态安全的对策，提出了实行最严格水资源管理制度的措施	水利部、国家发展改革委等8部门	2010年11月
"十四五"城镇污水处理及资源化利用发展规划	"十四五"时期，应以建设高质量城镇污水处理体系为主题，从增量建设为主转向系统提质增效与结构调整优化并重，提升存量、做优增量，系统推进城镇污水处理设施高质量建设和运维，有效改善中国城镇水生态环境质量。在推进设施建设方面，提出了补齐城镇污水收集管网短板、强化城镇污水处理设施弱项、加强再生利用设施建设等方面的建设任务和技术要求，在运行维护和保障措施方面，也作了细致全面的要求，保障城市生活污水集中收集及再生水利用工作有序推进	国家发展改革委、住房城乡建设部	2021年6月
"十四五"节水型社会建设规划	提出了中国节水型社会建设的总体要求、主要任务、重点领域和保障措施，是"十四五"时期中国节水型社会建设的重要依据。聚焦农业农村、工业、城镇、非常规水源利用等重点领域，针对不同领域和用水主体的特点和需求，紧密结合国家重大战略并衔接最新政策，分级分类提出主要任务和重点工程。 在非常规水资源利用领域方面，坚持：①将再生水、海水及淡化海水、雨水、微咸水、矿井水等非常规水源纳入水资源统一配置，不同地区根据资源禀赋推进非常规水资源利用，到2025年，全国非常规水利用量超过170亿立方米；②持续推进污水资源化利用，推进再生水优先用于工业生产、市政杂用、生态用水，到2025年，全国地级及以上缺水城市再生水利用率超过25%；③加强雨水集蓄利用，结合海绵城市建设理念，提升雨水资源涵养能力和综合利用水平；④扩大海水淡化水利用规模，加快沿海地区海水利用及海水淡化工程建设	国家发展改革委、水利部、住房城乡建设部	2021年10月
《水资源规划规范》GB/T 51051—2014	该规范适用于集水面积3000平方公里及以上的流域、地级行政区及以上区域的水资源规划和水资源开发利用、保护节约及调配管理等专项规划的编制工作。提出水资源规划应根据流域和区域的特点以及水资源开发利用和保护现状，针对存在的主要水资源问题，遵循水资源供需协调、综合平衡、保护生态、厉行节水、合理开源的方针，按照全面规划、统筹协调、因地制宜、突出重点等原则进行。并对水资源规划应包含的内容，如：水资源供需分析、水资源配置、节水与供水方案制定、水资源保护、水资源管理及规划保障措施订等方面进行了规范要求	住房和城乡建设部	2014年12月

续表

文件及标准规范名称	主要内容	印发部门	印发时间
《城镇再生水利用规划编制指南》SL 760—2018	用于指导城镇再生水作为工业生产、城市杂用、景观环境、农业灌溉等用途的规划编制，工业园区、经济技术开发区、产业集聚区及其他区域再生水利用规划编制可参照执行，能够规范城镇再生水利用规划编制，保证规划编制质量。 提出再生水利用相关规划的编制应遵循以下原则：①突出再生水的资源属性。作为可以再次利用的水源，应和其他水源一起纳入水资源统一配置；②强化再生水的安全利用。按照鼓励利用、确保安全的要求，合理规划、科学预测再生水利用量；③重视再生水利用技术经济合理性。应统筹规划、因地制宜，经过技术经济分析后确定再生水利用方向、利用方式、水质标准和处理工艺等；④注重再生水利用的系统性。应体现区域水资源特点及其开发利用情况，从水资源系统角度全面统筹，科学布局	水利部	2018 年6 月

新时期的流域治理比以往更加注重流域整体水环境、水生态、水资源的"三水统筹"协同化，尤其是水生态环境的保障与提升，相继印发了《"十四五"重点流域水环境综合治理规划》《重点流域水生态环境保护规划》等规划与规范文件，并针对我国长江、黄河两大流域分别印发有《黄河流域生态环境保护规划》《长江经济带生态环境保护规划》。同时也开始强调水文化的重要性，印发了《"十四五"水文化建设规划》（表 1-8）。

我国近期水生态环境品质提升方面文件及标准规范　　表 1-8

文件及标准规范名称	主要内容	印发部门	印发时间
"十四五"重点流域水环境综合治理规划	规划目标："到 2025 年，基本形成较为完善的城镇水污染防治体系；城市生活污水集中收集率力争达到 70%以上，基本消除城市黑臭水体。重要江河湖泊水功能区水质达标率持续提高，重点流域水环境质量持续改善，污染严重水体基本消除，地表水劣Ⅴ类水体基本消除"等目标。 提出两大任务：①聚焦重要湖泊推进保护治理。聚焦"新三湖"（白洋淀、洱海、丹江口）、"老三湖"（太湖、巢湖、滇池）、洞庭湖、鄱阳湖、乌梁素海等重点湖泊，因地制宜采取截污控源、生态扩容、科学调配、精准管控等措施。通过整治房地产建设等环湖开发活动、遏制"造湖大跃进"、加快构建管控体系，严守湖泊生态保护空间；通过削减入湖污染负荷、优化提升生态减污功能、强化水资源节约集约利用、推动产业绿色发展，统筹推进污染防治与绿色发展；通过发挥湖长制作用、建立生态补偿机制、建立重要湖泊系统治理加监督评估体系，健全完善相关体制机制。②推动大江大河综合治理。以深化流域水环境综合治理与可持续发展试点为抓手，以推进京津冀协同发展等区域重大战略为目标，聚焦大江大河干支流和经济社会发展主战场，统筹推进水污染综合治理。通过推进试点流域截污控源、形成绿色生产生活方式等措施深化流域水环境综合治理与可持续发展试点。针对重要流域区域提出以保护修复长江生态环境为首要目标，推进长江上中下游、江河湖库、左右岸、干支流协同治理；统筹推进黄河流域生态保护，加强干支流及流域腹地生态环境治理；加大粤港澳大湾区（广东省 9 市）环境保护和治理，提升区域生态环境质量；强化京津冀生态环境协同治理，加大区域污染联防联控力度；推动长三角生态环境共保联治，夯实绿色发展生态本底	国家发展改革委	2021 年12 月

文件及标准规范名称	主要内容	印发部门	印发时间
重点流域水生态环境保护规划	明确了长江、黄河等七大流域和东南诸河、西北诸河、西南诸河三大片区的水生态环境保护有关要求，注重由污染防治向水环境、水资源、水生态"三水统筹"转变。 提出通过完善河湖生态流量管理机制、强化河湖生态流量监管以着力保障河湖基本生态用水，推动制定生态流量管理重点河湖名录和生态用水保障实施方案，并通过加强江河湖库水资源配置与调度管理等措施予以保障。 强调需巩固深化水环境治理，强化控源截污，着力补齐流域环境基础设施短板和欠账，提升城镇污染治理水平。统筹抓好入河入海排污口排查整治、工业企业稳定达标排放、城镇污水收集、农业农村污染防治、船舶和港口污染防治、黑臭水体整治等重点工作，力争在"人水和谐"上实现突破。 强调更多聚焦于流域重要生态空间，河湖生态缓冲带，流域水源涵养区，明确了这些重要空间的生态环境功能。强化重要水源涵养区保护和监督管理，开展河湖生态缓冲带保护与修复试点，同时在湖泊开放水域开展水生植被恢复试点，因地制宜通过就地保护、迁地保护、科学实施水生生物洄游通道和重要栖息地恢复等措施保护水生生物多样性，从陆地到水域全方位保护生态系统完整性	生态环境部、国家发展改革委、财政部、水利部、国家林草局等	2023年4月
"十四五"水文化建设规划	提出"十四五"时期力争实现"水利遗产保护显著加强，水利工程建设文化品位明显提高，水文化公共产品和服务进一步丰富，水利行业文化软实力和社会影响力大幅度提升，水文化建设管理体制机制逐步完善"的总目标。推动中华优秀传统文化保护与传承，完成30处以上国家水利遗产认定；推动水利工程与文化深度融合，推出30处以上水工程与水文化有机融合案例；宣传推介著名历史治水人物，精心创作一批优秀文学文艺产品；旗帜鲜明地讲好中国故事水利篇，推动中国水文化走出去；提升水利干部职工文化素养。初步形成"政府主导、社会支持、群众参与"的水文化建设格局。 到2035年，基本建成完善的水文化规划体系和保障体系；建立较为完善的水利遗产保护和认定管理体系，重要水利遗产得到有效保护传承和利用，建成较为完善的水利工程与文化融合体系，治水理念进一步深化，水文化保护传承弘扬工作全面融入新阶段水利高质量发展，水文化建设工作与建成文化强国目标要求基本适应	水利部	2022年1月
黄河流域生态环境保护规划	遵循"生态优先、绿色发展，系统治理、分区施策，三水统筹、还水于河，责任落实、协同推进"的基本原则，明确了七大任务和八类重点工程。七大任务包括：优化空间布局，加快产业绿色发展；推进三水统筹，治理修复水生态环境；加强管控修复，防治土壤地下水污染；坚持生态优先，实施系统保护修复；强化源头管控，有效防范重大环境风险；构建治理体系，提升治理水平；健全工作机制，推进规划实施	生态环境部、国家发展改革委、自然资源部、水利部	2022年6月
长江经济带生态环境保护规划	通过划定并严守水资源利用上线，在总量和强度方面提出控制要求，有效保护和利用水资源；通过划定并严守生态保护红线，合理划分岸线功能，妥善处理江河湖泊关系，系统开展重点区域生态保护和修复，加强生物多样性保护和沿江森林、草地、湿地保育，大力保护和修复水生态；通过划定并严守环境质量底线，推进治理责任清单化落地，严格治理工业、生活、农业和船舶污染，切实保护和改善水环境	环境保护部、国家发展改革委、水利部	2017年7月

续表

文件及标准规范名称	主要内容	印发部门	印发时间
《城市水系规划规范》GB 50513（2016年修订版）	明确城市水系规划应包括以下主要内容：①建立城市水系保护的目标体系，提出水域空间管控、水质保护、水生态修复和滨水景观塑造的规划措施和要求；②完善城市水系布局，科学确定水体功能，合理分配水系岸线，提出滨水区规划布局和控制要求；③协调各项涉水工程设施之间以及与城市水系的关系，优化各类设施布局。同时提出了编制城市水系规划应遵循安全性、生态性、公共性、系统性、特色化原则。 提出"水质保护应坚持源头控制、水陆统筹、生态修复，实施分类型、分流域、分区域、分阶段的系统治理"。"对截留式合流制排水系统，应控制溢流污染总量和次数；对分流制排水系统，应结合海绵城市建设，削减城市径流污染"。提出"珍稀及濒危野生水生动植物集中分布区域和有保护价值的自然湿地应纳入水生态保护范围"，并明确了水生态保护可采用的低影响开发设施	住房和城乡建设部	2016年8月
《流域水污染物排放标准制订技术导则》HJ 945.3—2020	规定了制订地方流域水污染物排放标准的基本原则和技术路线、主要技术内容的确定、标准实施的成本效益分析，以及标准文本结构与标准编制说明主要内容等要求，适用于地方流域水污染物排放标准的制修订。 明确了流域水污染物排放标准制订的主要技术工作内容包括流域调查、区域分析与环境特征污染物识别、污染源调查与排放特征污染物识别、基于水环境质量改善目标的排放限值分析、排放限值的技术经济论证与实施方案设计、标准实施的环境效益与减排增容需求分析、标准文本和编制说明编写等六方面，并针对以上方面所包含详细方面作出明确要求	生态环境部	2022年5月

欧美等西方国家经历了"先污染、后治理"的发展历程，治理重点实现由水污染控制向流域水生态系统健康保护的转变。欧盟为保护湖泊、河流、地下水和沿海水域水环境，并达成统一的目标和要求，2002年12月22日，形成了《欧盟水框架指令》（*Water Framework Directive*，WFD）。美国对于1972年颁布的《联邦水污染控制法案》进行修正，形成了《清洁水法》（*Clean Water Act*，CWA），后经实践应用和多次修订，形成了以国家污染物排放削减制度（National Pollutant Discharge Elimination System，NPDES）为核心的水污染物排放控制体系（表1-9）。

西方国家水治理方面的文件　　　　　　　　　　　　　　　　　　表 1-9

文件名称	主要内容	国家/地区	出台时间
《欧盟水框架指令》（WFD）	WFD以流域区域为尺度，整合了欧盟原有的零散的水环境法规，涵盖了水资源利用（饮用水、地下水等）、水资源保护（城市污水处理、重大事故处理、环境影响评价、污染防治等）、防洪抗旱和栖息地保护，明确了水资源及环境保护的目标，并规定了各项任务的完成期限，对各项措施的实施方法给出了基础性解释。相比前两批水立法的特定用途保护，WFD的总体目标是保护水生态良好，进而从根本上满足动植物保护及水资源和环境的可持续利用	欧盟成员国	2002年

文件名称	主要内容	国家/地区	出台时间
《清洁水法》 （CWA）	该法案是美国对于 1972 年《联邦水污染控制法案》的修正案，提出了国家水质清单、每日最大总负荷制度计划和国家污染排放削减体系。 法案规定各州为当地的每个水体制定包括 3 个元素的水质标准，即水体的法定环境功能、保护水体法定环境功能的水质目标、保证该水体的法定环境功能只能向水质好的方向调整而不能向下的政策声明。经 2002 年修订后，水质标准相关章节得以完善，包括第 301 节《排放限值》、第 302 节《与水质有关的排放限值》、第 303 节《水质标准和执行计划》、第 304 节《信息和指导》、第 305 节《水质数据库》、第 306 节《全国最佳处理标准》、第 307 节《有毒污染物和预处理排放标准》等	美国	1972 年
国家污染物排放削减制度 （NPDES）	NPDES 是在 1972 年由《清洁水法》建立的，旨在通过规范点源污染物的排放，保护美国的水质。NPDES 制度要求任何从点源向美国的水域排放污染物的实体，都必须获得污染物排放削减许可证（NPDES Permit），否则即属违法。该制度通过许可证的各项具体条款，使水污染防治的各项具体要求（如不同污染物、不同点源的各种技术排放标准、水质标准等）得以落实	美国	1972 年

1.3.2 流域治理典型案例

进入 21 世纪，我国经济进入高速增长时期，这一过程伴随着对资源的巨大消耗和生态的严重损害，我国出现水资源短缺和水环境恶化等问题。流域综合治理是将河流作为一个单元，通过统一管理、控制流域资源和环境目标，重点针对水资源优化配置、流域防洪防潮、水系生态环境整治和保护、水利设施配套建设等方面开展的综合治理方案。

国内外一些城市根据自身的自然地理条件和社会经济发展情况，不断探索出各具特色的流域治理的解决方案，比如莱茵河流域综合治理、韩国的清溪川治理、美国的洛杉矶河复兴总体规划、中国的抚仙湖流域治理等，无一不体现出流域治理在技术、理念及管理体系的创新与智慧。

1. 国内案例

（1）抚仙湖流域治理

抚仙湖位于云南省玉溪市下辖的县级市澄江市，属滇中盆地中心、南盘江流域西江水系，流域内有抚仙、星云二湖，流域总面积 1098.49km²，是我国蓄水量最大、水质最好的贫营养深水型淡水湖泊，也是西南地区关键生态系统和我国重要的战略性水资源，其蓄水量占国控重点湖泊 I 类水的 91.4% 以上[65]。因此，云南省政府长期以来高度重视抚仙湖生态环境的保护。云南省人大常委会于 1993 年 9 月审议通过了《云南省抚仙湖管理条例》，强调开发利用应当坚持生态效益，统一管理、综合防治；在山水林田湖草沙一体化保护和系统治理原则指引下，玉溪市陆续编制了《抚仙湖流域禁止开发控制区规划（2013—2020）》《云南省抚仙湖"一湖一策"保护治理行动方案（2021—2025 年）》《玉溪市"湖泊革命"实施方案》《抚仙湖水环境保护治理"十四五"规划》等规划文件，并配套印发了一系实施细则和配套文件。

抚仙湖流域治理规划将珠江源头水生态安全及抚仙湖Ⅰ类水质保护屏障作为项目总体目标，围绕总体目标及各地理单元存在的问题，通过分配治理单元，将整个流域划分为山上水源涵养及水土保持区、坝区水污染重点防控区、湖滨带水污染过滤区、湖体保护治理区四个保护修复治理单元，在治理单元尺度上确定参照系统并开展设计。与此同时，为有效削减农业面源污染，该项目通过开展抚仙湖径流耕地轮作和产业结构调整，发展绿色农业，通过种植烤烟、蓝莓、除虫菊、香根草等节肥节药型作物，以及水稻、荷藕等具有湿地净化功能的水生作物，实现生态、生产、生活的三生相融（图 1-13）。

图 1-13　抚仙湖东岸

（图片来源：抚仙湖畔舞玉带［Online Image］.［2024-05-12］. https：//www. yn. gov. cn/yngk/lyyn/lytj/202405/t20240531_300171. html）

通过全面推进抚仙湖"湖泊革命"，澄江市水环境治理工作得到了全面提升，在治理体系、治理措施等方面，建立了较为完备的组织技术架构，开启了"十四五"抚仙湖保护治理新局面。

①搭建指挥体系。澄江市成立了以市委书记、市长为双指挥长的抚仙湖"湖泊革命"指挥部，下设 15 个工作组，向澄江市 6 个镇（街道）、47 个村（社区）派驻 143 名工作队员，建立村（居）民小组责任网格 448 个，构建了横向到边、纵向到底的市、镇、村、组四级指挥体系，建立了信息报送、任务派单、会议调度等工作机制，把部门治湖上升为党委政府统领治湖的新高度。

②流域生态治理及修复。在湿地综合治理方面，发挥调蓄带对低污染水的收集回灌利用功能，回灌量约 180 万 m^3；系统谋划推进抚仙湖北岸生态调蓄带提蓄水循环利用。全力持续打好全流域截污治污歼灭战，启动澄江市 50 吨餐厨垃圾资源化综合利用建设项目。加快推进流域生态保护修复，统筹推进历史遗留矿山、生态移民搬迁、拆除地块生态修复治理和流域水土流失治理。

（2）雄安新区城市水系统规划

雄安新区作为国家级战略新区，对城市水系统的构建提出了更高的要求和新的挑战。结合其区位特点，雄安城市水系统的建设面临着水资源短缺，地势低洼、洪涝风险突出，下游白洋淀生态系统退化以及未来气候变化等众多不确定性风险，故在充分理解维持自然水循环的重要意义、认识城市供排水系统性以及对国内外先进案例的借鉴下，雄安新区探索出"节水优先、灰绿结合"的双循环新型城市水系统模式[66]，即城市水系统是自然水循环和社会水循环耦合的复杂系统，以"降水-入渗-产汇流（径流）-蒸发（运移）"为自然水循环基本过程，以"取水-供水-用水-排水"为社会水循环主要过程，形成多要素组成的、有序排列的有机整体（图1-14）。

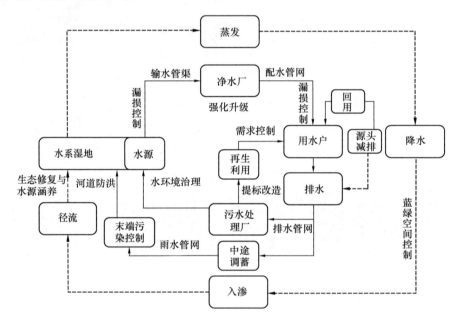

图 1-14　新型城市水系统模式示意

结合雄安新区城市建设的定位以及双循环新型城市水系统模式，雄安新区城市水系统的总体目标是实现高韧性弹性的水系统构建、高质量水环境体系构建、高品质饮用水供应、高标准水设施建设。基于水生态、水资源、水安全、水环境多维度目标，提出构建系统的供水子系统、污水处理与再生回用、雨水综合管理、水生态空间等多种布局模式方案。

供水子系统方面，采用区块化的环网布局模式，将整个区域逐级分区，各区相对独立供水；将主干管或干管与支管的功能分离，主干管连接水源水厂和各区，保持各区之间的联络；支管承担配水功能。

污水处理及再生水系，采用完全的雨污分流制，实现城市污水的全收集、全处理、全回用。采用分区循环式的空间布局模式，污水及再生水厂的合理分区和分散布局，有利于再生水的回用，提高系统整体的灵活性和弹性，更好地适应新区的人口增长。

雨水系统综合管理的目的是在基本维持开发前后水文条件不变的基础上，同步实现雨水集蓄利用、径流污染控制与峰值削减等目标，建设雨洪应急管理平台，实现雨情预警、在线监控及应急调度等功能。源头 LID 设施的布局，依据片区/地块和道路的雨水收集处理、利用方式的不同，选择：①地块与道路均分散收集处理后就地利用；②地块分散收集处理后就地利用，道路分散收集、集中处理后利用。这两种均为分散控制的类型。区域内河道水系以南北向水系为主、东西向水系为辅，结合组团式用地布局，竖向设计采用"中间高、两边低"的龟背式竖向设计；雨水主干管沿东西方向布局，就近排入南北方向河道水系，形成"鱼骨式"布局。区域内设置一定的调蓄空间及南部蓝绿空间有效降低城市整体洪涝风险，并调蓄利用雨水资源。防涝设计校核标准为 100 年一遇，利用内涝模拟分析，构建纵横交织、主次分级的水系通道实现雨水调蓄、景观补水及安全排放等功能，并按其功能定位分为流域排涝通道、城市排涝通道、景观配水通道三大类，东西向水系，以连接南北向水系、配水功能为主，兼顾景观功能，形成"北截、中疏、南蓄、适排"的排水防涝格局。

　　在水生态方面，规划提出构建"一屏、一淀、三区、多廊、多点"的流域水生态安全格局，提出空间管控措施及水生态修复策略，并构建集调蓄、净化、回用、景观功能为一体、分级智能调控水质-水位-水量的城市循环水系（图 1-15）。

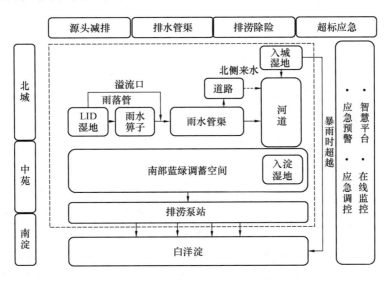

图 1-15　城市循环水系布局模式

　　综上所述，雄安新区基于平坦的地势、组团式的城市布局，结合城市水系统水安全、水环境、水资源、水生态的四维度目标，构建了双循环新型城市水系统模式，实现了城市水资源的循环利用、水质的梯级净化、水的安全排出以及自然水文过程的维系，为缺水地区构建高标准水系提供了思路。

　　（3）成都天府新区水系统规划

　　成都天府新区作为四川省下辖的国家级新区，位于成都老城区南侧，为配套新区发展，提出了"尊重历史规律、尊重自然规律、尊重科技规律""协同流域空间、协同生物视角、协同多元价值、协同工作链条"的"三尊重、四协同"[67]的未来城水关系新模式，从水历史、水文明、水安全、水生态、水经济五个角度，实现生态文明共生共荣的城水关系新格局（图 1-16）。

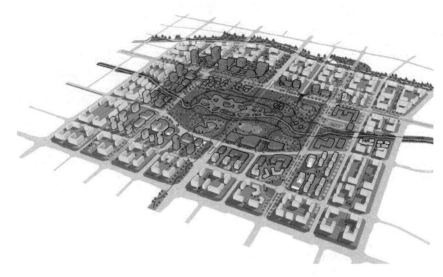

图 1-16　以小河为轴的社区融合布局模式示意

（图片来源：王波，胡滨，牟秋，等 . 公园城市水系统顶层规划的实践探索——以天府新区为例［J］. 城市规划，2021，45（8）：107-112.）

其中，水历史与水文明方面，天府新区由"一江三河两渠"构成水系主体，有 100 余条支流汇入主要河流，水网格局已延续千年，自古以来就是成都向南开放的黄金水道，两岸形成众多历史印记以及龙舟赛、河香茶水等生活记忆。故在水系统规划中保存了古桥、古码头等历史遗迹，在巩固"一江三河"的历史水文脉络基础上，重塑水经济与水文化，保留自然野趣、泛舟漂流、捕鱼捉虾等亲水文化活动。

水安全方面，成都属内陆丘陵型城市，降水集中在 6 月至 9 月，伴随较为严峻的洪涝风险，随着城市的建设，面临着较大的水资源压力。故在规划中，天府新区制定了"充分利用自然降水＋循环复用再生水＋应急调用灌溉水＋流域智慧保障"的水资源安全方案，严格保护修复 79 条常水河道和 74 条季节河道，通过模拟自然湿地的蓄水潜力，利用沼泽、滩涂、坑塘构建丘陵特色的梯级自然湿地系统，结合现有湖库工程共同利用调蓄雨水资源，同时大力发掘再生水资源，确保枯水季的生态用水安全。

水生态方面，天府新区生态资源丰富，东侧有龙泉山脉，山体与水系构成了天府新区生态系统的基本骨架。在规划中，天府新区主张利用丰富的溪河流生境、湿地生境、林水复合生境，开展生境空间自然化修复，采用"源头控污＋路径过滤＋末端净化"的水环境保障体系，构建健康稳定的水域生境和滨水岸线。

水经济方面，天府新区大力促进生态价值多元转化，依托高品质的滨水空间，深度融合公园城市理念与产业功能区发展，梳理城市片区中心的水系空间，建设特色功能岸线，承载片区城市休闲、商业服务等功能，充分提高城市公共空间品质，营造城市核心竞争力。

综上所述，天府新城水系统规划形成了"水历史、水文明、水安全、水生态、水经济"五位一体的顶层设计，它不仅突破传统思维局限，补全了传统水系统规划缺乏对水历史、水文化挖掘的弊端，同时通过构建"一江三河两渠"空间格局、划定滨水生态空间，与城市功能布局、宜居水岸打造、竞争力塑造相融相生，充分发挥生态价值，逐步实现治水营城。

（4）北京市新凤河流域综合治理

新凤河位于大兴区北部，是凉水河的主要支流，属北运河水系，是大兴区主要的防洪排水、风景观赏河道，也是连通北京市南部地区黄村、亦庄和通州城市副中心的重要生态廊道。新凤河流域面积 16640ha，流域内共有 23 条河渠，总长 96.35km，其中，新凤河干流西起永定河灌渠，东至凉水河，全长 30.1km。自 20 世纪 80 年代以来，随着社会经济的快速发展，粗放型的生产方式让新凤河饱受污染，生态系统遭到严重破坏。为加快大兴区"五位一体"建设，践行"绿水青山就是金山银山"理念，显著改善新凤河流域的生态环境，2017 年 3 月，大兴区启动"大兴区新凤河流域综合治理工程 PPP 项目"，包含生态廊道工程、水环境治理工程、河道清淤工程及生态修复工程四个子项工程，项目总投资近 38 亿元，于 2019 年 6 月竣工。

新凤河流域治理采用防洪达标、削减污染、提升水质、修复生态的治理路径，主要对新凤河 5 条主要支流按照 20 年一遇的防洪标准进行河道治理，总长 26.23km。在削减污染方面，项目通过河道清淤 54km，新建截污管线 22.75km，建设污水处理站 3 座，实现内源污染控制；引入海绵设施构建灰绿结合的雨水净化系统，建设 2 座初雨调蓄池，在面源污染较为突出的入河口建设 2 处人工湿地，实现面源污染全流程管控。同时，修复植被缓冲带 116.89ha，沿河新建环保再生透水步道 24km，亲水平台 14 处（图 1-17）。

图 1-17　安南湿地环保主题公园（彭子洋　摄）

（图片来源：北京：新凤河治理见成效［Online Image］https://www.gov.cn/xinwen/2022-07/16/content_5701354.htm#1）

在水生态方面，新凤河流域治理项目主张打造"一廊、三园、多节点"的生态格局，一廊即新凤河生态长廊，串联起水与城；三园为新凤河滨河公园、新西凤渠湿地、安南湿地，为鸟类、两栖类、水生及陆生生物提供栖息地，并利用湿地中穿插的栈道与小径，增加与城市肌理的黏性；多节点为沿河设置的多样化滨水活动空间，重塑人与自然关系的纽带。其中，在生态工法中，项目通过种植水生植物，恢复水生植物面积30.4ha，新增蓄水堰、河道水质原位净化渗滤坝，恢复深潭-浅滩栖息地；并通过建设生态岛，提升水体自净能力，增加生物多样性，构建健康稳定的自然水系。同时新建再生水管线22km，通过水系连通工程对新凤河干流及主要支流实施生态补水12.7万 m^3/d。

同时为实现科技赋能，新凤河流域治理工程还同步搭建了新凤河智慧水务平台，从水安全、水环境、水资源、水生态及水管理5个维度进行监管，并对新凤河全流域水生态系统进行全面监控，及时、准确地感知项目实时状态并进行风险预警和预报。

（5）深圳市茅洲河流域水环境综合整治

茅洲河发源于深圳市羊台山北麓，自东南向西北流经光明区、宝安区和东莞市长安镇，于沙井民主村入珠江口伶仃洋，干流全长31.3km，流域总面积388km²，深圳境内311km²。茅洲河沿河流域工业企业超过5万家，其中电镀、线路板、表面处理、印染等高污染中小企业众多，曾一度带来了深圳市电子行业的崛起和腾飞，然而，因长期超负荷污染排放，使得茅洲河成为珠三角污染最严重的河流，干支流水质劣于地表水Ⅴ类，氨氮、总磷甚至超过Ⅴ类标准10多倍，水污染治理刻不容缓（图1-18）。2015年底，深圳举全市之力打响水污染防治攻坚战。2016年2月，宝安区开展茅洲河流域（宝安片区）水环境综合整治项目，投资金额123.07亿元，拉开了深圳治理茅洲河的序幕。

图1-18 茅洲河治理前

（图片来源：茅洲河流域水环境综合整治工程：从"浙江经验"到"全国样本"［Online Image].

［2020-06-12］. http://zjnews.china.com.cn/yuanchuan/2020-06-12/232770.html）

茅洲河流域治理采用"织网成片、正本清源、理水梳岸、寻水溯源"的四步逐级推进方案，打破过去"头痛医头、脚痛医脚"的零敲碎打治理模式，坚持流域统筹、系统治理。首先"织网成片"。在流域治理中第一步要做的就是搭建完善的污水管网系统，但茅洲河流域工业企业众多，人口密度大，实现完全的雨污分流难度大、周期长，因此，面对分流不彻底的现状，茅洲河流域治理通过确定合理的截流倍数达到减少溢流污染的频次以及最大限度地收集雨季的面源污染的目的。另外，还对现状排水管网进行了全面的排查与治理，共检测 1662 处管段，总长达 74.2km，修复结构性缺陷 3492 处、功能性缺陷 245 处。新建沙井、松岗两座污水处理厂，新建雨污分流管网 1014km，沿河截污管 91km。第一阶段"织网成片"工作完成后，片区基本上形成了路径完整、运转高效的污水管网系统。

第二阶段"正本清源"。梳理茅洲河流域（宝安）片区的 1.2 万余家企业，其中重点污染企业 274 家，为茅洲河流域主要的污染源，针对这些企业进行内部雨污分流改造，不断健全城市排水管网系统，实现雨污分流。在此阶段，新建污水收集管网 1200km，源头污水收集能力得到有效提高，污水收集率提升至 90%。

第三阶段"理水梳岸"。前两阶段的实施，使得污染物顺利地进入了处理终端，但因为地下管网错综复杂以及沿河截污系统的存在，仍然存在部分污染物进入河道，因此需要通过梳理河道、暗渠、排水口等，进行系统性的整治。河道排水口的整治，对于截流倍数较大的沿河截污管，充分利用其管道容积作为调蓄空间；对于常规截流倍数的沿河截污管则在末端增设调蓄、溢流、限流的设施。暗渠箱涵排水口的整治，则视情况对流经面源污染严重的排水口设置调蓄池或者弃流井。

第四阶段"寻水溯源"。针对茅洲河流域枯水期基本无本地径流以及水生态自净能力差的问题，采取本地径流、外流域调水、再生水补水以及雨洪利用的综合水资源利用措施，保障枯水期河道生态流量充足。具体措施包括，利用上游水库以及建设生态库保障河道枯水期生态流量；提高流域内 4 座污水处理厂的尾水标准至地表Ⅳ类水，为河道进行生态补水；综合调度东江、西江水资源，进一步保障茅洲河的生态水量。

经过持续攻坚，茅洲河水质不断改善，共和村国考断面氨氮指标从 2016 年的平均 22.8mg/L，降至 2019 年的平均 3.9mg/L，11 月 9 日降至 2mg/L 以下，达到地表Ⅴ类水水准，提前一年两个月达到国考水平。2020 年，茅洲河水质稳定达到或好于Ⅴ类水，氨氮指标时常在 1.3mg/L 左右（图 1-19）。中断数十年的茅洲河龙舟赛也于 2018 年世界环境日在茅洲河燕罗湿地旁恢复举办[68]。

图 1-19　茅洲河现状

（图片来源：深圳茅洲河：春草碧色 春水绿波 ［Online Image］．https：//swj. sz. gov. cn/ztzl/ndmsss/nswrzl/mtbd/content/post _ 11287249. html）

（6）南宁市心圩江水环境综合治理

心圩江是南宁市内第二大内河，主河道起于老虎岭水库溢洪道，终于江北大道邕江出水口，全长约 17.93km，流域汇水面积达 13200ha。心圩江流经兴宁区、西乡塘区、高新区，其中包括河段两侧以农田、养殖水塘和村庄为主的郊野乡村区，人口密集的快速城市化区以及干流下游的公园绿地区。

心圩江曾被称作"纳污沟"。由于流域内开发强度不断增大，城市排水基础设施建设相对滞后，大量污水直接排入河道，以及河道上游存在养殖水塘，养殖废水污染严重，导致河道水体环境质量日益恶化。另外，部分河道狭窄，最小处仅为 6m，河道断面过流能力无法满足十年一遇防洪要求，极易发生洪涝灾害。

为贯彻落实"治水、建城、为民"的城市工作主线，南宁市开展心圩江综合整治工程。项目总投资 30.71 亿元，项目内容包括河道整治工程、污水处理厂工程、信息化管控工程、黄泥沟综合治理工程、明月湖水质提升工程等 15 个子项，于 2017 年 9 月开始建设，2021 年 1 月竣工。

心圩江整治工程利用控源截污、内源治理、生态修复、活水保质、实时监测五种治理手段，通过构建了"厂-网-河（湖）"一体化运营管理机制，实现心圩江流域的长治久清。在控源截污方面，心圩江上游和下游共建立 2 座污水处理厂，解决流域内污水处理能力不足，雨天污水溢流入河的问题，同时利用污水处理厂尾水对心圩江河道进行补水，补水量约为 9 万 m^3/d；并通过沿江建设截污管 28.70km，将污水收集至污水处理厂处理，修复现状市政污水管网 10.30km，完成 186 处混错接点改造，提高污水收集、转输能力。内源治理方面，实施拓宽河道、河床清淤疏浚、驳岸加固整理等措施，提升心圩江主河道防洪标准，满足 50 年一遇的要求。生态修复方面，因地制宜，采用湿地建设、水生植物生态系统建设等措施，打造罗赖沟水生态公园国家示范点、明月湖湿地公园等，构建"一廊一带一环多园"园林景观。同时搭建智慧水务平台，采用"运维＋监控"双管理模式，设置 1 座在线水质监测站，实时掌握水质变化，第一时间采取保障措施（图 1-20）。

图 1-20　铜鼓陂那田文化园一角（蔡玉耘　摄）

（图片来源：南宁心圩江流域治理成效显著 [Online Image]．https：//gx.chinadaily.com.cn/a/202208/31/WS630f3b02a3101c3ee7ae68ef.html）

如今，心圩江河道水质不断提升，污水处理厂进水 BOD 浓度不断提高，生态逐步恢复，心圩江已是城市重要的防洪排涝通道，也是市区内河流水体楔形绿网的重要组成部分。

2. 国外案例

（1）洛杉矶河总体规划

洛杉矶河闻名全球，被誉为洛杉矶地区的"后花园"，其河道短而陡峭，全长 51 英里（约 82km）长，流域面积约 2150km²。20 世纪 50 年代出于防洪的需要，洛杉矶河变成了一条混凝土围边的水渠，造成了城水互动的全面割裂。

洛杉矶河总体规划是一项由洛杉矶县主导，面向未来 25 至 50 年的蓝图，该项目旨在提升洛杉矶河的生态系统服务功能，将河道与沿河地块相互连接，形成一个欣欣向荣的滨河公园网络，使洛杉矶河成为洛杉矶最珍贵的地标。规划提出建设一个长约 51 英里（约 82km）的公共开放空间，包括从防洪韧性到房屋经济实用性，再到生态功能、艺术、教育和文化等多种功能。

规划采用"工具包"（kit of parts）的概念，里面包含 6 种设计工具，可供有不同需求的地理区位选择（图 1-21）。

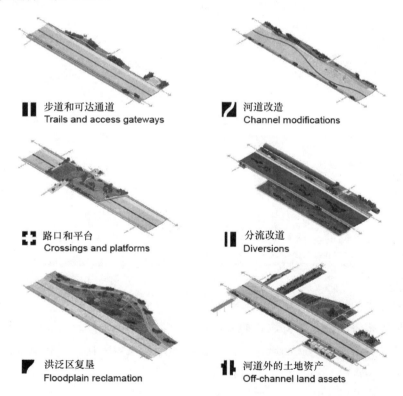

图 1-21　6 种设计"工具包"

（图片来源：杰西卡·M. 汉森，马克·汉娜. 重塑洛杉矶河：连接公共开放空间的
51 英里［J］. 景观设计学〈中英文〉，2021，9（3）：58-72）

当地社区可以根据场地的潜力，结合"工具包"设立目标，来开发满足社区需求的项目。中小尺度的项目，可选择"大型栖息地公园桥"（即平台工具），它适于修建在人口高

密度地区，利用占地几公顷的栖息地来满足这片区域对于公园与生态系统的高度需求；"分流改道"工具，则可以用于在暴雨天气时容纳额外的洪水流量（图 1-22）。大尺度系统性的项目则需要依靠若干个场地或利用线性特征的共同作用来满足场地需求，例如，区域内相互连接的环路可创造纵向与横向的沿河休闲区域与动态交通网络[69]。

图 1-22 "大型栖息地公园桥"效果示意图

（图片来源：杰西卡·M. 汉森，马克·汉娜. 重塑洛杉矶河：连接公共开放空间的 51 英里 [J]. 景观设计学（中英文），2021，9(3)：58-72.）

为更好地推动项目实施，洛杉矶市工程局成立了洛杉矶河项目局，负责规划目标的执行。在运营方面，专门成立了公司来指导与洛杉矶河相关的及居住区复兴项目的融资问题，其主要职能包括与洛杉矶河相关的改造、经济发展项目和公共空间的管理与维护。同时计划成立一个慈善性的非营利的基金会，负责与洛杉矶河复兴相关的财产赠予、捐款、合作等事务，从而进一步推动解决洛杉矶河及沿途社区的环境、教育、文化、社会公平和可持续性等问题。

值得我们学习的是，洛杉矶河总体规划框架细致地为每一个负责实施某个特定目标的相关部门制定了相应的措施与方法。此外，还包括本地居民聘用、环保工作培训、任用河流运营与维护人员等主题，从而鼓励社区居民参与河流改善工作，以提升社区公平性，并鼓励在具体项目中进行"超本地"的社区公共参与[70]。

（2）莱茵河流域治理

莱茵河源于瑞士阿尔卑斯山脉的融雪和冰川，始于瑞士东南部阿尔卑斯山脉的格劳宾登，流经列支敦士敦、奥地利、德国、法国、荷兰 5 个国家，到达荷兰的鹿特丹，进入北海。跨越总长度约 1232km，流域面积 22 万 km²。随着 20 世纪工业化的高速发展，莱茵河曾一度出现严重的环境污染和生态退化问题。在荷兰的倡导下，于 1950 年成立莱茵河国际委员会（ICPR）开展莱茵河的环保工作，先后经历了污水治理初始阶段、水质恢复阶段、生态修复阶段、提高补充阶段。

2001 年，"莱茵河 2020 计划"发布，明确了莱茵河生态总体规划。随后还制订了生境斑块连通计划、莱茵河洄游鱼类总体规划、土壤沉积物管理计划、微型污染物战略等一系列的行动计划来恢复莱茵河生态系统、减少洪水风险、提高环境质量以及保护地下水。"莱茵河 2020 计划"通过建设生态蓄洪区，将洪泛区划定为自然保护区，修建水流通道、实施河湖连通，实施亲自然岸线改造以及堰坝改造进行莱茵河的生态修复；通过新建污水处理厂、城市排水管网等进行水质管理；通过恢复洪泛区，恢复自然河流提高土地雨水渗透率，发布洪水风险地图来防洪；建立全流域的监测体系，对生物和水质进行实时在线监测，共设置 57 个监测站点，每个监测站点还配有水质预警系统，能及时对突发性的环境污染事故进行预警。到"莱茵河 2020 计划"结束时，已恢复岸线 166km、洪泛区 140km²，完成 124 个河湖清淤和水体联通，改善了栖息地环境；重金属污染持续降低、地下水优良水体比例达 96％；实现洪水风险地图 100％全覆盖，延长洪水预报时间，实现"到 2020 年减少 25％的洪水风险"目标。

为继续建立一个可持续管理的莱茵河流域，打造健康的莱茵河生态系统，ICPR 在"莱茵河 2020 计划"的成果基础上，制定了"莱茵河 2040 计划"，从恢复群落生境提升生物多样性、获得良好的水质、减少洪水风险、减轻流域低水位影响四个领域，继续应对气候变化等问题。一是生态系统健康。恢复河流生态连通性，恢复莱茵河沿岸的生物群落、洪泛区、增加支流的连通性以及进行河堤生态性改造，为河流提供稳定的温度和氧气条件。二是良好的水质。通过改善污水处理厂对氮磷的去除、培育有机农业，实现养分投入的减少；通过建立评估系统、监测，减少至少 30％污染物的输入；开发新的流量时间模型；提高公众的敏感度以及参与度，从源头减少垃圾的投入。三是减少洪水风险。改善洪水预警系统、使用工具评估区域洪水风险、保护未开发的洪泛区、对现有建筑物进行防洪改造以及提高居民的风险意识。四是应对集水区低水位的影响。确保低水位监测，制定通用的评估方法、联合评估标准。

"莱茵河 2040 计划"通过栖息地连通、水质安全、减少洪水风险、有效管理低水位四个方面来应对污染、生物多样性丧失和气候变化带来的挑战，最终目标是建立一个可持续管理的莱茵河流域，使其能够抵御气候变化的影响，为人类和自然提供宝贵的生命线，且该计划的宗旨与联合国 2030 年议程的 17 个可持续发展目标（SDG）相符合。

（3）韩国清溪川治理

清溪川发源于韩国首尔的西北部，由西到东贯穿首尔市中心，最终和中浪川汇合后流入汉江，全长 10.84km，总流域面积 59.83km²。20 世纪末，由于城市经济快速增长及规模急剧扩张，清溪川逐渐被混凝土路面覆盖，成为城市主干道之下的暗渠，因工业和生活废水也排放其中，其水质变得十分恶劣。2003 年 7 月 1 日，韩国首尔政府启动清溪川修复工程，拆除高架道路和覆盖道路，修复水体，重塑城市河岸文化空间。修复工程分为拆除工程、河道水体复兴改造工程和景观建设三部分，总投资约人民币 2.68 亿元。

清溪川修复工程区分不同河段进行规划设计，根据各河段所处区域的经济社会状况和功能需求，结合自然形态，在不同的河段采取不同的规划方式，做到主题不同，层次分明。清溪川上游位于市中心、毗邻国家政府机关，因此最大限度恢复河流原貌，主题为"自然中的河流"，两岸为铺设花岗岩石板的亲水平台；中游穿过韩国著名的小商品批发市场"东大门"，因此此段强调滨水空间的休闲性和文化特质，主题为"文化中的河流"；下游河段在居民区和商业混合区，因此以自然生态特点为主，积极保留自然河滩沙洲，多采用自然化的生态植被，以"生态中的河流"为主题。

在水体修复方面，清溪川修复工程通过拆除河道上的高架桥、清除水泥封盖、河床淤泥，还原了河道自然面貌并减少底部污染物向水体释放；同时通过在两岸铺设截污管道进行全面截污，将污水送入处理厂统一处理，并截流初期雨水，从源头上减少污染物的直接排放；为保持河道水量，结合再生水和地表水作为水源补充，从汉江日均取水 9.8 万吨注入河道，加上净化处理的 2.2 万吨城市地下水和雨水，总注水量达 12 万吨，让河流保持 40cm 水深，综合增加了清溪川水体流量和水力停留时间，达到了长效保持水生态优良的效果。

清溪川治理还运用多元化的景观设计手段，满足不同地段服务人群需求。一是水体设计多元化，除了自然化和人工化的溪流以外，重建了大量动植物的栖息地、人工湿地，还运用了跌水、喷泉、涌泉、瀑布、壁泉等多种水体表现形式；二是地面绿化与立体绿化相结合，利用乡土植物进行植物造景。三是融入了水文化，设计了正祖班次图、玉流川、文化墙和清溪川洗衣场，其中正祖大王陵行班次图描述了正祖大王陪同母亲献敬王后洪氏前往华城参拜其父亲庄祖之墓的场面，此壁画堪称世界之最，壁画长达 192m，共由 4960 块瓷砖拼贴而成，壁画人物多达 1700 余人。

修复后的清溪川成为首尔重要的生态景观，除生化需氧量和总氮两项指标外，各项水质指标均达到韩国地表水一级标准，空气质量变好，并一定程度上减少了热岛效应。由于生态环境、人居环境的改善，也给首尔带来了超额的经济效益[71]（图 1-23）。

图 1-23　清溪川现状

第 2 章　新时期流域治理要求

从古至今，治水一直关乎民族生存、文明进步、国家强盛，从一定意义上说，治水即治国，治水之道是重要的治国之道，流域治理必须服务于社会经济发展需求。在社会发展不断加快、全球气候变化影响不断加剧的背景下，只有深刻理解当前社会经济发展的总体要求，遵循具有鲜明思想性、理论性、战略性、指导性、实践性的治水思路，并基于当前社会经济发展特点，找准关键问题，才能科学开展流域治理工作。

本章首先梳理了新时期我国社会经济发展的新理念、新思想、新战略，立足当前国情和新时期水务高质量发展大局，正确认识和准确把握新时期流域治理的战略要求和重点方向；接着，详细介绍了"节水优先、空间均衡、系统治理、两手发力"治水思路，作为新时期开展流域治理的根本原则；最后，结合当前我国社会经济发展面临的主要矛盾，按照新时期新理念新思想新战略要求，归纳总结了以往流域治理实践中存在的不足和新时期流域治理的关键问题。

2.1　新发展理念要求

2.1.1　五大发展理念

2015 年 10 月，习近平总书记在党的十八届五中全会上提出新发展理念，即"创新、协调、绿色、开放、共享"的发展理念，并强调"创新发展注重的是解决发展动力问题，协调发展注重的是解决发展不平衡问题，绿色发展注重的是解决人与自然和谐问题，开放发展注重的是解决发展内外联动问题，共享发展注重的是解决社会公平正义问题"。

创新是发展的动力源泉。新时期的流域治理，就是要从解决新老流域问题的实际需要出发，依靠创新的思维和技术手段，实现新时代流域治理的目标方向、科学方法、实践路径、管理机制的创新。

习近平总书记强调："协调既是发展手段又是发展目标，同时还是评价发展的标准和尺度。"在新时期流域治理理念中，需协调水安全、水资源、水生态、水环境问题，以协调为内生特点，使流域的水利基础设施布局、水环境治理提升、水生态产品供给、水资源配置更加均衡，提升流域治理的整体效能。

绿色发展是新时期流域治理的客观要求。新时期的流域治理必须以生态优先，贯彻人与自然和谐共生的要求，坚持绿水青山就是金山银山，坚持山水林田湖草沙系统治理，严守水资源开发利用上限、水环境质量底线和生态保护红线，使水资源刚性约束制度效能充分发挥，用水方式向节约集约转变，水生态水环境持续改善，河湖健康生命得以维护，绿色发展方式和生活方式加快形成。

新时期的流域治理需要进一步开放，总结吸取国内外流域治理的经验教训，学习借鉴发达国家在流域治理方面的先进技术和管理经验，提出富有中国特色、具有时代特征、引领世界的治理战略，为解决人类共同面对的水问题提供中国智慧和中国方案。

共享发展注重坚持全民共享、全面共享、共建共享、渐进共享。新时期的流域治理应把人民对美好生活的向往作为发展目标，坚持流域治理为了人民，在发展中解决人民群众最关心最直接最现实的涉水利益问题，顺应人民意愿、符合人民所思所盼；治水成果由人民共享，使流域治理成果更好地惠及全体人民，不断实现人民对美好生活的向往，不断增强人民群众获得感、幸福感、安全感。

2.1.2 生态文明思想

生态文明建设是关系中华民族永续发展的根本大计。党的十八大把生态文明建设纳入中国特色社会主义事业"五位一体"总体布局，明确提出大力推进生态文明建设，把建设美丽中国作为生态文明建设的宏伟目标，并在此基础上确立了习近平生态文明思想。习近平生态文明思想是习近平新时代中国特色社会主义思想的重要组成部分，为全面加强生态环境保护、坚决打好污染防治攻坚战提供了方向指引和根本遵循，推动我国流域水生态环境保护发生历史性、转折性、全局性变化。

习近平生态文明思想提出了一套相对完善的生态文明思想体系，形成了面向绿色发展的四大核心理念：

1. 生态兴则文明兴、生态衰则文明衰，建立人与自然和谐共生的新生态自然观

纵观历史上许多文明古国，都因遭受生态破坏而导致文明衰落。人类只有遵循自然规律，与自然和谐共生，才能有效避免在开发利用自然的发展过程中走弯路。人类对自然生态环境的伤害最终会反噬人类自身，这是无法改变的规律。人类应尊重自然、顺应自然、保护自然，自然则滋养人类、哺育人类、启迪人类。

2. 绿水青山就是金山银山，保护环境就是保护生产力的新经济发展观

习近平总书记提出，绿水青山就是金山银山。绿水青山是发展的前提和基础，要善待自然，守住绿水青山的底线；更要懂得调整思路，学会转型升级，善用自然，实现绿水青山与金山银山的辩证统一。让绿水青山充分发挥其经济社会效益，关键是要树立正确的发展思路，因地制宜选择好发展产业。要充分考虑到生态环境的承受能力，才能保持两者的协调发展关系，保持经济的持续发展。

3. 山水林田湖草沙是一个生命共同体的新系统观

山水林田湖草沙是一个生命共同体，习近平总书记指出："人的命脉在田，田的命脉在水，水的命脉在山，山的命脉在土，土的命脉在林和草，这个生命共同体是人类生存发展的物质基础。"人和自然是相互依存、相互影响的。人类若处于被破坏的自然环境下，将无法进行任何生产生活活动。因此，人和自然是一个生命共同体，人类对自然环境的实践活动最终都将影响人类的命运。

4. 环境就是民生，人民群众对美好生活的需求就是新民生政绩观

建设生态文明，关系人民福祉，关乎民族未来。随着经济社会发展和人民生活水平不断提高，生态环境在群众生活幸福指数中的地位不断凸显，环境问题日益成为重要的民生问题。从习近平总书记提出"良好生态环境是最公平的公共产品，是最普惠的民生福祉"，到指出"发展经济是为了民生，保护生态环境同样也是为了民生"，再到强调"环境就是民生，青山就是美丽，蓝天也是幸福"，习近平生态文明思想聚焦了人民群众感受最直接、要求最迫切的突出环境问题，积极回应了人民群众日益增长的优美生态环境需要。

我国在流域治理方面虽取得一定成效，但仍存在管理不到位、重城区轻郊区、重局部轻整体等问题。新时期的流域治理需积极贯彻习近平生态文明思想，以建设美丽中国为目标，推动城乡人居环境明显改善，实现高质量发展与高品质生态环境的良性互动。流域治理工作要把握好全局与局部、当前与长远的关系，坚持全流域"一盘棋"，强化系统观念，以流域为单元，推进山水林田湖草沙一体化保护和修复，统筹全要素治理、全流域治理、全过程治理，统筹保护与发展、工程与非工程措施、政府企业公众等方面的关系[72]以及运用法治、市场、科技、政策等多方面手段，开展水资源管理、水污染防治和生态保护修复，实现从污染防治为主向"三水统筹"治理转变，构建水资源、水环境、水生态协同推进的治理格局，推动形成人水和谐的美好景象和经济社会发展全面绿色转型，助力实现人与自然和谐共生的现代化。

2.1.3　水利发展战略

1. 国家水网战略

2021年5月14日，习近平总书记亲自主持召开南水北调后续工程高质量发展座谈会，明确提出以全面提升水安全保障能力为目标，以优化水资源配置体系、完善流域防洪减灾体系为重点，统筹存量和增量，加强互联互通，加快构建国家水网主骨架和大动脉。

国家水网是国家基础设施体系的重要组成之一，是系统解决水灾害、水资源、水生态、水环境问题，保障国家水安全的重要基础和支撑。加快构建国家水网，也是党中央作出的重大战略部署。2023年5月25日，中共中央、国务院印发《国家水网建设规划纲要》，作为当前和今后一个时期国家水网建设的重要指导性文件。

《国家水网建设规划纲要》提出，加快构建"系统完备、安全可靠，集约高效、绿色智能，循环通畅、调控有序"的国家水网，实现经济效益、社会效益、生态效益、安全效益相统一。该规划纲要明确了国家水网的总体布局，要求加快构建国家水网主骨架，畅通国家水网大动脉，建设骨干输排水通道。聚焦于水资源配置和供水保障体系、流域防洪减灾体系以及河湖生态系统保护治理体系三大体系，布局国家水网建设的重点工程项目，统筹安全与发展，系统推进水网建设（图2-1）。规划纲要确立高质量发展路径与保障策略，推动水网安全发展、绿色发展、智慧发展、融合发展，以完善的组织实施、政策保障、科技支撑，确保如期完成国家水网建设目标。

2. 国家"江河战略"

2021年10月，习近平总书记考察黄河入海口并主持召开深入推动黄河流域生态保护和高质量发展座谈会，强调指出继长江经济带发展战略之后，我们提出黄河流域生态保护

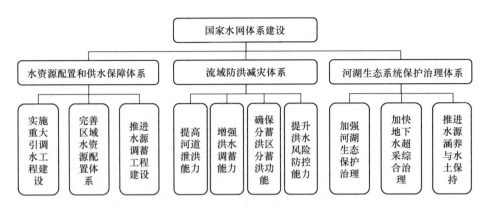

图 2-1　国家水网体系建设主要内容

和高质量发展战略，国家的"江河战略"就确立起来了。

国家"江河战略"旨在实现中国式现代化建设中江河的可持续发展和综合利用，主要涵盖治水思路、重大区域战略、文化传承和发展模式创新四方面。

（1）国家"江河战略"注重系统治理。习近平总书记强调"坚持山水林田湖草综合治理、系统治理、源头治理，统筹推进各项工作"。实施国家"江河战略"，要以流域为实施单元，准确把握江河的流域特征，立足于构建人水和谐的经济社会生态系统，统筹江河的上下游、左右岸、干支流，妥善处理水与其他自然要素、经济社会行为的关系，加强全局性谋划、整体性推进，提出系统性治理方案，系统推进山水林田湖草沙一体化开发和保护。

（2）国家"江河战略"强调协调区域均衡发展，尤其是南北方、东中西部的均衡发展。习近平总书记强调，"要增强系统思维，统筹各地改革发展、各项区际政策、各领域建设、各种资源要素，使沿江各省市协同作用更明显，促进长江经济带实现上中下游协同发展、东中西部互动合作""沿黄河各地区要从实际出发，宜水则水、宜山则山、宜粮则粮、宜农则农、宜工则工、宜商则商，积极探索富有地域特色的高质量发展新路子"。因此，实施国家"江河战略"，要统筹推进长江经济带发展、黄河流域生态保护和高质量发展等区域协调发展战略、区域重大战略高效联动，构建优势互补、高质量发展的区域经济布局，缩小南北方、东中西部发展差距。要以构建新发展格局为目标，以水为纽带，将江河流域各城市群串联起来，促进水流、人流、物流、信息流、资金流优化配置，提高全要素生产率，实现协同发展[73]。

（3）国家"江河战略"是复兴文化文明的战略。中国的大江大河滋养了源远流长的黄河文化、长江文化、大运河文化。习近平总书记强调，"黄河文化是中华文明的重要组成部分，是中华民族的根和魂""长江造就了从巴山蜀水到江南水乡的千年文脉，是中华民族的代表性符号和中华文明的标志性象征""大运河是祖先留给我们的宝贵遗产，是流动的文化，要统筹保护好、传承好、利用好"。因此，需将水文化建设纳入江河治理范畴，复兴江河流域水文化，要以长江文化、黄河文化、大运河文化为主线，探索推动中华水文化研究，复兴以江河为载体的文化文明。

（4）国家"江河战略"强调协同推进生态优先和绿色的发展模式。习近平总书记强调，"要坚持正确政绩观，准确把握保护和发展关系""必须坚持生态优先、绿色发展的战略定位，这不仅是对自然规律的尊重，也是对经济规律、社会规律的尊重"。实施国家"江河战略"，要正确处理发展和保护的关系，寻求江河流域发展的同时也要注重复苏河湖生态功能，维护河湖健康生命，加快建设以江河为依托的绿色生态廊道和生物多样性宝库；要健全水资源刚性约束制度体系，推动用水方式向节约集约转变，加快形成绿色可持续发展方式和生活方式。

实施国家"江河战略"，是习近平总书记关于"人与自然是生命共同体理念"的行动实践，是让江河永葆生机活力、推进美丽中国建设的重大步骤。同时也有利于统筹长江、黄河等我国大江大河保护治理，引领流域生态系统质量提升，构筑更加坚实的生态安全屏障，促进人与自然和谐共生。

2.2　新时期治水思路

党的十八大以来，习近平总书记从战略和全局的高度，在治水事业发展上作出了一系列重要指示批示。2014 年 3 月，习近平总书记在中央财经领导小组第五次会议上，明确提出了"节水优先、空间均衡、系统治理、两手发力"治水思路，指导治水工作实现了历史性转变。

2.2.1　节水优先

"节水优先"是针对我国现状国情水情，在总结世界各国发展教训的基础上，着眼于中华民族永续发展作出的关键选择，是新时期流域治理工作必须始终遵循的根本方针。

治水包括开发利用、治理配置、节约保护等环节，当前的关键环节是节水。坚持节水优先方针，落实全面节约战略，在治水理论和实践中，从观念、意识、措施等各方面都要把节水摆在优先位置，作为水资源开发、利用、保护、配置、调度的前提条件，在经济社会发展各领域，生产、生活、生态用水全过程，城镇、乡村、家庭等各用水户，都应该把节约用水放在前面。

提升水资源利用效率是节水工作的核心，通过技术革新、管理强化、规划引领等手段，实施科学统筹与高效治理。一是强化技术支撑，推动农业节水模式从粗放转向高效，发展节水灌溉技术；加速工业领域节水技术改造与循环用水系统的建设，逐步淘汰高耗水落后产能，促进产业升级；在城市供水中，加大管网维护力度，减少"跑冒滴漏"，并结合海绵城市理念，提升雨洪资源利用率，全面推动用水方式向集约节约转型。二是在管理层面执行最严格的水资源管理制度，建立健全监督问责机制，设定并严守用水效率红线，强化取水审批的规范性。三是发挥规划引领作用，编制并实施水资源专项规划、水功能区划、流域综合规划、产业规划、重大水利工程规划等一系列规划，做好相关规划的衔接与协调。

2.2.2　空间均衡

"空间均衡"是从生态文明建设高度，对人口经济与资源环境关系进行审视，在新型工业化、城镇化和农业现代化进程中做到人与自然和谐的科学路径，是新时期治水工作必须始终坚守的重大原则。

坚持人口经济与资源环境相均衡的原则，将人类开发活动限制在资源环境承载能力范围内，人口规模、产业结构、增长速度不能超出水土资源承载能力和环境容量。要把握人口、经济、资源环境的平衡点推动发展，达到人口经济与资源环境均衡发展的理想状态。全国统一大市场和畅通的国内大循环，需要水资源的有力支撑。要从全国一盘棋的角度统筹安排水资源配置，强化水资源统一调度，不以一城一地和单一领域的"单兵突进"为目标，而以整体效益、整体利益的最大化为导向，全方位贯彻以水定城、以水定地、以水定人、以水定产的原则，将水资源、水生态、水环境承载能力作为刚性约束，严守水资源开发利用上限，促进经济社会发展布局与水资源条件相匹配，推动经济社会发展全面绿色转型。

2.2.3　系统治理

"系统治理"是解决我国复杂水问题的根本出路，是新时期治水工作必须始终坚持的思想方法。

2021年10月12日，习近平主席在《生物多样性公约》第十五次缔约方大会领导人峰会上的主旨讲话中提到："要解决好工业文明带来的矛盾，把人类活动限制在生态环境能够承受的限度内，对山水林田湖草沙进行一体化保护和系统治理。"习近平强调，"坚持系统观念，从生态系统整体性出发，推进山水林田湖草沙一体化保护和修复，更加注重综合治理、系统治理、源头治理""要善用系统思维统筹水的全过程治理；要从生态系统整体性和流域系统性出发，追根溯源、系统治疗""上下游、干支流、左右岸统筹谋划，共同抓好大保护，协同推进大治理"。

山水林田湖草沙是不可分割的生态系统，其中存在能量交流和物质循环。水的自然属性决定了流域内山水林田湖草沙等各生态要素和各类单元紧密联系、相互影响、相互依存，构成了流域生命共同体。习近平要求，"按照生态系统的内在规律，统筹考虑自然生态各要素，从而达到增强生态系统循环能力、维护生态平衡的目标"。推进"从山顶到海洋"一体化保护与治理，是从流域生态环境保护治理的系统性、整体性、协同性出发的必然模式。

坚持山水林田湖草沙一体化保护和系统治理，是要牢固树立山水林田湖草沙是一个生命共同体的系统思想，把治水与治山、治林、治田、治沙等对各自然生态要素的保护和治理工作有机地结合统筹。从生态系统整体性和流域系统性角度，从涵养水源、修复生态入手，统筹推进流域治理，协调上下游、左右岸、地上地下、城市乡村、工程措施非工程措施共治共享，追根溯源、系统治疗，增进部门协同、区域协同、产业协同，推动跨流域互动协作，协调解决水资源、水环境、水生态、水灾害问题，让河流恢复生命、流域重现生机。

2.2.4 两手发力

"两手发力"是新时期治水工作必须始终把握的基本要求。从水的公共产品属性出发，充分发挥政府作用和市场机制，坚持政府作用和市场机制"两只手"协同发力。无论是系统修复生态，扩大生态空间，还是节约用水，治理水污染等，都要充分发挥市场和政府的作用。

首先，政府这只"看得见的手"既不能缺位，更不能手软，治水的职责，主要还是在政府。政府要统筹好节水与调水、用水与治污，不能既调水又浪费水，不能先污染后治理。重大环境工程建设、生态系统修复、水资源利用规划、行政审批和法律制度建设等方面需要且只能由政府去做并做好。同时，政府主导不是政府包办，要充分发挥市场这只"看不见的手"的作用，发挥市场在资源配置中的决定性作用，利用水权、排污权市场优化配置水资源，建立生态产品价值实现机制和生态补偿制度，以市场配置效率为动力，通过市场手段加速要素流通，将有限的资源用到最需要的地方去。政府要助力相关市场的建设，做好产权划分、权责定义、自然资源审计、制度衔接等工作，让政府和市场"两只手"相辅相成、相得益彰，形成政府作用和市场作用有机统一、相互促进的格局，提高水治理能力，让保护修复生态环境获得合理回报，让破坏生态环境付出相应代价，增强治水工作的生机活力。

2.3 新时期流域治理关键环节

2.3.1 存在不足

流域治理是解决流域生态环境问题、维护生态平衡和资源可持续利用的重要抓手，是实现城市高质量发展的必然选择。"十三五"时期我国流域治理取得显著成效，水生态环境质量持续改善，但成效仍不稳固，还存在诸多不足，具体表现在以下方面。

1. 目标单一

长期以来，我国的流域治理主要聚焦于单一的治理目标，着重解决防洪、灌溉、环境、生态等某一突出问题，而忽视了流域系统的整体性和复杂性。实际上，流域所面对的多种水问题是相互交织、关联和链接的，包括水资源短缺、水污染、水生态退化、洪涝风险以及水文化缺失等问题，它们之间存在着复杂的相关性[74]。过于单一的流域治理目标容易忽视流域内各种因素之间的复杂相互作用和联动效应，这种局限性可能导致制定的治理方案无法全面、有效地解决流域面临的诸多问题，进而无法实现预期的治理效果。以早期的防洪工程为例，这些工程通常采取渠化河道、加固堤防等手段，以提升河道的防洪排涝能力。然而，这些措施不仅改变了河流的自然状态，还影响了水流的自然循环和生态系统的稳定性，导致河道湿地萎缩，生境遭到破坏，生物多样性大幅下降。虽然短期内实现了防洪目标，但长期来看却可能对生态环境造成不可逆的损害。同样，通过污水处理厂建设、加强工业废水排放监管等措施来减少污染排放，而未同步解决因水体污染导致的生境破坏、生物多样性降低和水体自净能力下降等问题，忽视了对水生态系统的恢复和保护，很难从根本上解决水质问题，也无法实现水生态环境质量的长期改善。

2. 要素割裂

在城市建设管理过程中，流域内的河道、排水管网及厂站的规划建设缺乏统筹调度，成为影响流域水环境治理的关键因素。具体而言，厂网河工程建设目标不一致，导致流域治理缺乏整体性和连贯性；管网排水能力与厂站处理能力不匹配、上下游与左右岸设施不协同等问题，影响了城市排水系统的水量水质调度和系统效能提升。同时，部分城市在涉水问题的管理上还存在多头管理、各自为政的现象。水利、环保、市政等多个部门之间缺乏统一的管理标准和协调机制，导致在涉水问题的处理上难以形成合力，降低了工作效率，使得城市水环境治理工作难以取得显著成效。尽管近年来水污染治理工作取得了一定进展，但治理措施以截污纳管、底泥清淤等为主，"厂网河城"等多个要素缺乏整体规划管理，统筹流域水资源、水环境、水生态综合治理和上下游协同治理不够，导致雨季时雨污混流造成的溢流污染问题依然严重，造成河道水质反复出现波动，甚至陷入"反复治、治反复"的困境。这不仅使得河道生态环境难以得到持续改善提升，还造成了投资浪费和反复施工扰民等问题，对城市的社会和谐和居民生活质量产生了负面影响。以中国北方某省会城市为例，由于水环境治理措施不力，黑臭水体上报实现销号不到半年便返黑返臭，被中央生态环境保护督察组集中通报为典型案例。经过深入调查，该城市黑臭水体返黑返臭的主要原因是源头控源截污工作未能做到位，已建成的污水处理厂的排放标准未能与规划目标相匹配，导致大量未经充分处理的生活污水以及污染物浓度较高的污水处理厂尾水被直接排放至河道中；此外，上下游河道整治措施之间缺乏有效协调，为减轻上游河道底泥对下游水质的不良影响而设置的临时围堰，反而造成了上游河道污泥的大量淤积，进一步加剧了水质恶化的趋势。

3. 效益偏低

自人类开始从事生产活动以来，对水资源创造财富的探索便从未停歇。在很长一段时期，人们主要关注水的经济价值，即水的直接效益和费用。水的直接效益指的是水作为生产生活资源直接带来的经济利益，如农业灌溉、工业用水以及城市供水等；而费用则涉及水资源的获取、处理、分配等各个环节的成本。在这一时期，人们更多地关注如何利用水、占用水资源以及开发水产品等，以实现经济利益的最大化。这种以经济价值为主导的水资源利用方式往往忽视了通过有效节约水资源，提升水生态环境质量而创造的环境、生态和社会效益。有效节约水资源不仅有助于缓解水资源短缺问题，还能降低水处理的成本，提高水资源的利用效率；提升水的生态环境质量对维护生态平衡、保护生物多样性和可持续发展具有重要意义，还能为当地居民提供休闲娱乐的场所，营造人与自然和谐共生的城水空间。

4. 不可持续

流域治理是一项复杂的系统工程，涵盖了土地利用、生态环境治理、基础设施建设、水资源管理等诸多领域。它不仅需要大规模的工程建设来推动实施，更离不开持续的技术支持、精确的监测评估以及日常的运营维护。因此，流域治理往往需要大额、持续、稳定的资金投入，以确保各项工作的顺利推进和流域治理目标的最终实现。由于流域治理中的诸多项目，如基础设施建设项目、水生态环境保护与治理项目，具有较强的公益性质，其收益性相对较差，长期以来，流域治理项目的开展主要依赖中央补助资金和地方财政的支持，社会资本对此类项目的参与度不高[75]。由于地方财力不足且缺乏多元化的资金来源，许多流域治理项目在实施过程中往往面临着资金短缺的问题。尽管我国财政在环境保护方面的支出逐年递增，为水污染防治提供了有力的资金保障，但单一的资金来源和巨大的资金缺口仍然使得流域治理的可持续性面临严峻挑战。

2.3.2　关键环节

1. 加快补足流域治理短板

"十三五"时期，我国城市水环境综合治理工作有序推进，水环境质量总体稳定向好，水安全保障进一步增强。当前，城市流域治理面临的结构性、根源性矛盾尚未根本缓解，水生态环境状况改善不平衡不协调的问题突出，与美丽中国建设目标要求和人民群众对优美生态环境的需要仍存在差距。城市环境基础设施、河湖生态环境仍存在较多短板弱项，如管网老旧破损和混接错接导致南方地区雨污溢流污染较为普遍、部分城市已开展整治的黑臭水体返黑返臭等；此外，流域治理在目标统筹、要素治理、效益提升等方面的思路、方式和管理体系亟待创新。因此，新时期流域治理首要解决上阶段治理工作的不足，注重目标的协调统一和可操作性，因地制宜采取针对性措施推进"厂网河城"的系统治理，通过生态修复、湿地保护、空间营造、产业提升等措施，促进流域生态系统服务功能和价值实现。

2. 以系统观念推进流域综合治理

新时期流域治理应以习近平"节水优先、空间均衡、系统治理、两手发力"的治水思想为指导，统筹流域山水林田湖草沙等生态要素，从源头上系统开展生态环境的保护与治理，系统推进水环境、水生态、水资源、水安全的保护治理。这要求我们在治理过程中，既要保障水资源的充足供应和安全利用，又要保护水环境的清洁和水生态的健康。具体来说，我们要持续开展河流湖泊、城市水体、饮用水源等不同水体的污染防治、环境保护和生态保育，重点巩固并持续推进城镇黑臭水体治理，完善城市环境基础设施及建设；深化水生态保护和修复，结合流域水环境综合整治工程实施河（湖）生态修复与湿地建设，高效多元消除黑臭水体，有效改善河道水质，恢复水生态功能；优化水资源利用，保障生态流量，推进再生水、雨水等非常规水资源的开发和利用，增加多类型水源保障河道生态基流；加强防洪减灾体系建设，提高应对自然灾害的能力。

3. 促进水城融合和生态产品价值实现

党的二十大报告提出，站在人与自然和谐共生的高度谋划发展，将生态文明建设提升到新的高度。同时，随着中国社会主要矛盾的变化，人民群众对优美生态环境的期望值更高，解决生态环境问题已经成为满足人民群众对美好生活向往的重要方面。城市滨水空间是营造优美城市生态环境、孕育城市发展活力、连接城市公共空间的重要载体。围绕滨水空间高标准打造滨水景观、滨水经济、滨水产业和人文景观，通过生态连接起产业、商业、住宅等城市功能区，向社会展示开放空间和土地价值之间的直接关系，多维度地为城市实现生态效益向经济价值的转换，一方面提升城市的宜居性和可持续发展能力，推动绿色发展和生态文明建设，另一方面通过生态产品价值实现拓宽资金来源渠道，解决投入不足、环境效益难以转换的难题。

第 3 章　"厂网河城" 一体化治理框架

传统流域治理在很大程度上是指大江大河治理,属于大水利概念。城市流域具有自然流域的一般属性,更因其要素的多元性及与人类生产生活相互影响的密切性,而较自然流域更复杂。因此,在城市区域开展治水工作,要遵循水的一般规律,更要结合城市流域特征,因地制宜制定科学的技术路径和方法。

本章围绕新时期、新理念、新思想、新战略,遵循"节水优先、空间均衡、系统治理、两手发力"治水思路,针对上阶段流域治理存在的不足和新时期流域治理的关键环节,结合城市流域的要素及特点,提出了"全要素统筹、全过程治理、全周期管控、全流域融合、智慧化赋能"的"厂网河城"一体化流域治理框架,为城市流域治理的规划编制和建设管控提供指导。

3.1　全要素统筹

水污染问题是我国乃至世界各国城市化进程中的遗留问题,也是制约城市发展的最大环境问题。对于我国来说,水污染问题更是推进中国现代化的关键短板。随着我国水污染治理工作向纵深推进,政府管理者和专业人员越来越充分意识到,水污染治理是一个长期、复杂、系统性的工程,流域治理的技术思路也需要不断进行调整、修正和优化。

传统流域治理往往专注于某一方面,工程设施也较单一,通常只能对一种或多种污染物发挥控制性作用,任何一项设施或一个环节出现问题,都将影响水体水质改良目标的实现。在碎片化的水环境治理现状下,水污染控制系统各组成要素的建设及运维目标各不相同,难以形成合力。如污水处理厂以出水水质达标为目标,其规模预测较少考虑管网建设时序和收集效率,导致收集能力和处理能力不相匹配,污水处理厂只能被动接受管网输水;管网建设则以保障传输能力为目标,对其实际可收集的污水、雨水、生态基流、地下水等不同来源造成的管网传输实际污染物的浓度和总量差异则预计不足,雨季高水位运行现象普遍存在;河道治理则侧重于防洪标准的提升,与沿河管网建设、排放口整治、生态修复的衔接不足,污水处理厂尾水排放与河道生态补水需求脱节。由于管理分割造成的责任边界不清,协调统筹不足,缺乏系统性规划,在发生水污染事件时只能开展应急处置,难以从源头解决问题,同时也难以开展跨流域、跨厂区调配,排水系统的功能未能得到充分发挥[76]。

探索"厂网河城"一体化、流域全要素治理与管理的治水模式,按照自然水体循环,打破现有分块、分级的传统水务治理方式,以流域为单元实现治污源头管控、过程同步、结果可控,不仅是业内的广泛共识,而且得到了国家有关部委的积极支持。2019 年 5 月,住房和城乡建设部等三部委联合印发《城镇污水处理提质增效三年行动方案(2019—2021

年)》，提出"积极推行污水处理厂、管网与河湖水体联动'厂网河（湖）'一体化、专业化运行维护，保障污水收集处理设施的系统性和完整性"。"厂网河城"各要素是流域污染治理中的关键节点和重要组成，其中"河"是目标，也是流域污染的受纳体，通过实施截污、清淤、补水、生态修复，加强日常管养，实现水清岸绿、鱼翔浅底是流域污染治理的最终目的[77]。"厂网河城"全要素关系见图3-1。

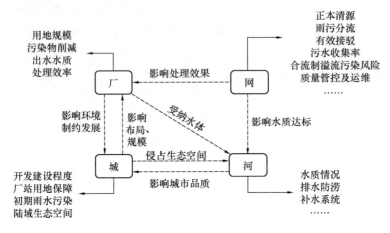

图3-1 "厂网河城"全要素关系图[78]

通过全面梳理"厂网河城"全要素运行工况，列出水质达标与各要素（污水处理厂、管网、泵站、闸坝、河道）的拓扑关系，实施厂网联动、河网联动、上下游联动、市政水务设施联动等功能，从而实现全流域治污源头管控、过程同步、结果可控的全要素治理。

（1）"厂"是核心，流域中产生的绝大部分污染物需要通过污水处理厂进行削减。通过实施污水处理厂新扩建及提标拓能，实现达标达产运行，同时加强分散式污水处理设施建设管理，保证在系统治理过程中对污水处理厂充分提升和能力预留，提高流域污水处理能力、降低雨季溢流污染。

拓能：新建和扩建污水处理设施，扩大污水处理规模，预留初雨处理能力；深入研究服务范围内峰值系数，合理确定污水处理规模。

提标：提高污水处理厂出水标准至准Ⅳ类，提高分散式处理站出水标准至准Ⅴ类。

增效：完善垃圾填埋场污染治理，加快推进垃圾填埋场生产废水净化站及受污染地表水净化站的建设；加快污泥深度脱水工程建设和污泥处理能力，降低污水处理厂污泥浓度。

调度：利用"厂-站-网-河"一体化管理体系和综合调度系统，对流域全要素进行统筹管理。通过监管流域内全要素运行工况，加强各污水处理厂间的精准调度，优化运行，利用厂间调配通道，协同发挥污水处理厂（站）设施，最大能力削减入河污染。

（2）"网"是关键，从补短板、改错接、控返潮、腾空间等方面，推进正本清源雨污分流，对存量管网开展提质增效，整改错接混接，加强日常清疏维护，同时，加快泵站新扩建，强化泵站运营维护，实现提升污水收集率、控制合流制溢流的目标。

补短板：加快推进流域内的市政管网改造升级工程建设，保障污水管网全覆盖，消除盲区和短板。

改错接：加快改造已排查的混接错接点，加强管网网格化管理；通过在线监测进行全面普查、系统诊断和问题溯源，彻底解决管网断头、大管接小管、管道倒坡等问题；对存在的点截污进行改造，并采用精准截污的方式减少合流制管渠对分流制管渠的影响。

控返潮：加强正本清源质量管控，落实绩效评价和监管，确保实现工程效果。针对已建正本清源工程尽快开展质量评估检查工作，抓住六大核心节点进行有针对性的检查与记录；针对还未竣工验收的正本清源项目，抓住竣工环节，进一步明确工作要求，并与工程竣工验收、付费挂钩，倒逼工程质量提升。通过明确正本清源工程移交和运维工作安排，明确移交主体及其责任和工作流程，明确维护主体、维护要点、费用来源和标准、经费定额等方式，保障工程建设质量及运维成效。

腾空间：开展外水减量工作，查清流域内河水、海水、雨水、山水、地下水等来源，采取相应措施进行修复，确保"清污分流"。开展箱涵、暗渠、管网疏浚以及市政排水管渠、沿河截污箱涵清源，还原管渠输送能力，减少内源污染释放；开展雨洪分离工作，加强流域山体截洪沟建设，保障山区洪水和雨水源头分离；增设降水泵站，降低旱季污水管网和箱涵的水位，腾空容量，提高雨季污水输送能力。

（3）"城"是保障，流域的污染主要来源于城市，流域污染治理的最终受益对象同样也是城市。在水环境污染治理过程中，需要城市给予用地、管理、空间等全方位的支撑。通过城市精细化管理、合理控制开发建设强度、给予厂站用地保障、削减城市初期雨水污染等方式，实现流域污染治理的目标，使城市环境不断改善[79]。

强监管：推行"一厂一管一出口"模式，加强用水量和排放量核查；推进排污许可证管理，对未达到排污许可证规定的企业限产限排；持续开展环保专项执法行动，打击工业废水偷排漏排、超标排放等违法行为。

清三池：对化粪池、隔油池和垃圾池建立档案，定期开展巡查，制定专项排查清理方案，限期完成整改；新建一批粪渣处理设施，补齐处理缺口；排查整治垃圾池清洗污水错接乱排问题。

控面源：严控菜市场、路边摊和路边汽修等面源污染源，建立长效监管机制；全面实施排水许可，加大违规排水行为查处力度；落实海绵城市建设理念，新建小区、道路、公园等满足海绵城市建设要求。

3.2　全过程治理

城市水环境污染是一个多变量且多反馈的复杂系统，这种复杂性在城市建成区表现得尤为明显。当前我国几乎所有城市的建成区，特别是较为老旧的城区，其排水体制均存在截流式合流制或分流不彻底的现象，使得城市建成区水环境污染来源复杂，且相互交织、动态变化，衍生出混合污染、溢流污染等概念（图 3-2）。

（1）部分点源的"面源化"：生活污水、工业废水等点源污染随着与雨水的混合而成为雨水径流污染的组成部分（即混合污染），通过截污系统进入污水处理厂进行集中处理；

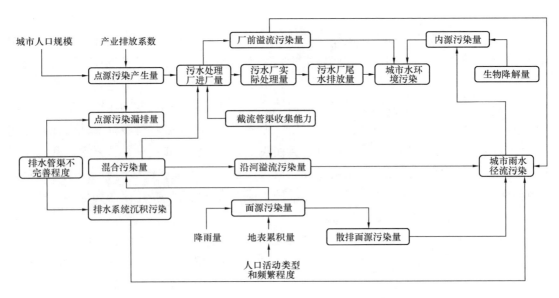

图 3-2　城市水环境污染来源因果关系图

现有排水系统中，截流倍数为定值，混合水量超过截流管涵输送能力时产生的溢流污染水量随降雨量变化，增加了调控难度。

（2）在城市建成区，少量漏排点源污染和通过街道清扫等方式在晴天进入雨水管网的面源污染共同组成了排水系统沉积物，是雨水径流污染的重要来源，但其排放规律和地表污染物的冲刷规律差异较大，通常随雨季的若干场初始降雨而发生间歇式集中排放，不确定性强，且具有一定随机性。目前对其沉积和输移规律的掌握非常有限，暂无精准防控的成功案例。

（3）内源污染和点源、面源等外源污染的污染成分及输移量关系密切，内源的沉积、释放与水体保持动态平衡，当外源污染得到显著控制时，会加剧内源污染的释放，这种动态性与降雨过程叠加，引发河道允许纳污量的动态变化，因此，需要削减的点、面源污染量并非定值，给污染负荷入河量与纳污量之间的实时匹配带来很大挑战，使得允许入河量在点、面源之间进行分配的难度更高。

（4）由于点、面源污染在城市建成区相互关联，对其治理也需要协同考虑。表 3-1 综合考虑了水环境治理工程设施系统的组成，将其分解为源头海绵设施、污水管道及附属设施、污水泵站及附属设施、污水处理厂或分散式处理站、尾水净化设施和排放口、补水和生态修复设施、污泥处理处置资源化利用设施 7 种类型，并简述各设施控制污染类别和作用机制。

工程设施对各类水环境污染控制机制分析表　　　　　　　　　　　表 3-1

工程设施类型	控制污染类别	作用机制
源头海绵设施	面源污染	通过在源头吸收、净化雨水削减面源污染
	混合污染	减少雨季溢流量，进而减少点、面源混合污染
污水管道及附属设施	点源污染	污水管网收集、输送污水至集中处理设施
	混合污染	通过沿河截流箱涵在雨季收集部分混合污水排放至集中处理设施

续表

工程设施类型	控制污染类别	作用机制
污水泵站及附属设施	点源污染	提升、调蓄污水，保障污水收集和输送
	面源污染	对初期雨水进行收集调蓄，避免降雨时峰值过高影响污水处理效能
	混合污染	抽排旱季沿河截流箱涵中的外水，为雨季来水腾出空间；对雨季混合污水进行收集调蓄，避免降雨时峰值过高影响污水处理效能
污水处理厂或分散式处理站	点源污染	对生产、生活污水进行处理后达标排放
	面源污染	对输送到处理厂、站的初期雨水进行处理
	混合污染	对输送到处理厂、站的雨水混合污水进行处理
尾水净化设施和排放口	点源污染	净化污水处理厂、站的尾水，进一步提升出水水质
	面源、溢流污染	在雨水排放口进行原位处理，净化雨水径流污染
补水和生态修复设施	面源、溢流污染	通过补水增加河道水环境容量，提升对面源和溢流污染的接纳能力
	内源污染	通过生态修复恢复河道水生态环境健康，净化内源污染
污泥处理处置资源化利用设施	点源污染	对污水处理厂、站的污泥进行处理和资源化利用
	内源污染	对水域清淤污泥进行处理和资源化利用

　　基于建成区雨水径流污染多源、系统、分散等特征，结合"厂网河城"水环境治理基础设施空间拓扑关系，以及各项工程举措在系统中的目标贡献度和逻辑关联，建立可视化的雨水径流污染控制系统概化模型，如图 3-3 所示。其中，源头方面以地表雨水径流冲刷、城市污水混入及源头海绵设施等控制为主；过程方面以输移过程中的管网、管涵、泵站、调蓄池等设施控制为主；末端方面以污水处理厂处理、尾水净化、排口控制与水体受纳过程为主。

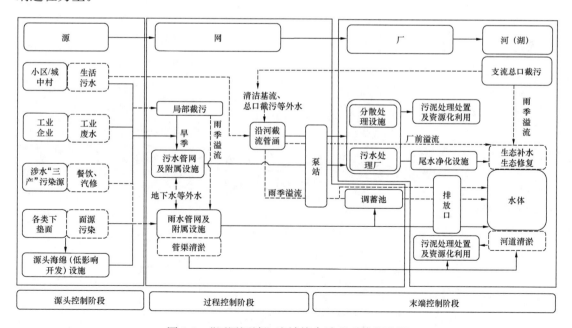

图 3-3　"厂网河城"流域综合治理系统概化图

在"厂网河城"流域综合治理系统中，点、面源污染控制可以得到较好的协同。源头、过程和末端工程的治理能力经整合后共同为河湖水质达标服务；当点源污染和雨水径流污染需要同时进行调蓄和处理时，可以通过合理的调度避免较低浓度污水挤占较高浓度污水的处理空间；污水处理厂设计时可以通过对雨季雨水控制工况的预测，为超量混合水的处理预留合理规模，并对流量、工艺流程、药剂投加、参数等进行灵活调整，使得污水收集系统和处理系统相互匹配。

从图3-3可知，建成区雨水径流污染的来源和流动路径复杂，特别是合流制截流系统普遍存在的地区，雨水径流污染可通过至少6种路径进入水体。在相互交错的控制系统中，存在的主要风险点包括小范围局部截污、支流总口截污、雨污管网混接错接、外水入流入渗、雨季溢流、厂前溢流等。

表3-2展示了源头、过程、末端各阶段雨水径流污染控制的技术体系。由此可知，当前大部分单体技术措施均已发展成熟，但在工程应用中需要建立组合设计的方法，方能协同发挥效用。部分关键技术，如初期雨水截流、厂前调蓄、污染雨水末端截污等缺乏科学、易用的工程设计方法，源头海绵技术近年来应用热度较高，但存在技术误区，导致工程实际效果与设计目标不符，需要进行改进。

源头、过程、末端控制技术可行性分析表　　　　　　表3-2

控制阶段	涉及工程设施	技术成熟度	具体技术措施	可行性分析
源头	源头海绵设施	较成熟，应用中存在碎片化误区	绿色屋顶、雨水花园、植草沟、下凹绿地、透水铺装等	占地面积小，建设成本较低，先改扩建项目易实施，分布广泛，对管理机制和设计要求较高
过程	管网及附属设施	成熟	雨污分流和正本清源	建设空间有限，施工难度和投资相对较大
		成熟	环保型雨水口	新建或改造均较容易
		成熟，技术手段创新空间大	管道修复	施工难度较大，技术手段多，可选择适宜技术进行施工
		成熟	管井截污整治	较易实施，投资较小
		应用案例不多	管渠拦蓄冲洗	施工条件较差
		较成熟	初期雨水弃流设施	工程建设难度较小，但设计运行参数难确定
	泵站及调蓄池	成熟	旋流分离技术	容易实施
		工程技术成熟，但对设计和调度要求高	调蓄池性能优化	容易实施
末端	污水处理厂或分散式处理站	成熟	雨季厂内调蓄及工艺、参数优化调度	容易实施

续表

控制阶段	涉及工程设施	技术成熟度	具体技术措施	可行性分析
末端	尾水净化设施和排放口	技术待发展，对设计和调度方案要求高	受污染雨水末端截污	沿河建设，需要有相应的管渠和竖向条件，投资较大
		成熟	湿地生态净化	占地面积大，建设运行费用低，但设计运行参数较难确定
	补水和生态修复设施	成熟	生态补水	建设条件要求低，但建设运行费用较高
		较成熟，新材料新技术仍在不断出现	河床生态修复	容易实施，建设运行费用较低

　　基于城市建成区水环境治理的特征，以点、面源污染协同治理和径流污染总量控制为导向，解析雨水径流污染控制系统的具体运行机制，绘制运行流程，其中包括三项子流程，如图 3-4 所示。

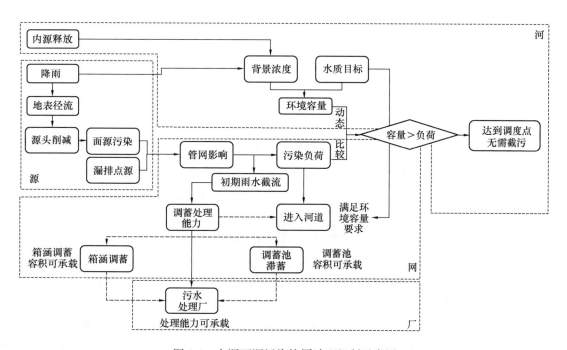

图 3-4　点源面源污染协同治理机制示意图

　　（1）子流程一为雨水径流污染产生和输移过程，可以进一步分解为沉积、冲刷、源头削减、输移与混合叠加、排放等五个步骤。从降雨开始至全部径流入河的结束时点，雨水径流污染的负荷及浓度均在不断变化，既有正向增加，也有反向减少。

　　（2）子流程二为河道纳污能力变化过程。起始状态为河道基流的纳污能力，在接纳流域径流入河的过程中，纳污能力因径流入河增加，同步，又因污染入河减少。因此，河道可容纳的各类污染物的总负荷是不断变化的。

57

（3）子流程三为污水处理厂处理过程。起始状态为仅处理旱季污水，降雨开始后接纳雨季的受污染径流，当增量规模超过了预留规模，但收集过程仍在继续时，将关闭进厂通道，转为厂前溢流。

为解决各类污染物分别控制、相互割裂的现状问题，考虑点源、面源和内源的综合控制及相互影响，对上述三项子流程进行协同调度流程的设计，主要过程如下：

（1）基于动态雨水径流污染负荷与动态河道纳污能力，获得动态的污染负荷削减量，并将其在源头、过程、末端三个可能进行负荷削减的控制阶段进行分解。分解方法应用于工程设计时，采用多目标决策方法，充分考虑对已建工程设施能力的挖潜、工程用地可行性以及工程资金、建设或改造难度等约束条件，设置多个情景组合方案，评估各方案的技术经济指标后确定最优组合方案。

（2）从工程实施的可行性出发，提出末端截污调度机制。在雨水径流负荷入河前，对具有较高浓度的初期雨水进行收集，以充分利用污水处理厂的处理能力。此时无论河道是否有环境容量均进行收集，直至达到某个时间点（调度点）；在调度点之后，预计的河道环境容量可以承受预计的入河污染，此时入河雨水（不再是初期雨水）可不必截流，直接入河。

（3）为保障末端截污调度的及时性和有效性，需考虑设施调度响应时间、管网传输时间、检修与紧急响应等制约因素，应用信息化、智能化技术进行综合管理。

3.3 全周期管控

目前，我国城市水管理存在系统性不足、规划建设难衔接，整体性不足、高效协同难实现等问题[80]。一方面，城市内部水管理涉及部门众多，如城市建设、自然资源、水利、生态环境、农业农村、交通、卫生等，各部门在其各自职责范围内共同开展工作[81]。因此，在执行过程中存在部门利益为主的条块管理，权责交叉过多，难以协调，导致城市水管理与流域水管理不协调、水陆管理分割、污染源环境介质与污染物监管难统一等情况，政府缺位、越位、错位等问题较多。鉴于城市内部多部门均具有涉水职能，实际工作中往往以自身工作目标为重，缺乏系统思维。例如，山水林田湖草管理分隔，水利部门根据水资源管理要求，农业部门根据农业发展水需求，林业部门根据森林生态系统保护营林造林要求等，各自独立开展相关专项规划编制和设施建设管理工作，致使规划脱节，设施建设缺乏协调衔接。另一方面，水与物质的传输过程及其时空分布被分割，无法实现水治理效能的最大化。从大气降雨、地下水、生态涵养水、河道径流水、生产生活用水直到最后的排水被条块分割，各部门各管一段，缺乏将水质、水量、水生态等相协调的系统思维。水资源开发利用始终处于强势地位，公共环境利益对开发制衡不够[82]，重视水经济社会属性的开发而忽视自然环境属性的保护，城市水管理呈现部门利益化和地方利益化倾向。在现实工作中，难以形成合力，造成工作重复、协调困难，无法建立全链条治理效能，加大了行政成本，降低了行政效率。例如，水质信息"数"出多门，突发水污染事件发生时，城市内各部门、流域上下游城市，信息不畅，严重影响应急管理工作。

　　城市水系统是城市重要组成部分，是开放发展、动态成长的有机生命体。习近平总书记十六字治水方针和关于城市现代化治理理念提出要树立"全周期管理"意识。"全周期管理"涉及理念、制度、资源、方法的关系集合，是城市水系统管理的方向指引，遵循内在规律，把握整体性和周期性，采取与全局相一致又具有针对性的措施，推动系统治理。同时，以综合信息化平台为支撑，开展系统要素、结构功能、内在机制与运行模式等全方位监测评估，从前期监测预警、中期处置应对到后期复盘反馈，各环节运转顺畅，深度协同，见图 3-5。

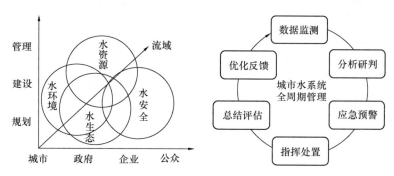

图 3-5　城市水系统"全周期管理"模式图

　　为此，应基于区域流域水系统现状，坚持人与自然和谐共生基本方略，坚持国家治水方针，运用发展、全面、系统思维，开展水系统全过程、全要素、全场景的精细管理；综合考虑水与自然、水系统内、水与人、人与人之间关系。全面推进"一个尊重，五个统筹"，即尊重城市水系统整体性、系统性及循环再生的内在发展规律，统筹水系统管理与山水林田湖草沙综合治理，统筹水资源节约、水环境治理、水生态改善和水安全保障，统筹水系统管理和城市发展，统筹各政府管理部门，统筹政府、企业、公众三大主体，以政策保障为抓手，构建由管理目标、供给措施、行业需求、管理环境和评估手段组成的闭环式管理政策体系[83]，由自上而下的引领与自下而上的反馈相结合，推动实现城市水系统"全周期管理"，见图 3-6。

　　具体而言，在战略面政策工具方面，根据城市水系统发展定位目标，制定城市水系统中长期发展规划，发挥战略引领作用，引导行业管理；在供给面政策工具方面，通过部分提供或引导市场提供相关资源，拓宽资金供给，强化系统监管，加大科研支撑，建立全流程监测和规划建设管理一体化平台等，改善资金、技术、信息服务等要素的供给状况；在需求面政策工具方面，通过目标导向，引导行业发展，调动市场积极性，进而拉动城市水系统品质提升；在环境面政策工具方面，通过完善政务环境，建立健全法律法规和标准体系，创新费价税机制等，营造城市水系统良好的发展环境；在评估面政策工具方面，结合城市体检、海绵城市建设效果评估、市政基础设施建设评估等，给政策制定、规划执行、效果评定等提供支撑，动态反馈城市水系统管理现状。同时，要强化社会多元主体共同参与，构建现代城市水系统共治新秩序。

　　总而言之，以政策为手段，提升管理的全局性，以闭环政策体系为路径，实现全要素管控、跨区域协同、全流程监督、分层次治理，推进城市水系统精细化管理和"全周期管

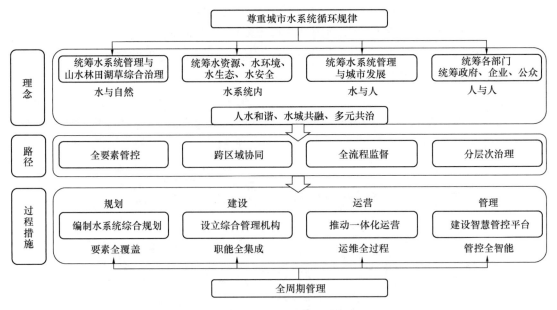

图 3-6 城市水系统"全周期管理"框架图

理"的有机统一。将精细化管理落实在"全周期管理"之中，在"全周期管理"中体现精细化管理要求，进而将构建"人水和谐、水城共融、多元共治"的城市水系统理念落到实处。

3.4 全流域融合

人与自然融合是人类永恒追求的目标，在农业文明时期，人类依附自然形成人与自然依附性的融合，到了生态文明时期，人类回归自然形成人与自然互动的融合。从城市的发展起源到现代城市的发展，城水关系的演变历程大致可分为 4 个阶段，分别为初步集聚、适度拓展、侵略扩张和融合优化，对应的城水关系从原始农耕文明的生态自发，到工业文明的侵略扩张，最终发展至生态文明时期保护与发展并重、生态融合一体化的局面[84]。这种城市与滨水区功能的互动转变，不仅反映了滨水区与城市空间关系的演变，还反映了从工业化时代单纯追求经济效益向追求现代生态文明可持续发展的转变。

随着生态文明建设的不断推进，"两山理论"深入人心，各城市加快构建"山水林田湖草"生命共同体，保护地区的生态底线空间。流域综合治理能够显著改善城市的生态环境质量，提升地区生态效益，已成为实践生态文明建设的重要抓手[85]。优良的流域生态本底环境是流域治理的首要目标，因此"1.0版"的流域治理实践主要集中在治理河流本体上，即系统地开展水污染防治，推进水利工程建设，并优化河流生态系统[86]。而海绵城市建设、黑臭水体治理、宜居城市打造等工作的开展则将流域治理提升至了"2.0版本"，即在"河畅水清"的基础上要实现"岸绿景美"的目标，着力打造服务于周边居民休闲游憩需求的滨水景观系统[87]。按照"沿江—跨江—拥江"的发展规律来看[88]，未来的水城关系会更加紧密，流域的综合治理将进入"3.0 版本"，需要进一步统筹考虑滨水空间的整体打造，涵盖用地空间布局、道路交通建设、滨水文化彰显等内容，采用以河流生态治理为核心、以滨水空间重塑为关键的水城一体化流域综合治理规划策略，形成集水生态、水安全、水环境、水空间、水景观、水活动等于一体的流域治理"3.0 模式"[89]。

（1）推进厂网河湖一体化治理，提升区域水环境质量。优良的河道水质是河流治理的首要任务，需要构建源头减排—过程控制—末端处理的全生命周期污水管理系统。建设城乡一体化的污水处理体系，合理划分污水处理分区，提升城镇污水处理厂的规模，优化污水处理工艺，确保尾水排放水质达标，同时，按照"一厂一湿地"的要求，配建尾水生态净化设施。推进农村生活污水治理，实现农村集聚区生活污水收集处理全覆盖，按照"一点一策"的要求开展农村黑臭水体治理。完善城乡污水管网建设，实现雨污分流、清污分流，保障污水处理厂进水浓度要求。

采取全域开展海绵城市建设的方式，通过雨水花园等调蓄设施的建设，强化初期雨水污染的治理。推进河口生态湿地建设，优化湿地生物的配置，形成"植物—动物—微生物"复合系统，提高水体的自净能力。此外，应布设流域河流监测系统，形成水务物联网平台，实现对水质、水量的动态化监测以及河流的精细化与智慧化管理。

（2）实施防洪工程达标建设，构筑韧性水安全体系。在极端气候日趋频发的背景下，韧性适应的水安全体系是基本保障。坚持"柔性治水"新思路，构建"堤线—湿地—闸坝"的梯级生态防洪体系。一方面，要加强区域防洪协同治理，协调上下游地区的堤线布局；另一方面，应推进堤防的达标建设，清退堤防内现状违章建筑，满足防洪安全的要求。通过建设柔性生态护坡，预留弹性的海绵空间，形成"人水共融"的良好环境。

在重要河道交汇口挖潜自然调蓄空间，充分发挥涵养水源、净化水体、调节小气候、调蓄洪水、碳汇功能、减轻侵蚀及生物多样性保护等方面的生态服务功能，实现"滞水、蓄水、分水、增水"的生态防洪目标。进一步优化闸坝体系，调整闸坝布局，建设"丰枯调剂、调控自如"的水面调控体系，更好地适应丰枯水位的变化，营造季相景观，丰富水域活动空间。

（3）强化水生态空间管控，实施滨水地区的生态修复。基于河道的自然规模及其对社会、经济发展与生态环境影响的重要程度等因素，对河道及其支流划分等级；进而结合河道与城市的水城关系、相关规划确定的目标定位，明确各条河道的主要功能；最后，依据前述河道的等级以及功能定位，确定各条河道的蓝线控制宽度和管控要求，从而实施河道确权划界。对河滩地进行生态化改造，构建滩地草本—灌木植物—滨岸挺水植物—沉水植物的植物序列，形成稳定的滨水生态系统。

结合生态管控要求，在河道蓝线外进一步划定河道绿线范围，通过滨河道路建设实体化生态边界；滨河道路临水侧地区可采取城市公园、郊野公园等公园化建设模式，稳固河道生态空间，防止周边建设活动对生态空间的侵蚀。

（4）加强滨水空间的规划利用，促进水城一体化建设。在打造优良生态环境质量的基础上，按照水城融合的理念强化滨河空间的规划利用。衔接区域相关发展战略、控制性详细规划，形成合理的空间结构，以指导沿线土地的开发利用。针对各个功能片区的战略定位，结合水城的空间区位关系，提出相应的建设指引。明确每个片区的发展方向和产业类型，测算每个片区内的可开发用地规模，为实现生态修复工程建设的投融资平衡提供依据。此外，考虑滨河地区的慢行系统建设、天际线塑造等因素，确定不同类型建设用地的空间布局形式，强化周边地区亲河交通的可达性，对临河建筑的组织形式和高度控制提出建设要求。

（5）挖掘沿线的文化资源，营造特色的滨水景观。当地的文化资源能够提升景点的可识别性，而具有文化内涵的景点营造也为文化活动的开展提供了相应的环境空间，从而起到弘扬城市文化的作用[90]。因此，在河道综合治理过程中需要深入挖掘现有的文化资源，对其进行具象或者抽象的表达，形成独具特色的滨水景观。一方面可以利用文化展览馆或者雕塑小品等展现文化资源印记，另一方面也可以利用本土植物营造出独特的文化景观效果。

（6）完善滨河的服务设施体系，提供多样的滨水活动体验。人民城市人民建，人民城市为人民，河道治理的目的是服务于周边的人民群众，为其营造更丰富的活动场所，因此，需要完善滨河的公共服务设施，策划多样的滨水体验活动。一是构建空间分级的活动场所。依托沿线的湿地公园资源，形成城市级与片区级的2级服务节点。其中城市级以综合服务为主，提供餐饮、休憩、租赁等综合服务；片区级以主题活动为主，形成生态科普、田园体验、文创展示、户外运动等各具特色的主题活动，以满足周边游客不同的活动需求。二是形成"文化、健康、畅游"的玩水"三道"。依托滨河游径和田园小路，串联河道周边的文化资源景点，形成宜行宜游的文化慢道；以堤顶路为空间载体，组织多种跑步和骑行的赛事活动，建设运动活力的健康快道；依托水上游线资源，策划皮划艇赛事和游船活动，构建玩水体验的畅游水道。

3.5 智慧化赋能

智慧水务是指通过信息化技术、物联网技术、大数据技术等手段，对水资源的监测、调度、管理和利用进行智能化、自动化和系统优化的一种水务管理模式[91]。在数字中国蓬勃发展及水务行业高质量发展的趋势下，智慧水务建设和发展已成为行业共识，经过多年的建设，智慧水务取得了显著成效。智慧水务建设以新信息技术应用带动水务信息化技术水平的全面提升，以重点应用系统建设带动信息化建设效益的发挥，为水务管理的精细化、智慧化提供信息化技术支撑，有望成为解决城市水资源问题的重要途径[92]，成为水务行业转型升级、高质量发展的有效路径，同时，也是"厂网河城"一体化流域治理的必要手段。

从"厂网河城"一体化流域治理的角度来看，智慧水务可通过水务大数据中心、应用支撑平台、水务专题应用的开发建设，将水务治理、运营、服务、监管等方面的核心需求紧密结合起来，以云计算、大数据、物联网等新一代的信息技术为核心，将人工智能和数字孪生相结合，推动水务业务的智能化管理与运用，提升其对信息的整合与服务的智能化程度，全方位推动并支撑水务的治理体系与能力的现代化[93]。

　　智慧水务由物联感知、基础设施、大数据中心和业务应用四个层次及标准规范和信息安全两大体系组成。智慧水务建设应在现状问题分析、建设需求分析的基础上提出建设总体目标、思路策略、技术路线和总体架构，并对数据采集与数据管理、水务监测感知、基础设施建设、业务应用等功能进行开发建设（图 3-7）。

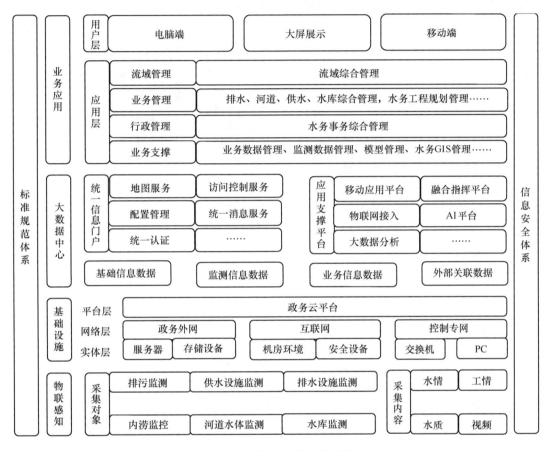

图 3-7　智慧水务总体架构图

　　为实现"厂网河城"一体化流域治理，智慧水务的监测感知需包括河道、排水设施、水库、供水设施、排污设施、内涝等内容，重点做好流域综合管理调度应用开发，通过洪涝调度、厂网河池污染防治调度、补水调度和污水处理厂进水调配等功能模块构建流域综合调度管理，实现防洪和城区积水联动调控、河湖生态补水水质水量联合调度、排水及污染防治联合调度、污水处理厂进水水质水量冲击预警和调配，从而保障流域水安全、水资源、水环境。

　　（1）洪涝调度。洪涝调度主要通过感知河道和水库的水文情况，实时获取流域范围内的气象数据，通过水文、水力、水质模型的分析，提前预测城市内涝积水情况、排水管网运行情况和河道水位变化情况，系统根据分析结果自动给出优化调度预案，帮助提升排水管网运行能力和河道水库行洪能力，减少城市内涝点。

　　（2）厂网河池污染防治调度。厂网河池污染防治调度是利用模型分析技术，结合排水管网运行监测数据、泵站运行监测数据和污水处理厂运行监测数据进行水质水量调配分析，制定调度方案，优化排水管网运行能力，合理分配水量，减少溢流量，最大化污水处理厂的处理能力；实现污水处理厂进水水质、水量变化预测，尤其是针对雨天水量增大、泥沙含量增大的情况，结合天气预报可将洪峰达到时间、持续异常时间及泥沙浓度变化等信息以报告形式发送给受影响的污水处理厂，以提前做好应急措施。

（3）补水调度。补水调度是为保持河湖生态，根据生态需水量而实行的水质、水量联合调度。旱季时提升补水量；初小雨时增加河道环境容量，降低溢流污染影响；大雨时适度降低补水强度，提高河道的行洪能力，从而实现生态补水调度从传统的人工操作方式转向智能化管控模式，避免水资源和电能的浪费，并保证受纳水体良好的生态环境。

（4）污水处理厂进水调配。污水处理厂进水调配是根据模型分析，结合监测数据，预测污水处理厂进厂水量和水质情况，提前制定调度方案，降低进水水量变化幅度，减少非正常溢流，最大化地利用污水处理厂的处理能力。

第 2 篇

方 法 篇

"厂网河城"一体化流域治理规划作为综合性、跨学科的重要领域，在解决现代城市发展中的环境问题具有重要意义，其规划定位、规划方法、规划内容及工作深度等目前尚无相关规定。"厂网河城"一体化流域治理相关规划是国土空间规划体系下的区域规划，通过区域全要素及污染物负荷评估，确定流域现状及问题需求，以区域总体目标及指标体系为前提，统筹水资源、污水、雨水、排水、河流等系统，制定规划方案及实施举措，并评估方案的综合效果，保障流域治理规划的顺利实施。

本篇首先系统阐述了规划定位、编制程序、技术路线以及编制指引等内容；然后介绍了常见的规划方法，包括现状评估、需求分析、目标体系、规划要素、方案统筹和效果评估等；接着梳理了模型应用方法与示例以及"厂网河城"智慧管控平台构建；最后列举了"厂网河城"一体化流域治理中水城融合发展的开发模式。旨在帮助读者深入了解"厂网河城"一体化流域治理规划的编制内容与方法，为"厂网河城"一体化流域治理规划编制及系统管理提供专业和全面的指导。

第4章 规 划 概 述

"厂网河城"一体化流域治理规划应坚持生态优先、系统治理、空间均衡、稳步推进、以人为本的规划原则。在国土空间规划体系中，"厂网河城"一体化流域治理规划是国土空间总体规划编制的支撑性规划，是国土空间规划体系中水务领域的专项规划。"厂网河城"一体化流域治理规划的重要结论可以考虑纳入各层次国土空间规划中，涉及的各类水务基础设施应与其他市政基础设施统一规划，统一设计，统一建设。"厂网河城"一体化流域治理规划在总体规划层面，主要是体现为综合规划、明确重点、实施保障，在详细规划层面则体现为系统衔接、设施优化、目标实现。

本章首先探讨了"厂网河城"一体化流域治理规划的指导思想及规划原则，为规划编制提供理论支撑和方法指导；其次阐述了规划的层次及规划定位，通过对规划层次的划分和规划定位的界定，明确规划的范围和定位，为后续规划工作的开展提供基础支撑和规划框架；接着介绍了规划编制程序、技术路线以及成果构成，为规划工作提供技术支持和方法指导；最后提出了规划编制指引，帮助读者了解不同层面的规划编制要求。

4.1 指导思想及规划原则

自我国《水污染防治行动计划》实施以来，江河湖库水资源和水生态环境得到有效保护和治理，水生态环境安全和水生态文明建设被提升到国家战略高度。党的二十大报告提出，要统筹水资源、水生态、水环境保护，推动江河湖库生态环境治理。综上，加强水生态环境治理，推进水生态文明建设，对于促进经济社会可持续发展、满足人民日益增长的生态环境需求，具有十分重要的意义。

我国河湖安全生态环境治理的项目大多具有较强的公益性特征。长期以来，相关部门在推进流域治理工作中，存在流域治理目标单一、治理要素割裂、生态环境效益偏低、建设工程缺乏可持续性等问题。针对上述问题，亟须重新审视和思考河湖生态环境治理的发展方向和路径。国家发展改革委印发的《"十四五"重点流域水环境综合治理规划》、生态环境部等5部门联合印发的《重点流域水生态环境保护规划》均提出，未来水环境建设以大江大河大湖为骨干，全面统筹左右岸、上下游、地上地下、陆域海域、污染防治与生态保护，健全流域水生态环境管理体系，发挥好跨部门、跨区域协调机制作用，统筹推进流域内水污染治理、水生态修复、水生态环境质量监测预警、水质标准制定、保护补偿机制建设，强化水资源节约集约利用，协同推进降碳减污、扩绿增长。此外，国家发展改革委启动全国第二批水环境综合治理与可持续发展试点时，明确提出要不断探索新形势下统筹推动流域水环境综合治理与可持续发展的新路径，系统推动流域整体保护、协同治理，加快培育绿色低碳新动能。

故在当前新发展形势、新工作要求、新问题挑战下编制流域治理规划需遵循以下指导思想及规划原则。

以习近平新时代中国特色社会主义思想为指导，全面贯彻党的二十大精神，深入贯彻落实习近平生态文明思想，牢固树立绿水青山就是金山银山理念，立足新发展阶段，完整、准确、全面贯彻新发展理念，构建新发展格局，坚持生态优先、绿色发展，以改善水环境质量为首要目标，统筹推进水资源利用、水环境综合治理和水生态保护修复，深入打好污染防治攻坚战，逐步恢复流域水环境质量和水生态功能，遵循国土空间总体规划，加强与相关规划的相互协同，突出规划编制的科学性、协调性、实用性和可操作性，为推进"厂网河城"建设和流域生态空间管控保护提供依据。

（1）生态优先、绿色发展。坚持绿色发展理念，尊重流域治理规律，注重保护与发展的协同性、联动性及整体性，从过度干预、过度利用向节约优先、自然恢复、休养生息转变，以水定城、以水定地、以水定人、以水定产，促进经济社会发展与水资源水环境承载能力相协调，以高水平保护引导推动高质量发展。

（2）系统治理、综合施策。坚持山水林田湖草沙生命共同体理念，协调上下游、干支流、左右岸、地上地下、城市乡村，以流域为单元强化山水林田湖草沙等各种生态要素的系统治理、综合治理。以河湖为统领，统筹水环境、水生态、水资源，推动流域上中下游地区协同治理，统筹解决水安全、水资源、水生态、水环境问题。

（3）空间均衡、协同发展。强化水资源承载能力刚性约束，把水资源作为先导性、控制性和约束性要素，以水定城、量水而行、因水制宜，促进人口经济与水资源承载能力相均衡。

（4）确保需要、稳步推进。统筹考虑经济社会发展新形势及生态文明建设新要求，以有效保障经济社会高质量发展和人民群众高品质生活为出发点，完善"厂网河城"流域治理设施系统布局，增强水安全保障能力，创新水环境综合治理方式。

（5）以人为本、水城共融。牢固树立以人民为中心的发展思想，着力解决人民群众最关心最直接的水安全、水环境、水资源、水生态、水经济、水文化等问题，坚定水城融合、产城融合发展理念，推动"水产城"融合发展，提高人民群众安全感、获得感和幸福感。

4.2　规划层次及规划定位

1. 规划层次

"厂网河城"一体化流域治理规划一般包括总体规划和详细规划两个层次。总体规划是详细规划的依据，起指导作用；而详细规划是对总体规划的深化、落实和完善。同时，下层次规划也可对上层次规划进行优化调整，从而使规划更具合理性、科学性和可操作性。

（1）总体规划层次

在省级或市级行政区可编制"厂网河城"一体化流域治理总体规划，并与相应级别的国土空间总体规划相匹配。总体规划主要任务是评估和构建区域"厂网河城"流域综合治理体系。

（2）详细规划层次

在县区级、镇（或街道）级行政区、城市重点地区或对水环境治理有特殊要求地区（如饮用水源保护区、水环境治理重点片区等）可编制"厂网河城"一体化流域治理详细规划，或在全市范围内分流域、分排水分区进行编制。详细规划主要任务是重点解决规划落实和建设实施问题。

2. 规划定位

"厂网河城"一体化流域治理规划是国土空间总体规划编制的支撑性规划，是国土空间规划体系中水务领域的专项规划。"厂网河城"一体化流域治理规划需要与上位国土空间规划做好衔接，落实上位规划确定的发展定位、目标指标和管控要求。同时，与规划流域内涉及的城市及毗邻地区的水资源、水安全、水环境、水生态等相关领域的专项规划加强协同和做好衔接。"厂网河城"一体化流域治理规划的重要结论可以考虑纳入各层次国土空间规划中，涉及的各类水务基础设施或方案措施应与其他市政基础设施统一规划、统一设计、统一建设。

3. 规划衔接

（1）与国土空间规划的衔接

"厂网河城"一体化流域治理规划应当与国家、省、市、县级国土空间规划有效衔接，落实上位规划确定的发展定位、目标指标和管控要求。根据国土空间规划的目标指标与管控要求，明确流域治理规划的总体思路和系统方案。总体层面的"厂网河城"一体化流域治理规划应在综合研究区域自然条件和建设情况的基础上，在规划目标、规划原则、空间结构和规划政策等方面与国土空间总体规划保持一致。通过流域治理专项规划的编制，支撑相关成果纳入现行国土空间规划体系，进一步丰富国土空间规划的编制理念和内容，以指导城市规划建设过程中相关工作的落实。

在流域范围内或邻近地区的市、县级国土空间详细规划中，应当衔接落实"厂网河城"一体化流域治理规划中确定的规划目标指标和设施用地要求，提出相应的工程建设技术要求和实施措施，并从流域综合管控的角度对国土空间详细规划布局提出调整意见和建议。

（2）与水资源综合规划的衔接

"厂网河城"一体化流域治理规划应充分衔接水资源综合规划中涉及流域综合治理的规划目标、技术举措、管理机制等，并在内容协调、经济生态效益平衡等多方面实现紧密融合，确保流域治理的整体效能和可持续发展。在目标方面，流域治理规划和水资源综合规划应共同致力于提升流域生态环境质量和促进经济社会协调发展；在实施内容方面，水资源综合规划的具体实施内容纳入流域治理规划中，以实现污水处理、供水排水管网、河道治理和城市发展的有机结合；在技术方面，通过建立综合信息平台和技术协调机制，实现两者的技术互通；在管理机制上，充分衔接水资源综合规划管理机制内容，明确流域治理规划管理部门，建立跨城市、跨部门的联席会议制度和协调工作组，确保各部门在规划实施中的顺畅衔接。

（3）与生态环境保护规划的衔接

"厂网河城"一体化流域治理规划是针对流域内水环境、水生态等方面的系统性专项规划，在生态环境保护规划的目标制定、技术协同、工程规划布局中，应充分衔接流域治理规划中提出的流域水环境、水生态目标和系统化治理技术及工程，积极谋划区域水环境提升和水生态布局措施，保证流域污染防治和生态保护与修复工作有序推进；确定流域管理程序，制定统一政策与标准，助力"厂网河城"一体化流域治理与生态环境保护。

（4）与排水规划的衔接

"厂网河城"一体化流域治理规划与城市排水规划（包括污水系统规划、雨水系统规划）相辅相成，在规划层面加强空间布局和竖向衔接的统筹是保障两个规划有效落实的重要手段。城市排水规划应以流域为单元制定分区排水规划方案，流域排水分区划定后，在确定流域防洪标准和水位的同时，合理分配流域上下游的城市外排水量；城镇排水规划层面，科学划分排水分区和污水分区，规划各种排水和污水处理设施布局与规模，做好竖向规划，合理构建一体化流域中"厂网河城"的基本开发格局。

（5）与防洪排涝规划的衔接

"厂网河城"一体化流域治理规划的重要手段之一是通过协同控制管网和水体排水能力，从而提高区域防洪防涝标准。在防洪排涝规划中制定排水控制目标与指标时，应当与"厂网河城"一体化流域治理规划中制定的排水防涝、河道防洪目标进行衔接。要通过合理设计和有效调度，在暴雨期间最优化解决城市排水系统水安全和水环境之间的矛盾。

（6）与竖向规划的衔接

"厂网河城"一体化流域治理规划是建立在流域竖向、城市竖向合理条件下的综合性规划。在划分流域排水分区、提出厂网优化工程措施等方面均应充分衔接竖向规划中确定的高程及竖向分区等。结合竖向规划确定的地形特点，合理安排土地平整、坡度调整等工程，保障流域的排水通畅，减少水体污染和内涝风险。"厂网河城"一体化流域治理规划在确定流域防洪标准和防洪水位时，应根据竖向规划充分协调上下游城市的外排水量。

（7）与海绵城市规划的衔接

城市水安全保障和水环境提升是海绵城市规划中的重要内容。"厂网河城"一体化流域治理规划应充分衔接海绵城市规划明确的空间划分和建设计划，围绕区域流域海绵城市建设目标，确定流域治理目标及整治方式。根据城市流域治理要求，分析海绵城市建设在"厂网河城"治理中的作用，合理选择海绵设施，增加城市海绵比例，提高流域水环境与水生态容量。

4.3　规划编制程序

1. 工作程序

"厂网河城"一体化流域治理规划编制一般包括前期准备、现状调研、规划方案、规划成果等 4 个阶段（图 4-1）。

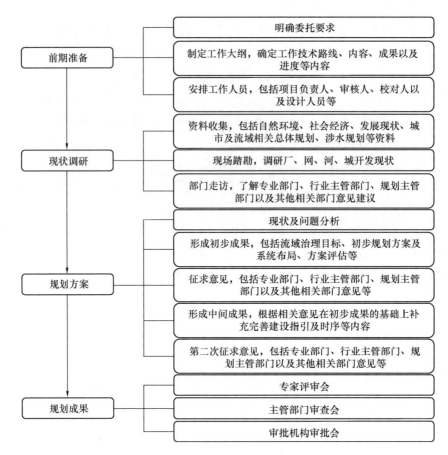

图 4-1　"厂网河城"一体化流域治理规划编制工作流程框图

前期准备阶段是项目正式开展前的策划活动过程，需明确委托要求，制定工作大纲。工作大纲内容包括技术路线、工作内容、成果构成、人员组织和进度安排等。

现状调研阶段工作主要指掌握现状自然环境、社会经济、城市及流域发展现状、城市及流域规划方向、专业工程系统等方面的情况，收集专业部门、行业主管部门、规划主管部门和其他相关政府部门的国土空间规划、发展规划、近期建设计划及意见建议。工作形式包括资料收集、现场踏勘、部门走访和问卷调查等。

规划方案阶段主要分析研究现状情况和存在问题，并依据流域开发、城市发展以及行业发展目标，确定近远期流域综合治理目标及愿景，构建规划方案，开展论证优化，完成系统方案和空间保障，安排建设时序。其间应与专业部门、行业主管部门、规划主管部门和其他相关政府部门进行充分沟通和协调。

规划成果阶段主要指成果的审查和审批环节，根据专家评审会、主管部门审查会、审批机构审批会的意见对成果进行修改完善，完成最终成果并交付给委托方。

2. 编制主体

"厂网河城"一体化流域治理规划应由城市水务管理部门组织编制，或联合规划管理部门共同组织编制。

3. 审批主体

"厂网河城"一体化流域治理规划一般由同级城市人民政府审批。

4.4　规划技术路线

流域治理以水环境和水安全稳定达标为核心目标,以"厂网河城"为技术主线,通过分析与解决影响流域水质稳定达标的排水系统关键薄弱环节,并借助大规模的工程示范调整和优化技术措施,形成"厂网河城"一体化流域治理技术体系,推动我国现阶段治水模式和措施的转变,实现人民对优质亲水空间和宜居环境的获得感和幸福感。

"厂网河城"一体化流域治理规划编制的一般技术路线如下:首先,通过现场调研、部门访谈、资料收集与解读等手段,进行规划区域全要素评估及污染物负荷评估,充分识别并分析流域现状问题与规划需求;其次,明确"厂网河城"一体化流域治理规划总体目标与指标体系,制定规划初步方案并确定方案实施举措,同时进行方案统筹设计,包括建设项目统筹、建设空间统筹、建设时序安排等;再次,对初步方案的综合效益和目标可达性进行评估,并将规划措施与其他相关规划进行充分协调,在反复比选和优化之后获得最终方案;最后,确定规划实施保障措施,为"厂网河城"一体化流域治理规划的顺利实施提供坚实基础。

规划工作采取自上而下、上下联动方式开展,各层级规划之间应加强协调衔接。规划编制技术路线如图 4-2 所示。

4.5　规划成果构成

"厂网河城"一体化流域治理规划的规划成果应包含规划文本、规划研究报告或说明书和图集三部分,专题研究报告可根据实际情况选做。同时,为了方便使用,可考虑在图集中选取重要规划成果图纸,与规划文本一起装订成规划成果简本。

规划文本应表达成果的主要结论,明确规划需要控制的内容,主要包括规划依据、规划原则、规划水平年、规划目标指标、流域治理方案体系的选择及分区管控要求、治理工程及非工程措施概述等,文字表述应简练清晰。

规划研究报告或说明书应分析规划现状,充分论证规划目的和目标,解释和说明规划方案、治理工程及非工程措施等,可参考 4.6 节的规划编制指引完成,同时可根据实际需求进行补充完善。

图集内各图纸内容可参照 4.6 节的相关要求进行绘制,图纸内容应清晰明确,做到图文相符、图例一致,并在图纸的明显位置注明规划名称、图名、图例、风玫瑰、图纸比例、规划期限、规划单位、图纸编号等信息。

成果形式应包括纸质文件和相应的电子数据文件。电子文件应符合主管部门有关规划成果电子报批和管理的格式要求。其中规划文本、规划研究报告或说明书、专题研究报告

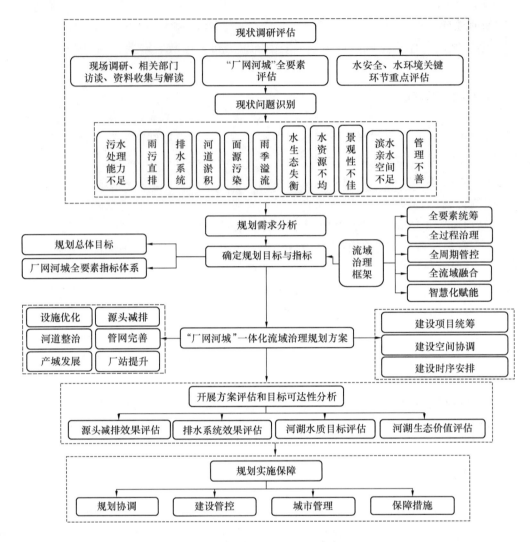

图 4-2　规划编制技术路线

正文（若有）应采用 word 格式；图集中涉及设施和管线的图纸应采用 dwg 或 dxf 格式。

4.6　规划编制指引

4.6.1　总体层面规划编制指引

1. 工作任务

在总体规划层次，"厂网河城"一体化流域治理规划的主要工作任务是根据规划区自然地理条件、城市建设现状、功能分区、各类用地分布状况、水系治理状况、厂-网-池-站等水务基础设施配置状况等，对流域治理体系进行统筹规划并提出总体思路；确定流域治理目标和指标；依据现状问题和控制目标，因地制宜地确定流域治理的实施路径；根据城市水文条件和城市建设情况，提出流域管控分区指引和控制要求；提出规划措施和相关专项规划衔接的建议；明确近期建设重点；提出规划保障措施和实施建议。

2. 编制内容要求

（1）规划背景与现状概况

综合梳理区域现状基础条件，以流域为边界制定流域治理规划范围，明确范围内的排水体制、水文地质条件、城市建设情况等。根据国家或省市对规划范围内各流域的水安全、水环境、水生态要求，明确各流域的功能分区和规划目标。

（2）流域现状评估与成因分析

从流域整体层面识别和评估区域水环境、水生态、水资源、水安全、水文化、水经济问题及成因，在基础数据齐全情况下，建议采用框架或分区模型进行辅助评估。

① 评估流域以及二级排水分区水体的现状水质情况，对水文水质的历史数据进行分析，结合现场补充监测和模型分析等手段，明确流域的水环境特征。

② 评估流域以及二级排水分区水体的现状生态情况，结合现场调研及监测等手段，对流域生态保护与修复工作进行效果评估与分析，明确流域的水生态特征。

③ 基于资料分析与现状调查结果，识别流域水环境与水生态的主要问题，包括雨污直排、河道淤积、岸线硬化、水环境破坏、水生态失衡等，评判各类问题的影响程度以及各主要支流的贡献度。

④ 根据发现的各类问题进行"厂网河城"全要素成因分析，包括厂站设施老化、管网系统不完善、排水规模设计不合理、河道防洪标准低、城市发展不协调等，根据问题成因提出相应的工程技术措施或调整策略。

（3）规划总论

明确规划依据、规划原则、范围和期限。以国家或省、市对流域水环境、水生态的基本要求，在流域现状评估及问题分析的基础上，提出规划目标，并基于规划目标明确流域治理指标体系，提出一系列具体的控制指标，包括水环境指标、水生态指标、用地指标、污水收集与处理指标、管网系统建设指标以及其他相关指标等。

（4）系统方案规划

综合研究流域现状与规划，城市排水系统总体状况、厂网问题排查情况、污染物排放特征、河道环境容量等各种因素。在流域治理系统方案治理措施的选择上，应统筹"厂网河城"各要素中的关键节点，推动流域全要素一体化治理，将工程措施与非工程措施充分结合，在强调系统性工程治理的同时，加强制度保障、组织保障及管理保障等。流域各管控分区的治理方案应充分结合管控区域特点，以流域总体目标为基础，确定分区管控目标，因地制宜提出管控措施。

（5）规划协调

"厂网河城"一体化流域治理规划是国土空间规划体系中重要的区域规划，同时也是城市水环境治理、水生态修复系统规划的上级规划。在总体层次上，提出流域水环境、水生态、水安全等方面的总体目标，充分协调上层次总体规划及下层次专项规划，发挥流域治理措施的综合效能。

（6）近期建设规划

明确近远期"厂网河城"一体化流域治理的重点区域和建设项目，提出分期建设要求。可针对典型流域的突出问题，将建设时间较早、区域问题明显、水体依赖性较高的区域划为近期重点治理区域，率先开展治理，形成示范效应。

（7）管理与保障措施

结合本地行政职能分工、规划建设特点，推动规划管控机制的建立与落实，明确各项措施实施主体与资金保障、落实机构与职责分工等内容。

3. 规划图集内容要求

（1）流域位置图：标明流域位置及范围，标示流域范围内城市所在的位置。

（2）区域现状图：包括城市水系、下垫面、雨污排水管网系统、污水处理厂及服务范围等要素，可分为多张图纸表达。

（3）用地规划图：标明研究区域的规划用地性质、路网、市政设施等要素。

（4）流域管控分区图：根据流域不同区域的水环境、水生态评估情况，明确流域管控分区的划分结果。

（5）城市管控分区图：根据城市建设现状及目标，划分管控分区。

（6）生态保护范围图：标明流域生态保护区范围，确定保护区与城市开发区边界。

（7）流域治理设施规划布局图：根据规划文本及说明书中确定的方案，分为多张图纸表达，明确厂、网、河、城治理设施的空间布局，包括治理措施路由、设施分布、建设规模等。

（8）近期建设图：主要标明厂区提质增效措施、管网更新改造措施、河道综合整治措施以及城市管理措施等近期建设的内容。

（9）其他相关图纸：其他相关内容的表达。

4.6.2 详细层面"厂网河城"一体化流域治理规划编制指引

1. 工作任务

在详细规划层次，"厂网河城"一体化流域治理规划的主要工作任务是根据上层次流域治理规划的目标要求，优化空间布局，统筹协调区域厂站、管网、绿地、水系以及其他市政设施等布局与规模，衔接城市污水处理、再生水利用以及城市水系等涉水系统，实现规划区水生态、水环境分区目标。根据各分区的具体条件，通过技术经济分析，合理选择控制措施，对流域管控措施的建设形式与内容、设施布局与规模、设置区域与方式等做出具体规定，达到可具体指导相关方案设计和实施的深度。

2. 编制内容要求

与总体层面的规划相比，详细规划应重点解决规划落实和建设实施问题，应在更精细的现状评估基础上，开展各项规划措施的落地可行性分析，并进行更详细的方案比选和效果评估，与相关城市用地、厂站布局、排水管网、河道治理、海绵城市等规划进行充分协调，制定更加精确的近期实施计划和投资估算。

（1）规划背景与现状概况

重点分析规划区的城市开发强度、用地规划、水环境质量、水生态需求、污水处理与排放系统、河道整治状况等本底条件，识别流域水环境、水生态存在的问题和建设需求。

（2）流域现状评估

在流域整体问题识别的基础上，详细评估规划区现状厂、网、河、城管控措施及处理设施对于流域水环境、水生态的影响，明确规划流域现状问题及源头分布，定位亟须治理的区域或点位。

（3）规划总论

明确规划依据、规划原则、规划范围和期限。根据总体规划层面制定的治理目标，确定详细规划的流域管控目标，并对此目标的可达性进行复核。

（4）工程方案规划

按照"源头减排、管网完善、厂站提升、设施优化、河湖整治、产城发展"的治理思路，在规划区内因地制宜采用工程和非工程措施。其中，源头减排主要包括雨污分流、低影响开发设施建设等；管网完善主要包括截污纳管、管网清淤、智慧管网等措施；厂站提升主要包括进厂原水管控、厂站提标改造、出水水质提升、水厂智慧化管理等措施；设施优化主要包括各类水务设施数量优化、运行能力优化和空间布局优化等；河湖整治主要包括底泥清淤、湿地建设、生态浮岛、生物多样性保护、智慧河道等措施；产城发展主要包括绿色发展、碳中和、智慧管理等相关措施。规划方案确定后需开展方案的评估与优化调整，从控制效果、工程造价、社会效益等方面进行综合分析，并根据公众、相关主管部门和不同专业专家反馈的意见反复开展方案的论证和修改。可基于不同工况下的控制方案建立规划模型，利用情景分析的结果作为选取规划方案的决策支撑。

（5）规划协调

结合规划区的特点，制定详细的"厂网河城"一体化流域治理工程规划方案时应注重与国土空间、生态环境保护、城市排水、防洪排涝、河道综合整治、海绵城市、黑臭水体治理等相关规划内容的衔接。

（6）近期建设规划

确定规划区流域治理工程近期重点建设区域和建设项目，与其他相关工程计划进行充分衔接，并确定建设时序安排和投资估算。

（7）管理与保障措施

结合本地行政职能分工、规划建设特点，推动规划管控机制的建立与落实，明确各项措施实施主体与资金保障等内容。

3. 规划图集内容要求

（1）流域位置图：标明流域位置及范围，标示流域范围内城市所在的位置。

（2）区域现状图：包括城市水系、下垫面、雨污排水管网系统、污水处理厂及服务范围等要素，可分为多张图纸表达。

（3）用地规划图：标明研究区域的规划用地性质、路网、市政设施等要素。

（4）流域管控分区图：根据流域不同区域的水环境、水生态评估情况，明确流域管控分区的划分结果。

（5）流域治理设施规划布局图：根据规划文本及说明书中确定的方案，分为多张图纸表达，明确厂、网、河、城治理设施的空间布局，包括治理措施路由、设施布局、建设规模等。

（6）近期建设图：主要标明厂区提质增效措施、管网更新改造措施、河道综合整治措施以及城市管理措施等近期建设的内容。

（7）其他相关图纸：其他相关内容的表达。

第 5 章　规　划　方　法

"厂网河城"一体化流域治理作为系统性、综合性较强的水务工作，在开展过程中，不仅需综合考虑厂、网、河、城各要素治理，还需统筹其各要素间的相互关联，推动流域一体化治理与提升。在实施过程中，需系统统筹各工程方案的建设时序、空间协调等，并对实施效果进行综合评估，确保流域治理目标可达。因此，在"厂网河城"一体化流域治理规划编制过程中，需结合当地实际需求，建立思路清晰的技术路线，通过制定技术可行的规划方案，形成建设项目库，并针对项目建设提出统筹协调方案，确保项目落地，保障实施效果。

本章围绕"厂网河城"一体化流域治理规划方法，重点整理了针对现状调研评估的资料收集方式与问题评估方法，明确了基于问题、目标双导向下的规划需求及目标指标体系，并针对厂、网、河、城各要素治理要求，分别提出治理规划方案。与此同时，通过充分衔接规划方案所产出的重要策略、重点任务、重大项目等，提出系统方案统筹方法、实施效果评估方法等，为城市流域治理的规划编制和建设实施提供指导。

5.1　现状调研评估

5.1.1　资料收集分析

基础资料收集是"厂网河城"一体化流域治理规划的基础和依据。在现状调研评估中，应通过收集流域的自然地理条件、城市建设情况、上位规划的总体要求和目标体系、专项规划的具体策略和规划方案、流域治理工程的建设及运管情况、相关体制机制建设、厂站管网设施类运行情况等基础资料，掌握当地流域治理的基础情况（表 5-1）。

资料收集一览表　　　　　　　　　　　　　　　　　　表 5-1

序号	分类	名录	资料要点	负责部门	必要性分析
1	地质地貌	地形图	比例尺视规划范围而定	自然资源部门	必要
2	地质地貌	现状及规划用地特征分类	现状场地及已建在批、待建场地详细方案设计图	自然资源部门	建议
3	地质地貌	地下水分布	地下水埋深分布图	自然资源部门	必要
4	气候降雨	降雨数据	近 20～30 年日降雨数据（逐日或逐分）	气象部门	必要
5	气候降雨	初期雨水污染特征	为雨水资源利用提供参考	气象部门	建议
6	水文情况	现状水系、水环境情况	水系分布特征及水质现状和目标 河道水质断面检测位置	水务部门	必要

序号	分类	名录	资料要点	负责部门	必要性分析
7	城市建设情况	土地利用现状	用地类型分布、规模	自然资源部门	必要
8	供水排水	供水排水现状设施资料	水厂、污水处理厂、再生水厂、泵站、管网、调蓄池、排口等现状资料（CAD图或GIS文件）	水务部门	必要
9	供水排水	供水排水设施建设相关计划	水厂、污水处理厂、再生水厂、泵站、管网、调蓄池、排口等建设计划（CAD图或GIS文件）	水务部门	必要
10	供水排水	供水量及供水结构数据	各供水厂服务范围内，按污水处理厂服务范围提供供水量及供水结构数据	水务部门	必要
11	供水排水	污水处理厂数据	污水提升泵站与污水处理厂长序列进出水量水质数据	水务部门	必要
12	供水排水	大排水户数据	流域内用水量超过3000吨的用水大户的用途清单及分布图	水务部门	必要
13	供水排水	管网监测数据	现状已安装的在线及离线监测设备分布（CAD图或GIS文件）；近远期在线及离线监测规划	水务部门	建议
14	城市规划	规划区相关规划	规划区总体规划、控制性详细规划、城市水系规划、城市供水规划、城市竖向规划、城市水资源综合规划、城市再生水、城市排水（雨水和污水）相关规划	自然资源部门	必要

1. 自然地理资料

自然地理要素涉及类型众多，包括地貌、水文、土壤、气候等，在"厂网河城"规划实践过程中，应在了解地貌、水文格局等自然地理骨架的基础上，分析研究区域内自然地理要素的构成与比例、自然要素间的相互关联与耦合、自然地理格局对区域发展的支撑与限制性作用等，了解该地区基本生态要素。

（1）地形地貌

地形地貌，收集区域带有高程属性的CAD数据，构建栅格DEM模型，利用ArcGIS软件分析区域地形地貌。

（2）气候降雨

气候降雨的影响主要体现在水安全方面，我国幅员辽阔，不同区域的降雨分布、强度和频率差异较大，如北京地区地处暖温带半湿润地区，属大陆性季风气候，年降水量644mm；上海属北亚热带季风性气候，年平均降雨量1388.8mm；深圳市地处北回归线以南，属亚热带海洋性气候，年平均降雨量1932.9mm。同时，不同地区存在降雨年际分配不均、降雨强度不同，加之近年来极端天气频发，需要密集关注气候降雨变化。

（3）水文情况

不同地区水资源分布、水文和社会经济条件千差万别，因此，要根据流域情况具体分析，掌握规划流域的主要河道及分布、规划流域的径流特征、受纳水体水环境容量、水体黑臭等，流域所在地区地下水的存在形式、储量、水质及补给条件等。

2. 城市建设情况

城市建设情况调研，有助于了解城市建设的现状、问题以及发展优势，可从土地利用现状、基础设施建设、社会环境等方面开展调研，并重点关注与供水排水相关的基础设施建设情况。

（1）土地利用现状

主要收集用地类型的分布、规模等，用地类型分为居民区、工业区、学校区、商业区、农业区等，根据用地类型的不同，识别不同片区污染源分布的主要特征，分析各类土地利用类型的主要污染物种类及其数量，如在城市建成区，少量漏排点源污染和通过街道清扫等方式在晴天进入雨水管网的面源污染是雨水径流污染的重要来源；而在城中村片区则往往存在雨污混流、散排乱排等问题。

（2）基础设施建设

重点调查流域内供水、排水等基础设施建设情况，梳理流域内正在实施和计划实施的正本清源、老旧小区改造、污水处理提质增效专项行动、雨污分流工程、水环境综合整治工程项目，发现现状建设短板。

（3）社会环境

收集城市的历史沿革、城址变迁、重要历史事件以及市区扩展和城市规划历史等资料。

3. 全要素深调研

通过基础资料收集和现场调查，对"厂网河城"基础设施和要素进行深入调研。现场调查可通过专题研讨会、问卷调查、现场踏勘、与相关部门访谈等多种方式。通过翔实的现状调查，可较为准确地掌握本底条件，摸清需求，为规划方案提供可靠的依据。

（1）"厂"要素

根据污水处理厂服务范围提供的供水量数据以及污水处理厂水质水量的自动监测数据，从城镇生活污水集中收集率情况、污水处理厂进水浓度、污水处理设施稳定运行情况等方面评估污水处理厂的运行效能。

（2）"网"要素

根据已有的管网基础资料，梳理城市排水系统建设现状，确定研究范围内排水体制以及雨水管网、污水管网、沿河截流系统的分布情况。通过基础资料分析、现场踏勘、历史监测数据比对等方式，利用物探、人工探查等技术，对不同体制排水分区进行监测。

（3）"河"要素

从河流水质、水量、生物性等方面对"河"要素进行评估。水质水量方面，根据河道断面国考数据、在线监测数据等了解水质的实时变化；通过建立流域主要河道的水动力和水质模型，以流域现状水务设施为基础，对系统现状进行模拟评估。生物性方面，通过实地调查，结合流域内生态格局、现状生态岸线情况，评估现状流域内河道的生物多样性和亲水性。

（4）"城"要素

"城"要素的现状调研评估从排水系统完善情况、小区正本清源改造情况、海绵城市建设情况等方面考虑。以海绵城市为例，重点通过采用收集资料、与相关部门座谈等方式，摸清研究范围内已建海绵设施的类别、规模、设计参数、运行现状以及维护情况；通过监测的方式对已建海绵城市自然生态格局的保护与修复、城市排水防涝、水环境改善等方面的实施效果进行评估。在正本清源方面，则重点通过收集资料、听取物业管理人员及小区居民的意见反馈、现场调查等方式，摸清研究范围内正本清源改造进度，已建建筑与小区内排水管道及检查井的类别、排水种类、水量大小、管道破损、淤堵、混接以及管道维护情况，为实现雨污分流、削减地表径流、控制面源污染提供基础资料。

5.1.2 现状问题评估

"厂网河城"规划编制中，通过获取相关现状资料，可进一步对所涉流域的现状问题进行分析，总结出流域"厂网河城"现状的主要问题，对源头排水用户错接乱排、现状排水系统情况、沿河暗渠箱涵排水口、水环境整治管理体系等进行全面分析，系统梳理规划流域的主要问题，评估流域治理的必要性与重要性。

1. "厂"要素——污水收集效能不佳

近年来，我国污水收集处理设施不断完善。截至 2022 年，全国城市污水处理厂日处理能力已突破 2.1 亿 m^3，污水处理率增长至 98.1%，但仍存在污水收集效能偏低、能源资源回收利用水平不高等问题。部分城市水环境基础设施建设落后，污水直排问题依旧突出，排水管网中雨水、污水管道存在多处混接错接及污水溢流问题，影响周边河流水质。针对"厂"的运行效能情况，可从城镇生活污水集中收集率情况、污水处理厂进水浓度、污水处理设施稳定运行情况等方面进行评估。

（1）城镇生活污水集中收集率

城市生活污水集中收集率 K 按如下公式计算：

$$K = \frac{\sum Q_i \times C_i}{W \times P} \tag{5-1}$$

式中：Q_i 为生活污水处理设施日均进水量。生活污水处理设施包括各城市所有城区生活污水处理厂和城区生活一体化处理设施，不包括工业废水处理设施。生活污水处理设施日均进水量为评估时段内各生活污水处理设施日均进水量，原则上应扣除接入生活污水处理设施的工业废水量。

C_i 为生活污水处理设施进水污染物浓度，取评估时段内日均进水五日生化需氧量浓度（BOD_5）（与水量加权平均计）。

W 为人均日生活污染物排放量（以 BOD_5 计），统一取 45g/(cap·d)。

P 为城区用水总人口，包括城区常住人口与城区暂住人口。

（2）污水处理厂进水浓度

一般为五日生化需氧量浓度（BOD_5），计算时仅计各城市所有城区生活污水处理厂，不包括一体化处理设施和工业废水处理设施，以评估时段内，各城区生活污水处理厂平均进水五日生化需氧量浓度（BOD_5）（与水量加权平均计）。

（3）污水处理设施稳定运行情况

① 出水标准

污水处理厂的设计出水标准以《城镇污水处理厂污染物排放标准》GB 18918—2002 为准（表 5-2）。

基本控制项目最高允许排放浓度（日均值）（单位：mg/L）　　表 5-2

序号	基本控制项目		一级标准		二级标准	三级标准
			A 标准	B 标准		
1	化学需氧量（COD）		50	60	100	120*
2	生化需氧量（BOD_5）		10	20	30	60*
3	悬浮物（SS）		10	20	30	50
4	动植物油		1	3	5	20
5	石油类		1	3	5	15
6	阴离子表面活性剂		0.5	1	2	5
7	总氮（以 N 计）		15	20	—	—
8	氨氮（以 N 计）**		5（8）	8（15）	25（30）	—
9	总磷（以 P 计）	2005 年 12 月 31 日前建设的	1	1.5	3	5
		2006 年 1 月 1 日起建设的	0.5	1	3	5
10	色度（稀释倍数）		30	30	40	50
11	pH		6—9			
12	粪大肠菌群数（个/L）		10^3	10^4	10^4	—

注：* 下列情况下按去除率指标执行：当进水 COD 大于 350mg/L 时，去除率应大于 60%；BOD_5 大于 160mg/L 时，去除率应大于 50%。** 括号外数值为水温＞12℃时的控制指标，括号内数值为水温≤12℃时的控制指标。

② 出水水质分析

将污水处理厂的出水水质数据，包括出水 COD、BOD_5、SS、氨氮、总氮和总磷等与污水处理厂的设计出水标准相比较，分析污水处理厂运行情况。

2. "网"要素——外水入流入渗

近年来，我国城市排水管网建设已经逐步得到完善，但仍存在外水入流入渗的问题[94]。外来水由两部分组成，入渗水和入流水。在污水管网系统中（合流或分流系统），入渗水是指地下水、地表水（河道）或城市供水系统渗漏通过老旧管道的侵入污水系统的水；入流水是指雨水、河水和山泉水通过管网错接点或者破损部位进入污水系统的水。影响外来水量的因素是多方面的，包括地下水位、城区河道水位、水文特性、土壤特征和降雨（降雨量和强度）及污水管道的施工质量、结构性状况等。

其中，排水管网的管道破损、错接漏接以及不同类别的混接乱接是管网入流入渗发生的重要原因。管网多源入流入渗，如河水倒灌、山水渗入、地下水入渗等过程会导致进入管网外来水量增加，尤其是降雨条件下的入流入渗过程会导致水量瞬间增加几倍甚至几十倍，这个过程会直接造成污染物浓度的稀释，导致污水处理厂进水浓度偏低、增大污水处理厂运行负荷，同时也导致污水管网液位瞬间上升而造成溢流事件的发生。

针对管网外水入流入渗的评估分析，有三种重要的评估方法，分别为夜间最小流量法、水质水量平衡法和 RDII 分区管网诊断，具体方法如下。

（1）外水入流入渗评估方法

① 夜间最小流量法

排污量与人们的生活规律密切相关，按照相关规范要求，一般是早上 7：00－9：00 以及晚上 19：00－21：00 排污量最大，而在夜间 2：00—4：00 最小。夜间最小流量法适用于监测点位在监测期内晴天日流量波动较大，且数值具有明显的波峰与波谷的监测点位（图 5-1）。基于以上排污规律，假定晴天夜间最小流量即为外水渗入量，则：

$$BI = 24 \times \min(Q_i) \tag{5-2}$$

$$外水入渗比例 = \frac{BI}{Q_t} = \min(Q_i)/Q_t \tag{5-3}$$

式中：BI ——外水入渗量（m^3/d）；

Q_i ——第 i 小时流量监测值（m^3/h）；

Q_t ——日均小时流量监测值（m^3/h）。

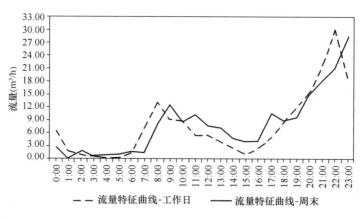

图 5-1　日排水量示意图

② 水质水量平衡法

外水入渗分析基于在线流量监测设备的监测数据，理论上应获取选择降雨结束 48 小时后且未受到降雨影响的有效数据。常规监测下监测点位的旱天水量的组成为生活污水与入渗外水。利用在线流量监测数据与水质人工采样数据，采用物料平衡法计算所监测管道中的外水入渗量。

物料守恒法适用性较广、准确性较高，计算过程依赖于大量的水质检测数据。具体为，通过旱天流量数据识别典型旱天流量变化规律，结合人工水质检测结果，利用物料守恒定律，计算旱天外来水入渗量，进而得到各监测分区旱天入渗率，形成排水管网旱天入渗分析专题图。

水质水量平衡法计算入渗量，可以参照以下公式：

$$BI + Q_w = Q_t \tag{5-4}$$

$$BI \times C_{外水} + Q_w \times C_w = Q_t \times C \tag{5-5}$$

代入后得到：

$$BI = \frac{Q_t \times (C_w - C)}{C_w - C_{外水}} \tag{5-6}$$

$$外水入渗比例 = \frac{BI}{Q_t} = \frac{C_w - C}{C_w - C_{外水}} \tag{5-7}$$

式中：BI ——外水入渗量（m^3/d）；

$\quad C_{外水}$ ——片区典型外水污染物浓度，BOD_5、COD、$NH_3\text{-}N$、TP 取 mg/L，以生态基流浓度为参考，按Ⅲ类水计；

$\quad Q_t$ ——晴天日均总流量监测值（m^3/d）；

$\quad C$ ——晴天日均污染物浓度监测值，BOD_5、COD、$NH_3\text{-}N$、TP 取 mg/L；

$\quad Q_w$ ——片区典型污水污染物流量（m^3/d）；

$\quad C_w$ ——片区典型污水污染物浓度（mg/L）。

（2）雨水入流评估方法

降雨入流入渗指降雨过程中进入城市污水排污管道或雨污合流管道内的雨水，一部分直接通过雨落管、小区雨水支管、检查井盖的缝隙和排水泵等进入管道，另一部分由于管道破裂、连接处渗漏和检查井渗漏等原因而进入管道。利用精细化分区监测点的流量在线监测数据进行雨天入流分析，主要步骤包括：

① 利用长期监测数据统计旱天入流规律。由于降雨不仅通过错接管道直接流入污水管网，还会通过地下水渗漏的形式缓缓向污水管网中释放，故以降雨结束 48h 后作为旱天开始的标志，保证管网中因降雨入流入渗导致的流量已完全排空。

② 将雨天监测数据与入流规律进行比较，计算雨天入流量。选择降雨量在中雨及以上的降雨过程中的监测数据进行评估，保障降雨对管道流量产生显著的影响；降雨期间的累计流量自降雨开始时计算，至降雨入流入渗过程结束为止，根据管道液位是否恢复旱季正常液位范围评估降雨入流入渗是否结束；利用雨天的累计流量减去同等时间旱季累计流量，差值即为当次降雨的雨天入流量。

③ 归一化处理，评估降雨入流入渗等级。降雨入流入渗是由于管道错接直接入流及管道、井壁破裂处缓慢渗漏产生，其入流入渗量大小与降雨量和管网汇水面积直接相关，因此需要对降雨量和汇水面积进行归一化处理，得到各个排水分区的单位降雨入流入渗量（RDII），建立评估分级方法，评估不同分区管网的降雨入流入渗严重程度。

具体计算公式如下：

$$RDII = \frac{(Q_{总} - Q_{旱}) \times \frac{T}{24}}{R \times S} \tag{5-8}$$

式中：$RDII$——单位排水分区面积单位降雨量下的入渗量 $[m^3/(km^2 \cdot mm)]$；

$\quad\quad R$——降雨量（mm）；

$\quad\quad Q_总$——降雨期间总流量（m^3/h）；

$\quad\quad Q_旱$——晴天管道平均日流量（m^3/d）；

$\quad\quad T$——降雨时长（h）；

$\quad\quad S$——排水分区面积（km^2）。

3. "河"要素——地表水水质超标

随着我国经济的高速发展，河流、水库的水质保护工作遭受了巨大的压力，部分水体水质无法达到水环境功能区划目标。我国流域水质评价将国控地表水环境监测网的全部监测断面、点位作为评价对象，其中主要包括河流监测断面和湖、库监测点位，采用断面水质类别比例法及水质定性评价分级的对应关系进行对比，按照不同的水质关系将其划分为不同的类型[95]（表5-3）。

地表水环境质量标准　　　　　　　　　　　　表5-3

序号	项目	Ⅰ类	Ⅱ类	Ⅲ类	Ⅳ类	Ⅴ类
1	水温（℃）	人为造成的环境水温变化应限制在：周平均最大温升≤1；周平均最大温降≤2				
2	pH值（无量纲）	6～9				
3	溶解氧≥	饱和率90％（或7.5）	6	5	3	2
4	高锰酸盐指数≤	2	4	6	10	15
5	化学需氧量（COD）≤	15	15	20	30	40
6	五日生化需氧量（BOD_5）≤	3	3	4	6	10
7	氨氮（NH_2-N）≤	0.15	0.5	1	1.5	2
8	总磷（以P计）≤	0.02（湖、库0.01）	0.1（湖、库0.025）	0.2（湖、库0.05）	0.3（湖、库0.1）	0.4（湖、库0.2）
9	总氮（湖、库，以N计）≤	0.2	0.5	1	1.5	2
10	铜≤	0.01	1	1	1	1
11	锌≤	0.05	1	1	2	2
12	氯化物（以F计）≤	1	1	1.0	1.5	1.5
13	硒≤	0.01	0.01	0.01	0.02	0.02
14	砷≤	0.05	0.05	0.05	0.1	0.1
15	汞≤	0.00005	0.00005	0.0001	0.001	0.001
16	镉≤	0.001	0.005	0.005	0.005	0.01
17	铬（六价）≤	0.01	0.05	0.05	0.05	0.1

续表

序号	项目	Ⅰ类	Ⅱ类	Ⅲ类	Ⅳ类	Ⅴ类
18	铅≤	0.01	0.01	0.05	0.05	0.1
19	氰化物≤	0.005	0.05	0.2	0.2	0.2
20	挥发酚≤	0.002	0.002	0.005	0.01	0.1
21	石油类≤	0.05	0.05	0.05	0.5	1
22	阴离子表面活性剂≤	0.2	0.2	0.2	0.3	0.3
23	硫化物≤	0.05	0.1	0.2	0.5	1
24	类大肠菌群（个/L）≤	200	2000	10000	20000	40000

其中，地表水环境质量评价工作的开展有助于相关部门了解和掌握地表水环境情况，是环保工作开展的基础，河流流域水质评价工作在开展时主要采用断面水质评价法，将河流分为多个断面，对断面水质情况采用一定的方法进行评价分析。因地表水受到的污染程度不同，造成了地表水水质之间的差异。

湖泊水库水质评价除了应用断面水质评价法以外，还应用了综合营养状态分析法，该方法有助于及时了解湖泊水库的水质情况，其中，断面水质分析法的应用主要是根据不同断面的水质情况进行对比分析，而综合营养状态评价法则是利用营养状态指数对营养状态进行分级，有助于清楚地了解湖泊以及水库当中的营养状态，并根据其营养状态合理进行水资源的利用。

4. "城"要素——排水管理能力欠缺

结合相关调查，我国城市排水管理体制机制仍需不断完善，由于排水设施的规划、建设、监管分属不同的主管部门、责任主体关注点不同，往往造成各方部门缺乏有效衔接，规划与建设不统筹，建设与管理脱钩，上下游无衔接，后期缺乏运行维护，难以破除壁垒，难以统一协调。以污水处理厂统筹调度为例，随着城市发展不断变化，污水处理厂面临的污水增量存在较大差别，易出现有些污水处理厂"吃不下"，有些污水处理厂"饿肚子"的情况，由于城市各厂运维主体不同、缺乏灵活性，造成设施利用效率低[96]，难以统一调度。

除此之外，在源头小区排水管理方面，各城市也普遍存在小区排水管理能力不足、管理标准不高、排水设施管理不善等问题，导致从源头就出现错接混接、管网缺失、淤堵等现象。目前，深圳等地为实现流域内排水系统"一体化管理"，通过采用流域内市政排水管网、小区内排水管网统一委托专业化的排水运营单位进行运营维护的方式，施行"排水管理进小区"，解决排水系统运营维护的难题。随着城市水务资产的不断丰富，排水管理能力势必成为衡量水务高质量发展能力的重要内容。

5.2　规划需求分析

5.2.1　问题导向

自我国《水污染防治行动计划》（简称"水十条"）颁布以来，全国水生态环境保护发生历史性、转折性、全局性变化。碧水保卫战阶段性目标任务圆满完成，水生态环境质量明显改善，人民群众对水生态环境改善的获得感显著增强，全面建成小康社会水环境目标如期实现。然而，水生态环境保护面临的结构性、根源性、趋势性压力尚未根本缓解，与美丽中国建设目标要求仍有不小差距，需要通过"厂网河城"一体化流域治理，系统解决水生态破坏、水环境质量改善不平衡不协调，治理体系和治理能力现代化水平与新阶段发展需求尚不匹配等问题。

1. 水生态破坏现象十分普遍

水源涵养功能受损、水生态系统失衡、生物多样性丧失等问题在各流域不同程度存在，已经成为建设美丽中国的突出短板。

（1）水源涵养功能受损，生态基流保障不足

水源涵养是指通过植被、土壤和地形等自然因素维持水的循环，以保持水源的丰富和质量。然而，随着我国城市化进程的加快，原本有着生态功能的土地被大量开发和覆盖，绿地和水源减少，导致水源涵养功能减弱；同时由于近年来极端天气、人类破坏和过度耕作等因素造成大量土壤流失，进一步损害了水源涵养功能，直接导致的便是河湖生态流量难以保障，河流断流、湖泊萎缩、生物多样性受损、生态服务功能下降等问题。相关研究表明[97]，按照日均流量达标要求，我国主要河流断面生态基流达标率仅为 26.7%，取用水总量高、取用水季节性冲突、水利工程不合理调度等人为因素是生态基流不达标的主要原因。因此，针对城市河道，需要基于"厂网河城"一体化流域治理思路，从国土空间合理规划出发，系统化全域落实海绵城市理念，一方面优化城市生态格局、提高水源涵养功能，另一方面强化基流释放、实施生态补水，全面保障生态基流达标。

（2）富营养化问题突出，水生态系统失衡

水体富营养化是水体中的氮、磷等营养成分过量，造成藻类和其他浮游生物的大量增加，致使水体中的溶氧含量下降，水质恶化，最终造成鱼群和其他动物大量死亡的现象。近年来，随着工业、制造业的快速发展，居民生活水平不断提升，工业废水、农业废水、生活废水的排放不断加剧，造成大量超标营养物质流入自然水体，进一步加剧了水体富营养化风险，严重破坏水生态系统的物种平衡性和稳定性。现阶段，太湖、巢湖、滇池等湖库蓝藻水华发生面积及频次仍然居高不下，致使鱼虾、贝类等大量死亡。因此，需要建立打通水里和岸上的污染源管理体系，实施"厂网河城"一体化管理，因地制宜加强氮磷的排放控制（表 5-4）。

以水生态修复为问题导向的规划需求分析　　　　　　　　　　　　　表 5-4

序号	"厂网河城"问题	需求分析
1	水资源优化配置	1. 确保流域内水资源的合理开发与利用，提高再生水利用率，减少水资源浪费。 2. 强调源头控制和全过程管理，包括雨水收集利用、污水处理及再利用，形成健康的水资源循环体系
2	河流生态系统修复	1. 根据流域特点和生态敏感性，制定针对性的河流生态修复方案，恢复河道自然形态和水文过程。 2. 加强水源地保护，恢复沿岸植被，增强河岸稳定性，改善水体质量，恢复河湖生态链完整性

序号	"厂网河城"问题	需求分析
3	城乡融合发展与空间布局优化	1. 将水生态保护纳入城市总体规划，协调城乡发展空间布局，避免对重要水源地和生态敏感区域造成破坏。 2. 促进"河-产-城"融合，构建亲水型城市，加强滨水空间设计，发挥河流在城市景观、休闲娱乐等方面的功能

2. 水环境质量改善不平衡不协调问题突出

随着我国《水污染防治行动计划》《重点流域水污染防治规划（2016－2020 年）》等顺利实施并取得显著成效，我国地级及以上城市黑臭水体消除比例达 98.2％，碧水保卫战成效显著。然而，水环境质量改善工作依然存在不平衡不协调问题，工业和城市生活污染治理成效仍需巩固深化，城乡面源污染防治瓶颈亟待突破。城乡环境基础设施欠账仍然较多，特别是老城区、城中村以及城郊接合部等区域，污水收集能力不足，管网质量不高，大量污水处理厂进水污染物浓度偏低，汛期污水直排环境现象普遍存在；农村生活污水治理率不足 30％。

现阶段，我国一些地方城乡面源污染问题突出，旱季"藏污纳垢"，雨季"零存整取"，制约了水生态环境质量的持续、稳定改善。为推动解决这个问题，生态环境部印发了《关于开展汛期污染强度分析推动解决突出水环境问题的通知》，要求各地开展汛期污染强度分析，摸清汛期污染底数，精准识别平时水生态环境质量比较好，但汛期仍存在污染物浓度大幅度上升、环境质量恶化的情形，通过建立健全汛期污染强度监测技术体系，引导各地进一步加大截污治污工作力度，深入开展排污口排查、监测、溯源、整治等各项工作，进一步提升环境基础设施建设水平，加快补齐城乡面源污染防治短板，稳定改善全国水生态环境质量。因此，"厂网河城"一体化流域治理，重点需要保障雨季河湖水质的稳定，通过切实降低汛期污染强度，持续推动解决汛期面源污染突出问题，持续深入打好碧水保卫战。

3. 治理体系和治理能力现代化水平与新阶段发展需求尚不匹配

目前，我国发展仍然处于重要战略机遇期，新型工业化深入推进，城镇化率仍将处于快速增长区间，工业、生活、农业等领域污染物排放压力持续增加。生态文明改革事项还需进一步深化，地上地下、陆海统筹协同增效的水生态环境治理体系亟待完善。水生态保护修复刚刚起步，监测预警等能力有待加强；水生态环境保护相关法律法规、标准规范仍需进一步完善，流域水生态环境管控体系需进一步健全。经济政策、科技支撑、宣传教育、能力建设等还需进一步加强（表5-5）。

以水环境保护为问题导向的规划需求分析　　　　　　　　　　　　　　表 5-5

序号	"厂网河城"问题	需求分析
1	污水处理设施升级	1. 建设和完善污水处理厂网络，提升污水处理能力，确保城镇污水全收集、全处理，达到更高标准的排放要求。 2. 实施污水处理厂与管网设施的升级改造，提高污水收集和处理效率，降低污染物排放总量

序号	"厂网河城"问题	需求分析
2	雨污分流与管网改造	1. 规划建设独立的雨水和污水排放系统，实现雨污分流，减轻河流污染负荷。 2. 对现有老旧管网进行全面排查与维护，减少污水渗漏，保障管网运行效能
3	流域整体协同治理	1. 上下游联动基于全流域视角，将水源地保护、中游工业和生活污染源控制、下游水体修复与生态缓冲带建设相结合，实行统一规划和管理。 2. 厂网河联动强化污水处理厂、排水管网和河流之间的互联互通，确保污水得到有效收集、处理和排放，避免二次污染
4	智能化管理与监测	1. 智慧水务平台建设。运用物联网、大数据、云计算等技术，搭建一体化智慧水务管理系统，实时监控水环境质量、排水管网运行状况和污水处理效果。 2. 预警预报机制建立。水环境风险预警系统，对可能出现的突发污染事件进行快速响应和处置
5	生态修复与保护	1. 河湖生态化改造对受污染或生态退化的河流、湖泊进行生态修复，重构水生生态系统，增加生物多样性。 2. 滨水空间绿化与美化优化河岸带环境，实施生态护坡、湿地建设等措施，提升城市滨水空间品质
6	法规政策与管理机制	1. 健全法律法规。完善相关法律法规，严格执行水资源管理和水污染防治规定，加大执法力度。 2. 创新运营模式。探索公私合营（PPP）、特许经营等方式，引入社会资本参与水环境治理和运营，建立长期有效的管护机制
7	社会公众参与	1. 公众教育与宣传。加强水环境保护宣传教育，提高居民节水意识和参与水环境治理的积极性。 2. 公众监督与反馈。建立公开透明的信息共享机制，鼓励公众参与决策过程和日常监督

5.2.2 目标导向

1. 通过高水平水环境质量，不断塑造发展的新动能、新优势

新时期，高水平水环境质量是生态文明建设的重要内容，也是人与自然和谐共生的基本要求。习近平总书记在全国生态环境保护大会上强调，要站在人与自然和谐共生的高度谋划发展，通过高水平环境保护，不断塑造发展的新动能、新优势，着力构建绿色低碳循环经济体系，有效降低发展的资源环境代价，持续增强发展的潜力和后劲。

水是生命之源，也是经济社会发展的重要资源。保护好水资源，治理好水污染，是关系国计民生、关系中华民族永续发展的大事。只有让人民群众喝上放心水、用上安全水、享受美丽水，才能实现人民对美好生活的向往。同时，高水平水环境质量有助于推动产业结构优化升级，培育新型经济增长点，增强国际竞争力。实施最严格的水资源管理制度和最严格的水污染防治制度，可以促进节约用水、提高用水效率、减少用水浪费，也可以激发企业创新能力、提升产品质量、降低运营成本。加大对水环境治理和水资源保护的投入，可以扩大有效需求、拉动内需增长、创造就业机会，也可以培育壮大环保产业和环境服务业，形成绿色发展新动能。因此，通过高水平水环境质量，不断塑造发展的新动能、

新优势，是符合我国国情、符合时代潮流、符合人民利益的正确选择。

2. 通过高品质水生态保护，不断提高公民的幸福感、获得感

高品质水生态保护是保障人民群众健康安全、提升人民生活品质、增强人民幸福感的重要基础，是建设美丽中国、实现中华民族永续发展的根本大计。中华民族向来尊重自然、热爱自然，绵延 5000 多年的中华文明孕育着丰富的生态文化。因此，需要树立和践行绿水青山就是金山银山的理念，坚持节约资源和保护环境的基本国策，像对待生命一样对待生态环境，统筹山水林田湖草系统治理，实行最严格的生态环境保护制度，形成绿色发展方式和生活方式，坚定走生产发展、生活富裕、生态良好的文明发展道路，建设美丽中国。

3. 通过重点攻坚协同治理，构建水生态环境保护新格局

通过重点攻坚协同治理，构建水生态环境保护新格局，是贯彻落实习近平生态文明思想的具体实践，是深入打好碧水保卫战的重要举措，是推进美丽中国建设的重要行动。作为指导"十四五"时期重点流域水生态环境保护工作的纲领性文件，我国《重点流域水生态环境保护规划》明确了"河湖统领、三水统筹"的总体思路，突出"以改善水生态环境质量为核心"的工作目标，提出"构建水生态环境保护新格局"的工作要求。

新时期，为构建水生态环境保护新格局，需健全流域水生态环境管理体系，强化流域统筹、区域协调、部门协作、社会参与等机制，形成上下联动、多方参与的治理格局；同时应强化流域污染防治和系统治理，坚持污染减排与生态扩容两手发力，保好水、治差水、增清水、扩绿水，提高流域水资源利用效率和水环境承载能力；推进地上地下和陆域海域协同治理，加强地表水和地下水的联合监测和综合管理，加强陆源污染物排放控制和海洋污染防治，实现陆海统筹、地上地下一体化；通过协同推进降碳减污扩绿增长，加快发展循环经济和绿色低碳经济，推动产业结构优化升级和能源结构调整转型，促进经济社会发展与生态环境保护相协调相促进（表 5-6）。

目标导向下的规划需求分析　　　　　　　　　　　　　表 5-6

序号	目标导向	需求分析
1	绿色发展战略整合	将流域治理工作融入地方经济和社会发展的总体战略框架之中，坚持绿色发展，将生态环境保护和资源节约贯穿于流域综合治理的全过程
2	科技创新驱动治理	借助现代科技手段，如大数据、云计算、人工智能等，建立智能感知和预测预警系统，实现流域环境质量的实时监控和精准治理，推进流域治理体系和治理能力现代化
3	多元主体参与治理	建立健全政府、企业、公众共同参与的治理体系，鼓励社会资本投入，推行市场化运作模式，同时强化公众环保意识，引导公众积极参与流域治理和监督
4	法治保障与长效机制	完善相关法律法规和政策体系，建立严格的考核评价机制和责任追究制度，确保流域治理工作的长效性和持续性，为高质量发展提供坚实的法治保障
5	协调发展与区域影响	充分考虑流域治理对周边地区经济社会发展的影响，做好与城乡规划、土地利用、产业发展等方面的统筹协调，助力区域经济结构优化和产业升级，实现经济效益、社会效益和生态效益的有机统一

5.3 目标指标体系

5.3.1 总体目标

结合流域保护策略及城市发展定位，针对国家和地区对流域发展的新要求，充分利用已有区域水务规划成果，统筹考虑经济社会高质量发展、社会主义现代化建设、生态文明建设等新要求，从水安全提升、水资源保障、水环境保护、水生态修复、水经济发展等方面出发，以"厂网河城"一体化全要素治理为核心思想，研究提出规划近、远期涉及防洪排涝、水环境治理与质量提升、水生态保护修复、水城融合发展的管控目标。

5.3.2 指标体系

流域综合治理是一项复杂而又重要的任务，因为流域是一个开放且具有多样性的系统。在流域内，自然、经济、社会、文化等各种要素密切相连，相互作用，共同构成了一个复杂的自然—社会—经济复合生态系统。因此，为了实现流域的可持续发展，必须采取多目标平衡的策略，综合考虑水安全、水资源、水环境、水生态、水经济、水文化等多方面的治理目标，寻求最优解。

多目标平衡不仅仅是简单地追求某一方面的利益最大化，而是要在综合考虑流域内各种因素的基础上，通过多元主体协同治理，实现流域内人口、资源、环境的均衡发展，同时保障经济、社会、生态效益的统一。这意味着在流域综合治理中，需要综合运用各种手段和策略，如科学的技术手段、灵活的管理制度、有效的政策措施等，以促进流域内各项治理目标的协调推进。

为保证"厂网河城"一体化流域综合治理工作的有效实施，从水安全、水资源、水环境、水生态、水经济、水文化、水管理 7 个方面分别制定了相关控制指标体系。水安全方面，主要包括区域管网系统建设、内涝治理、防洪（潮）标准等，确保水源的安全性和排水的可靠性；水资源方面，包括河湖流量、非常规水开发等，保障水资源的合理利用和保护；水环境方面，包括地表水水质管理、雨污水控制等，保证水环境的质量和生态系统的健康；水生态方面，包括自然水系生态、城市水生态、水土流失管理等，维持水生态系统的稳定和保护生物多样性；水经济与水文化方面，包括水务资产、用水涉水经济、水生态服务价值、水文化价值等，充分考虑到经济发展与水资源的关系，以及文化传承与水资源利用的和谐发展；水管理方面，包括设施生态化、水务管理与运行、水生态产品价值等，确保水资源的合理配置和管理，以及水治理工作的顺利实施。

按指标性质分为约束性指标、预期性指标和建议性指标。约束性指标是为了实现规划目标而设定的，其在规划期内必须严格执行，不得随意违反或降低。这些指标通常涉及流域内的重点问题和关键领域，如水资源利用、水环境保护、水生态恢复等。预期性指标则是根据经济社会发展预期而设定的，其目的是指导和推动流域内的发展进程，但在规划期内并不要求必须实现，而是努力争取达到或不超出。建议性指标则是根据地方实际情况和需求而确定的，具有一定的灵活性和可操作性，可以根据具体情况进行调整和选取。流域综合治理应当根据具体的流域特点和治理目标，灵活运用约束性指标、预期性指标和建议性指标。各层级编制流域综合治理规划时，可根据实际情况，在表 5-7 的基础上合理增减相关控制性指标。

"厂网河城"一体化流域治理全要素规划控制性指标表   表 5-7

序号	管控要素	主要指标	细分指标	指标属性	指标说明
1	水安全	管网设计标准	雨水管渠设计标准	约束性	排水管渠设计标准，通常用暴雨重现期表示
2			排水管网覆盖率	预期性	建成区排水管网覆盖面积与总建成区的比值
3		内涝防治标准	内涝防治标准	约束性	指城市内涝防治系统设计的暴雨重现期，使地面、道路等地区的积水深度不超过一定的标准
4			内涝积水区段消除比例	预期性	在国家标准以内的暴雨情况下，与流域综合治理前相比，内涝积水区段消除的比例
5		防洪标准	城市防洪标准	约束性	流域内防洪主体应具有防御设计洪水能力相应的洪水标准，通常采用洪水的重现期（N）或出现的频率（P%）表示
6		防潮标准	城市防潮标准	约束性	流域内防潮主体应具有防御设计潮水位能力相应的潮水位标准，通常采用潮水的重现期（N）或出现的频率（P%）表示
7	水资源	再生水利用	再生水利用率	约束性	污水再生利用量与污水处理总量的比率
8		雨水利用	雨水资源利用率	建议性	雨水收集并用于道路浇洒、园林绿地灌溉等市政杂用的雨水总量（按年计算）占上述市政杂用水总量的比例
9		非常规水利用	非常规水源替代常规水源占比	建议性	雨水、再生水、淡化海水等非常规水资源使用量与水资源总使用量的比值
10		管网	管网漏损控制率	建议性	管网漏水量与输水总量之比
11		河湖流量	河湖生态流量达标率	预期性	达到生态流量要求的河湖比例
12	水环境	地表水体水质	集中式水源地水质达标率	约束性	为城市市区提供饮用水的集中式水源地达标水量占总取水量的比值
13			黑臭水体消除比例	约束性	以综合治理前流域内黑臭水体（河流、河段）为基数，规划期内消除的黑臭水体数量占全部黑臭水体总数的百分比
14			地表水体水质达标率	约束性	流域内监测水质断面达标个数与监测断面总数之比
15		污水控制指标	城市生活污水集中收集率	约束性	指规划期内建成区范围通过污水处理厂集中处理的污水量与污水排放总量的比率

序号	管控要素	主要指标	细分指标	指标属性	指标说明
16	水环境	污水控制指标	城市污水处理厂进水 BOD 平均浓度	预期性	城市污水处理厂进水中微生物分解存在于水中的可生化降解有机物所进行的生物化学反应过程中所消耗的溶解氧的数量,是反映地区雨污分流、排水溯源的一个重要指标
17			年均溢流污染物总量消减率(以 SS 计)	建议性	流域综合治理后溢流污染物的消减量与溢流污染物总量的比值
18		雨水控制指标	面源污染控制(以 SS 计)	建议性	通过源头设施、污染物处理设施等控制的面源污染量与城市中产生的总面源污染量的比值
19		排水管网	雨污分流比	约束性	雨污分流覆盖面积与排水管网覆盖总面积的比值
20	水生态	自然水系生态	自然岸线保有率	约束性	没有经过人为干扰的自然岸线和经治理修复后具有自然岸线形态和生态功能的生态堤岸长度之和占岸线总长度的比率
21			河湖水域空间保有率	预期性	河道、湖库的水域空间面积与行政区域(流域)面积的比率
22			河湖重要断面生态流量满足程度	预期性	河湖重要控制断面满足生态流量目标的个数比例
23			河湖水生生物完整性指数	预期性	定量描述人类干扰与水生生物特性之间的关系,且对干扰反应敏感的一组生物指数;多个水生生物指数参与的、对河湖生态系统进行综合测评的评价方法
24			水土流失率	约束性	水土流失面积与国土面积的比率
25		城市水生态	年径流总量控制率	约束性	通过自然和人工强化的渗透、集蓄、利用、蒸发、蒸腾等方式,场地内累计全年得到控制(不外排)的雨量占全年总降雨量的比例
26			天然水域面积比例	建议性	辖区陆域范围内河道、湖泊、池塘、水库、山塘以及其他水域所占面积比例
27			海绵城市建设面积比例	建议性	达到海绵城市建设要求的建设面积与城市建成区总面积的比值
28			城市热岛效应	建议性	城市因大量的人工发热、建筑物和道路等高蓄热体及绿地减少等因素,造成城市"高温化"
29	水经济	耗水量	万元 GDP 水耗(立方米)	约束性	每生产 1 万元 GDP(国内生产总值)消耗的水资源量
30		水务资产	水务资产数字化率	建议性	转变为可量化度量的数字、数据的水务设施与所有水务设施的比值

序号	管控要素	主要指标	细分指标	指标属性	指标说明
31	水经济	用水经济	农业用水经济效率	建议性	流域农业用水所产生的直接与间接经济效益，主要受农业经济用水量、农业用水结构等的影响
32		涉水经济	涉水经济比重	建议性	流域涉水经济与区域经济总量的比值
33		水生态服务	水生态服务价值	建议性	包括但不限于地表水调蓄价值、地下水调蓄价值、气候调节价值、洪水调蓄价值、多样性保护价值、生态用水价值等
34	水文化	水文化价值	水文化传承载体数量	建议性	流域内涉水文物古迹、水利工程、治水工具和历史典籍等水文化传承载体的数量
35			水文化普及度	建议性	水文化宣传牌/碑、宣传手册及宣传教育活动等
36			公众对流域文明建设的满意度和参与度	建议性	提高公众对流域治理的理解与支持也是流域治理的重要工作之一
37	水管理	设施生态化	灰色厂站设施生态化改造率	预期性	完成绿色化、可持续化改造的传统灰色水务厂站设施数量与总数量的比值
38		水务管理与运行	河湖岸线有效管控比例	约束性	已落实有效管控行为的河湖岸线长度与总岸线长度的比值
39			蓝线、绿线划定与保护	建议性	流域水系保护范围线与绿地保护范围线划定
40		水生态产品价值	水生态补偿	建议性	对生态保护者因履行生态保护责任所增加的支出和付出的成本予以适当补偿以及对水生态受损者的赔偿

5.4　要素治理规划

5.4.1　源头减排

1. 工作任务

源头减排（低影响开发）是城市雨水排水系统重要组成部分，作为海绵城市建设中的重要一环，倡导从源头控制、削减雨水径流，通过设置源头海绵设施削减雨水径流及污染物负荷、缓解市政排水管网及受纳水体压力[98]。

低影响开发理念起源于 20 世纪 90 年代的美国，其基本原理是通过分散的、小规模的源头控制设施来实现对降雨所产生的径流和污染的控制，使区域开发建设后尽量接近于开发建设前的自然水文状态。作为城市建设与自然有机结合的新型开发模式，低影响开发可有效提高城市流域防洪排涝能力，缓解城市流域面源污染、提高水资源综合利用，是生态文明在城市规划建设中的具体体现。

2. 规划原则

（1）源头减排优先

低影响开发区别于传统城市排水一个明显的特征在于，低影响开发建设中，要优先从源头控制雨水径流，优先在绿地、建筑和道路的建设中，因地制宜采用雨水花园、绿色屋顶、透水铺装、湿地等措施，实现对雨水径流总量的削减和峰值流量的削减，以尽可能减少城市开发建设对水文过程的影响。

（2）坚持因地制宜

结合城市内涝治理、城市水环境改善、城市生态修复功能完善、生态基础设施建设，建立"源头减排、管网排放、蓄排并举、超标应急"的排水防涝工程体系，逐步构建健康循环的水系统。结合城市更新"增绿留白"，在城市绿地、建筑、道路、广场等新建改建项目中，因地制宜建设屋顶绿化、植草沟、干湿塘、旱溪、下沉式绿地、地下调蓄池等设施，推广城市透水铺装，建设雨水下渗设施，不断扩大城市透水面积，整体提升城市对雨水的蓄滞、净化能力。

特殊污染源地区（地面易累积污染物的化工厂、制药厂、金属冶炼加工厂、传染病医院、油气库、加油加气站等）新建、改建、扩建建设项目如需建设雨水综合利用设施的，应开展环境影响评价，避免对地下水造成污染；陡坡坍塌和滑坡灾害易发的危险场所、对居住环境以及自然环境易造成危害的场所、其他有安全隐患场所不宜采用低影响开发理念。

3. 规划要点及内容

（1）径流量控制

结合水环境现状、水文地质条件等特点，合理选择其中一项或多项目标作为规划控制目标。鉴于径流污染控制目标、雨水资源化利用目标大多可通过径流总量控制实现，各地低影响开发雨水系统构建可选择径流总量控制作为首要的规划控制目标。

（2）径流污染控制

径流污染控制，即通过工程措施对雨水径流中的污染物进行削减，减轻排入城市河湖的面源污染。通常来讲，一场降雨的全过程径流均不同程度地受到污染，其中初期雨水污染相对比较严重，中后期径流相对污染较轻。限于雨水净化设施的处理规模，一定重现期的全过程降雨径流不可能全部处理，通常主要针对初期污染较严重的少量雨水进行收集和处理，以减轻排入城市河湖的污染物。在处理设施规模充裕或有雨水滞蓄设施时，可根据滞蓄设施规模，对一定量的中后期雨水径流进行净化处理。

基于不同尺度的城市建设区，可构建不同的径流污染控制系统。对于新建建筑与小区，可主要采用低影响开发设施控制径流污染；对于已建成区，可结合调蓄设施对初期雨水进行滞蓄，控制雨水排放时间，实现雨水的生态净化。

① 新建建筑与小区径流污染控制

对于新建建筑与小区，可主要采用低影响开发设施控制径流污染。低影响开发设施在进行雨水径流量削减的同时，可有效地去除径流污染物。该种方法低影响开发设施控制的雨水汇水范围一般宜小于 5ha（图 5-2）。

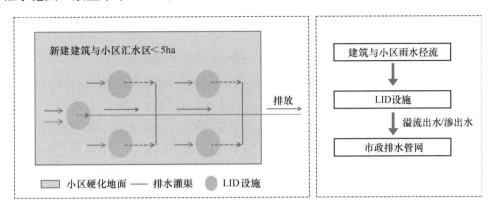

图 5-2　新建建筑与小区径流污染控制示意图

② 现状建成区径流污染控制

对于现状建成区，可主要结合公园、河湖水体、河湖蓝线内用地、湿地滞洪区等建设雨水滞蓄设施，进入其中的雨水径流在调蓄的同时，通过控制雨水排放时间，实现雨水的沉淀和生态净化。雨水滞蓄设施控制的汇水范围一般以 10～100ha 为宜（图 5-3）。

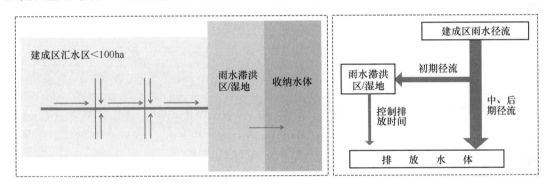

图 5-3　现状建成区径流污染控制示意图

（3）雨水资源化利用

针对生态控制区产水稳定且水质好的特点，生态控制区雨水资源化策略为："在注重防洪安全前提下，以收集、滞留雨洪资源为主，增加饮用水资源，增加城市杂用水资源，增加生态景观、农业用水资源，全面改善水生态环境"。生态控制区雨水资源化利用策略和手段如下：

① 按流域雨洪利用潜力开发利用山区雨洪，增加本地水资源。

② 除开发雨洪资源外，充分利用已建水库，将山区雨洪资源用作城市杂用水、农业用水、河流生态景观用水等，缓解水资源紧张矛盾。

③ 生态控制线内的主要河流，结合流域综合整治及湿地建设，在保证防洪安全的前提下，建设多功能湿地滞洪区和生态景观壅水设施，兼顾面源污染控制、防洪与河流雨洪资源利用。

④ 生态区内可结合截洪沟、排洪区，在不影响防洪安全的基础上，利用低洼地区、

小山塘建设雨洪利用设施（地表或地下蓄水池），蓄积雨水作为城市杂用水、农业用水和生态用水。

（4）源头减排控制措施

① 不同的用地类型应采用各具针对性的低影响开发措施（表5-8）。

a. 工业用地、交通设施用地和物流仓储用地等雨水径流污染程度相对较高，应优先实施水质改善效果显著的低影响开发措施，如雨水花园、植被草沟、过滤池、过滤槽、滞留（流）塘、雨水湿地等，将初期雨水引入其中进行贮蓄、处理。应协调好道路路面与绿化及雨水溢流口之间的高程关系，以确保雨水顺畅流入绿地；

b. 居住用地、公共管理与服务设施用地、商业服务业用地等雨水径流污染程度相对较低，可实施水量滞留和削减效果显著的低影响开发措施，如透水路面、绿色屋顶、入渗设施等，通过有效滞留和削减雨量，在降低城市洪涝危害、改善生态环境的同时，减轻雨水径流污染；

c. 一定规模的公共建筑和住宅小区鼓励采用雨水收集回用措施，在控制雨水径流污染的同时，有效利用城区雨水资源。

② 宜结合不同用地类型周边水系空间、绿地空间，合理预留雨水滞蓄空间和滞蓄容积。

a. 新建公共建筑、工业仓储和广场用地，地块面积大于2ha的：每1000m²硬化面积，应配建不小于15m³的雨水调蓄容积空间；

b. 新建商业用地，地块面积大于3ha的：每1000m²硬化面积，应配建不小于15m³的雨水调蓄容积空间；

c. 新建居住用地，地块面积大于5ha的：每1000m²硬化面积，应配建不小于20m³的雨水调蓄容积空间；

d. 新建公园绿地类，地块面积大于2ha的：每1000m²硬化面积，应配建不小于20m³的雨水调蓄容积空间。

③ 严格采用雨污分流的排水体制，严禁雨污水管道混接。

④ 加强环卫管理，严格控制建设过程中的水土流失和垃圾收运，加强裸露地面绿化，加强建设工地的环境管理和运输车辆管理。

分类用地海绵城市源头减排目标指标控制表（以深圳市为例） 表 5-8

用地类别			年径流总量控制率	年径流污染控制率
			新建类	新建类
居住用地	R1	一类居住用地	72%	55%
	R2	二类居住用地	68%	55%
	R3	三类居住用地	68%	55%
商业服务业用地	C1	商业用地	58%	45%
	C5	游乐设施用地	62%	50%

用地类别			年径流总量控制率	年径流污染控制率
			新建类	新建类
公共管理与服务设施用地	GIC1	行政管理用地	70%	55%
	GIC2	文体设施用地	65%	50%
	GIC4	医疗卫生用地	62%	50%
	GIC5	教育设施用地	72%	55%
	GIC6	宗教用地	62%	50%
	GIC7	社会福利用地	62%	50%
	GIC8	文化遗产用地	62%	50%
工业用地	M0	新型产业用地	58%	45%
	M1	普通工业用地	65%	50%

5.4.2 管网完善

1. 工作任务

流域治理中水体整治是系统工程，水环境整治和提升的技术措施应按照"问题在水里，根源在岸上，核心在管网，关键在排口"的思路，在科学梳理水体点源、面源和内源污染的基础上，按照控源截污、内源治理、生态修复、活水保质、长治久清等方面提出具体措施。

排水管渠系统规划包括雨水管渠系统和污水管渠系统的系统规划和改造提升规划，是"厂网河城"一体化流域治理规划中的重要组成部分，结合规划区实际情况，至少应开展以下工作：污水管渠系统规划需按照弹性预留、尊重现状、雨污剥离、完善提升的规划原则，确定各污水排水分区的污水管网系统布局；雨水系统规划需根据城市排水系统建设条件，确定排水体制、暴雨设计重现期；根据暴雨设计重现期、暴雨强度公式、城市竖向等，确定雨水排放量、划分雨水排放区域；根据道路布局、城市竖向等，确定雨水管渠系统布局；此外，根据流域内管网排查与评估结果，推进老旧雨水、污水管网建设改造，通过清污分流、检查井和雨污管网混错接改造、溢流污染控制等措施，明确排水管网补短板规划方案。

2. 规划原则

（1）高标准

排水管渠规划设计应根据汇水地区性质、城镇类型、地形特点和气候特征等因素，经技术经济比较后按《室外排水设计标准》GB 50014—2021 的规定取值。人口密集、内涝易发、经济条件好的城镇，应采用规定的设计重现期上限，高标准规划建设排水管渠。

（2）系统性

污水系统规划与建设应考虑从源头至末端的全过程污水收集、控制和管理，明确污水管渠系统规划布局，保证城镇污水收集处理的整体性。雨水管渠系统应尽量利用地形，高水高排、低水低排，优先考虑重力自流排放，合理划分雨水排水分区，以排水分区为单元形成雨水排放系统；同时，要保证系统的独立性，将城市内雨洪分流，尽量避免山洪进入城市雨水排水系统。

（3）先进性

在按照高标准规划建设排水管渠的同时，预留城市发展或弹性空间，为城市污水收集和内涝防治预留容量或行泄通道；另外，采用先进的规划理念和技术手段，衔接"蓄、滞、渗、净、用、排"的海绵城市建设理念，并通过水力模型辅助规划评估与优化。

（4）协调性

充分尊重地形、水系、既有排水管网系统，合理规划排水管渠，尽可能实现雨水和污水就近分散排放。雨水管渠设施除应满足雨水管渠设计重现期标准外，尚应和城市内涝防治系统中的其他设施相协调，做好与源头减排系统、排涝除险系统规划的充分衔接，确保满足流域内涝防治的要求；另外，雨水和污水管网建设还需做好与道路、绿化、竖向、水系、景观、防洪等相关专项规划的衔接工作，保障水安全、保护水环境、恢复水生态、营造水文化，提升城市人居环境。

3. 规划要点及内容

（1）污水管网完善规划

针对新建区域，衔接污水专项规划成果，通过评估区域现状排水体制、污水工程现状、水体污染状况及存在问题，科学合理制定规划目标和排水体制，基于近远期污水量的预测，开展污水管网规划，确定污水主干管道的布局、管径及污水管道的规划原则，确定污水次干管道的布局、管径及一般管道的规划布局方案。

针对流域水环境质量无法稳定达标的问题，对污水管网要素进行科学评估，重点识别不同管控单元污水系统存在的典型问题。以深圳市深圳河湾流域为例，主要存在问题如下：

一是小区（包括城中村）正本清源未全覆盖、返潮率高。部分城市雨污分流（正本清源）未全覆盖，已完成雨污分流（正本清源）的流域，返潮率较高。

二是污水管涵或截污箱涵高水位运行，缺少箱涵排空设施。高水位运行的原因主要在于：早期污水管网设计偏小；高峰期污水处理厂处理能力不足；泵站等设施提升转输调配能力不足；海、河、山、地、雨"五水"混入。

三是管涵沉积严重，暴雨时冲出。雨污混流，旱季管涵水位高、水体流动性差、水质差等问题，导致污染物易于雨水管涵内沉积，雨天排水"零存整取"，河道受到冲击性污染。

基于前述问题评估与分析，针对存在的问题及时启动正本清源顶层规划和落实工作。正本清源就是坚持"系统治理、全流域统筹"治水思路，"全系统、全流域、一体化"技术路线，旨在通过全面的改造行动，从源头（排水小区的用户）上对乱接乱排、错接乱排、雨污混流等排水管网进行改造，使污水在源头（排水小区的用户）得以收集或处理，杜绝上游污水污染下游雨水或清水，缩小污染范围，从而使得整个流域污水得到最大限度的收集。

① 合理确定排水体制

工业化较早的西方国家在发展过程中存在大量合流制排水管网，英国、法国等国家，年均降雨量相对较少，原排水体系规模较大，多在旧城保持一定比例的合流制，并使用各种溢流污染控制措施保持水质。深圳、新加坡、香港等城市，气候湿润，降雨量大，溢流风险高，以雨污完全分流为目标，可以减少末端传输、处理和调蓄设施的规模。应根据流域实际情况，合理选择排水体制，并分阶段逐步改造（表 5-9）。

国内外城市排水体制　　　　　　　　　　　　　　表 5-9

城市	排水体制	年降雨量（mm）	现状合流、分流比例	规划合流、分流比例	有关举措
伦敦	合流＋分流	600	中心老城区合流率 20％	新建分流	综合流域管理，升级收集、处理系统，深隧，可持续城市雨水系统（SUDS）
巴黎	合流＋分流	619	全国合流率 70％	新建分流	排水系统信息化管理，雨水口分布优化，蓄水湖补水
柏林	合流＋分流	580	合流率 20％	新建分流	增加雨水渗透、储存、处理及回用；建设市政管网中间或末端的调蓄及处理设施；管道清洗
纽约	合流＋分流	1091	合流率 60％	新建分流	排口调节器，升级污水处理厂，绿色设施，严控油脂污染
东京	合流＋分流	1800	合流率＞82％	新建分流	流域管理，雨水贮留渗透计划，雨季污水高速过滤系统
北京	合流＋分流	620	分流率 60％～70％	分流为主、合流为辅	改造管网、提高截流能力，建设调蓄池，升级污水处理厂
上海	合流＋分流	1124	中心区分流率 60％	分流为主、合流为辅	修建调蓄池，增大系统截流倍数
新加坡	完全分流制	2400	分流率 100％	分流率 100％	建立完善的雨水收集系统，联通深层隧道排污系统、可视化监控系统
香港	完全分流制	2214	分流率 93％以上	分流率 100％	排污许可，对混排行为执法，建设雨洪隧道、调蓄池

② 开展居住小区排水管网正本清源

小区管网正本清源是"厂网河城"综合体系的源头，对流域内包括城中村在内的小区正本清源，是实现污水管网全覆盖、全收集的基础。针对居住小区，制定阶段性提升实际分流率的工作方案，加快改造已排查的混接错接点；加强管网网格化管理，通过在线监测进行全面普查、系统诊断和问题溯源。彻底解决管网断头、大管接小管、管道倒坡等问题；对存在的点截污进行改造，采用精准截污的方式减少合流制管渠对分流制管渠的影响。具体正本清源改造思路如下：

在居住小区的干道或主要的巷道内以新建污水支干管为主，小巷道内一般情况下可通

99

过增设雨水口并局部加设雨水明渠或雨水埋地管，将原有的合流管清淤后用作污水管；若巷道过窄，无施工条件，则可将原有合流系统用作雨水排水，新建一套污水系统，吸纳原有化粪池污水，并浅埋或明敷雨水立管连接管接入原有合流系统中，或者雨水立管直接散排至地面，从而达到雨污分流；若仍无条件实施，或者现状房屋为危楼、砖瓦房，无人居住，才可考虑采用临时截流式合流制。

对于居住区内，如大排档、洗车行等商贩产生的生活污水缺少污水"收纳口"，导致污水漫流，只能够通过雨水口进入管道，最后排入河道，造成污染，应因地制宜设置污水"收纳口"，实现雨污分流。

③ 开展城中村排水管网整治

现阶段，城中村泛指在城市高速发展的进程中，滞后于时代发展步伐、游离于现代城市管理之外、生活水平较低的居民区。

开展流域水环境综合治理工作，对城中村区域排水管网展开整治尤为关键。转变城中村传统截污思路，改"雨污混合、绕村截污"为"截污纳管、进村入户"，具体规划和整治思路可参考图 5-4。

a. 建筑立管改造：增设建筑雨水立管，使建筑雨污分流；

b. 排水户错接乱排治理：梳理各排水户与市政管网的连接关系，做到雨污水管网不错接、不混流；

c. 排水管网接驳完善：对存在堵塞、漏损的排水管网进行整改，并开展排水管网接驳，优化完善社区排水系统；

d. 排水管网管养维护：按照建成一段移交一段的原则，由排水管网运营单位进行接受管养，加强日常养护。

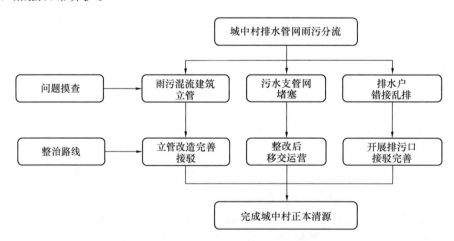

图 5-4 城中村管网分流改造技术路线

城中村建筑以栋为单位，对排水户建筑立管进行雨污分流、对出户管进行接驳完善。建筑雨污水共用一条排水立管的，有条件时增设一套建筑雨水立管，原雨污水混流立管改为污水立管；原污混流立管增设通气管，作为建筑污水立管。改造接驳至污水井或化粪池的雨水立管，接驳至雨水井（图 5-5）。

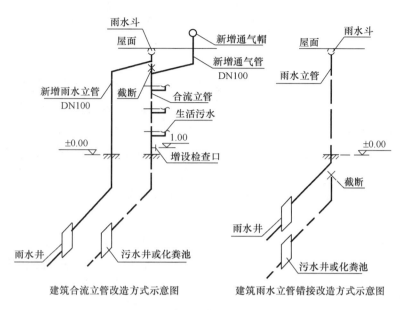

图 5-5　建筑立管改造示意图

④ 严控返潮

正本清源工程完工后，需严控返潮。加强正本清源质量管控，落实绩效评价和监管，确保工程效果实现；针对已建正本清源工程尽快开展质量评估检查工作，进行针对性检查与记录；针对还未竣工验收的正本清源项目，抓住竣工环节，进一步明确工作要求，并与工程竣工验收、付费挂钩，倒逼工程质量提升；明确正本清源工程移交和运维工作安排，明确移交主体及其责任和工作流程，明确维护主体、维护要点、费用来源和标准、经费定额等。

⑤ 雨季管网腾空间

城市排水设施对城区排水起着至关重要的作用，如果不及时进行清理和养护，就会出现"毛孔堵塞"现象，从而导致雨季排水效率大打折扣。雨季管网"腾空间"主要有四项措施：开展外水减量工作，查清流域内河水、海水、雨水、山水、地下水来源，采取相应措施进行修复，确保清污分流；开展雨洪分离工作，加强山体截洪沟建设，保障山区洪水和雨水在源头的分离；开展全面箱涵、暗渠、管网疏浚工作，市政排水管渠、沿河截污箱涵全面清源，还原管渠输送能力，减少内源污染释放；增设泵站，降低旱季污水管网和箱涵的水位，腾空容量，提高雨季污水输送能力。

（2）雨水管渠完善规划

依据城市排水（雨水）管渠规划目标与指标，针对现状问题和需求，结合城市分期建设时序、综合整治、城市更新（旧改）、城市道路新建及改扩建工程等建设计划，因地制宜确定城市排水（雨水）管渠建设的实施路径。

总体思路应坚持问题导向和目标导向，技术路线因地制宜、思路清晰，充分体现与源头减排系统和排涝除险系统衔接，充分考虑城市防涝体系布局。老城区以问题为导向，重点解决城市内涝，结合海绵城市建设开展雨水收集利用与调蓄等工程措施；城市新区、各类园区、成片开发区以目标为导向，在海绵城市建设系统指导下按规划标准落实排水（雨水）管渠系统建设。

① 确定排水体制与分区

根据城市总体规划确定城市规模、用地方案，结合城市现状排水体制及管渠系统建设规模，系统地从环境保护、工程造价、维护管理等方面合理确定城市近、远期排水体制。对于新建区域，根据城市或区域总体规划、污水布局规划确定排水体制，结合受纳水体保护目标，需按照完全分流制排水体制进行规划，并从建设、管理层面严格保证分流制的落实，杜绝雨污混流、错接乱排等问题。部分旧城或旧村等雨污合流地区，结合城市建设与城市更新计划、管道建设条件等，对现状合流管道逐步改造，规划远期实现完全分流制排水。

根据城市河流及水域分布，结合地形分区、竖向规划、排水管网布置等，综合确定城市排水（雨水）系统分区。城市排水（雨水）管渠系统的服务范围除规划范围外，还应包括其上游汇流区域。排水（雨水）系统分区可在一级支流层面（二级排水分区）的基础上，以雨水排放口为依据细分至三级排水分区。

② 完善排水（雨水）主干管渠系统

根据城市规划用地方案、规划排水体制，按照"高水高排、低水低排、雨洪分流"等原则，充分利用现状雨水管渠、水体，以排水分区为单元确定排水主干管渠的系统布局方案。总体规划层次管渠系统可以城市总体规划确定的主次干路布局排水管渠，明确管渠的布局、坡向、管径等要求；详细规划层次管渠系统须以城市支路细化排水管渠布局，明确管渠的布局、坡向、管径、控制性埋深、敷设方式等要求。

对于新建管渠，按规划标准的重现期设计管道；对于不满足设计标准的现状管渠，应结合地区改建、涝区治理、道路建设等工程进行逐步改造；对于以管网改造为主的易涝风险区，优先采用减小汇水面积、截流、新增排水通道的方式进行改造。

排水（雨水）管渠在进行平面布局后，需开展雨水管渠的设计流量及控制标高计算。目前雨水设计流量通常采用推理公式计算，在综合考虑地区下垫面情况后明确径流系数，合理确定集水时间、重现期标准进行计算，根据设计流量以满管流确定雨水管渠断面；排水（雨水）管渠汇水分区面积超过 $2km^2$ 时，宜考虑降雨在时空分布的不均匀性和管网汇流过程，采用数学模型法进行计算与模拟。根据规划竖向及现状地形，综合考虑排水管渠上下游竖向衔接，逐段确定排水管渠控制标高。

③ 明确排水（雨水）设施布局、规模和用地要求

结合城市排水主干管渠系统布局方案、地形竖向、易涝风险区、易涝点分布、受纳水体影响等情况，根据汇水分区面积及涝水规模，通过数学计算或数学模型模拟，合理确定雨水泵站位置、规模等，并衔接控制性详细规划进行落实，保证排水设施的用地及建设空间。

对于易涝风险区，结合地势特点、防洪（潮）水位、河道水系以及城市更新等因素，经论证分析，在必要位置新建雨水泵站。对于现状雨水泵站，从排水能力、运行调度等方面进行调查分析，并结合城市规划、城市更新、泵站用途等，对无法满足要求的泵站提出相应的改造方案，确定改扩建规模。

5.4.3　厂站提升

1. 工作任务

提升污水处理厂进水浓度、实现城镇排水系统提质增效的关键基础是对排水系统进行全面的调查和科学的评估。近年来，随着国家层面对生态文明建设的高度重视，我国城镇排水系统建设得到持续的快速发展。一方面，我国城镇污水处理能力和污水收集管网总长度相比发达国家已具备相当规模；但另一方面，城市污水处理厂，尤其是南方城市污水处理厂进水浓度和污水收集率普遍偏低，以黑臭水体为代表的城市水环境问题依然突出，城镇排水系统运行效能较低。2019 年 4 月 29 日，住房和城乡建设部、生态环境部、发展改革委印发了《城镇污水处理提质增效三年行动方案（2019－2021 年）》，强调应在深入调查的基础上，重点解决污水直排、清污不分和水环境质量恶化等问题，实现污水不进河、清水不入管，提升污水处理厂进水浓度，实现城镇排水系统提质增效。

对此，在"厂网河城"一体化流域治理的技术框架下，污水处理厂站提升规划应重点从污水处理厂布局与处理能力需求均衡度、沿河截流系统截流水量与污水处理厂处理能力匹配度、不同污水处理厂间调配能力合理度三个方面，科学、系统地开展流域治理中污水处理厂、站等要素的问题评估，基于问题导向和目标导向以全局视角制定解决策略。

2. 规划原则

"厂网河城"一体化流域治理体系构建，需着重坚持推进污水处理厂扩建拓能和提标增效，预留初雨处理能力的原则，从"扩建拓能、提标改造、提质增效、综合调度"四个维度，提高流域污水处理能力，降低雨季溢流污染。总体规划原则以流域为单元，统筹布局流域内污水处理厂站设施和管网系统规划，系统提升污水系统承载能力。

（1）综合协调，统筹规划

立足城市远期发展要求，以适应城市空间规划调整和高密度发展为基础，统筹协调污水系统布局与城市空间发展的关系，统筹安排污水处理厂和污水干管网布局，统筹协调污水系统规划与再生水、管廊等相关工程规划的关系，促进水环境、水生态、水资源、水安全和水文化的协调发展。

（2）韧性规划，系统治理

以提升污水系统弹性与韧性为目标，以刚性和弹性管控指标为引领，强调系统规划和弹性预控，倡导污水及初期雨水污染的源头削减与控制、实施污水源头－过程－末端的全过程规划，并因地制宜建立污水处理厂间应急调配机制。

（3）远近结合，规管并重

规划既要立足远景，又要兼顾近期城市发展需求，贯彻实践生态规划理念，促进灰绿融合，充分协调近期重点工程，统筹推进污水基础设施建设；同时提出相关规划保障措施和管理建议，多手段保障规划实施。

3. 规划要点及内容

（1）问题评估

当前开展城市流域治理，各地面临的普遍问题较多，主要为：一是污水处理厂布局不均衡，存在污水重复处理的现象；二是大范围截流系统与污水处理厂处理能力不匹配，导致雨季处理能力不足，发生厂前溢流，污染河道；三是污水处理厂间调配能力不足，缺少横向与纵向的调配管网通道。以深圳市为例，2018年1月1日—12月31日，深圳河流域内4座污水处理厂总运行规模95万吨/日，日均处理量87.13万吨，平均负荷率91.71%，负荷率较高。雨季（4月1日—10月31日）日均处理量为90.46万吨，平均负荷率95.22%；旱季（1月1日—3月31日、11月1日—12月31日）日均处理量为82.42万吨，平均负荷率为86.76%，雨季负荷率明显高于旱季（图5-6）。

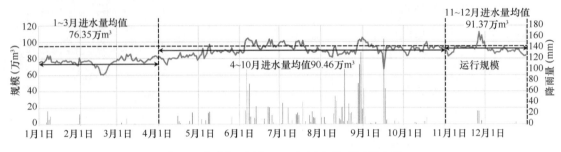

图 5-6 深圳河流域 2018 年污水处理厂进水量

① 开展污水处理厂处理能力需求评估

当前治水阶段，城市污水收集与处理格局基本形成，污水处理系统日趋完善，但是，因历史原因和国情发展阶段限制，部分污水处理厂仍处于超负荷运行状态，难以达到更严环境保护制度的要求。由于污水处理厂规模预测时，忽视了旱季用水高峰期污水量大、沿河截流系统范围大使得初期雨水大量截流进厂、雨污分流无法100%实现等典型问题，致使雨季污水处理规模不足，发生厂前溢流，污染河道。故亟需结合初期雨水及污水和雨水同治的实际现状，优化确定污水处理厂 Kz 值（峰值系数），进行污水处理厂的处理能力提升。

② 开展降雨截流水量评估

污水处理厂的新增水量，一方面来自旱季污水量的增加，一方面来自降雨的截流水量。以深圳市污水处理厂为例，通过多轮污水处理系统改扩建的实施，统计数据显示，当前阶段大部分污水处理厂除旱季污水量外，如若仅需负责处理初雨截流量时，污水处理厂的污水处理能力远远大于现状总设计规模，能够与现状进厂最大水量及规划水量相当；如若污水处理厂除旱季污水量外，还需负责处理所有的降雨截流水量时，污水处理能力总需求，远远大于现状总设计规模，超出现状进厂最大水量和规划水量。因此，不能对降雨截流量进行合理预估致使雨季污水处理厂超负荷运行和发生厂前溢流污染，成为阻碍流域水质雨季稳定达标的关键性问题之一。

③ 开展突发污染事件应急能力评估

流域内污水处理厂与污水处理厂间由于缺少横向与纵向的调配管网通道、污水泵站对污水的转输能力有限，导致厂间调配能力不足，难以很好地实现污水处理厂发生事故时的应急安全保障，进而容易引发河道污染等问题（图5-7）。

（2）科学扩建拓能

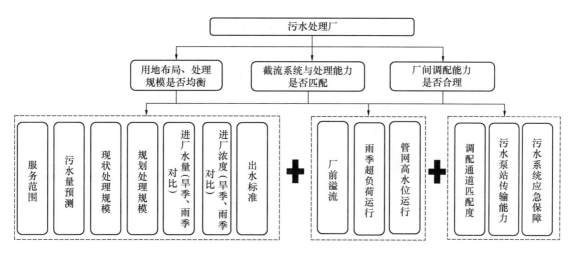

图 5-7　流域治理"厂站"要素分析技术框架

因地制宜科学确定污水处理厂需负责处理的初雨截流量。深入研究服务范围内 Kz 值（峰值系数），合理确定污水处理规模。新建和扩建污水处理设施，扩大污水处理规模，预留初雨处理能力。

（3）优化建设标准

基于全收集、全处理的理念，为进一步保障流域治理过程中国考、省考断面水质稳定达标，污水处理厂需满足进水旱季全部处理，达到一级 A 排放标准。在雨季时，对于超量截流水体，以污染物的总量削减为目标，采取特定的尾水排放口来排放雨季处理尾水，建立"晴雨不同标"的运行机制，在不同的尾水排放口实施不同的监测标准，对于特定的尾水排放口适当放宽排放标准，用于排放经一级强化等措施处理的超量截流雨污混合水，最大程度削减污染物。

（4）注重提质增效

开展流域水环境稳定达标治理，还需有效完善流域内垃圾填埋场的污染治理，加快推进垃圾填埋场生产废水净化站及受污染地表水净化站的建设，以降低冲刷入河污染；加快污泥深度脱水工程建设和污泥处理能力，降低污水处理厂污泥浓度。

（5）落实综合调度

利用"厂网河城"一体化管理体系和综合调度系统，对流域治理工作中的全要素进行统筹管理。通过监管流域内"厂网河城"全要素运行工况，加强各污水处理厂间的精准调度，优化运行，利用厂间调配通道，协同发挥污水处理厂站设施最大能力削减入河污染（图 5-8）。

5.4.4　设施优化

1. 工作任务

开展"厂网河城"一体化流域治理，从全系统、全流域的角度，对厂、网、河、城各要素进行逐项分析，其中，在设施优化方面，应重点加强对水环境治理的调蓄池设施、污水泵站设施、设施用地预留空间等进行问题评估，例如，污水泵站转输、调峰能力不

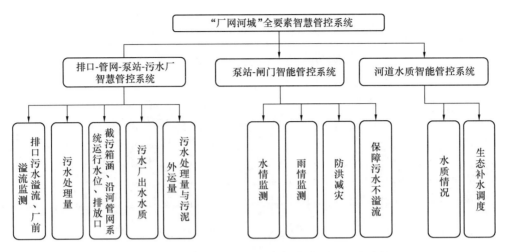

图 5-8　"厂网河城"全要素智慧综合调度实现路径

足，污水处理厂处理能力未得到充分利用；污水泵站能力不足，导致河道截污管道溢流；初雨、溢流污染调蓄能力严重不足，点源污染面源化，雨季合流制溢流污染、面源污染等直接进入河道等问题开展定性和定量相结合的科学评估，并针对性地提出解决方案（图 5-9）。

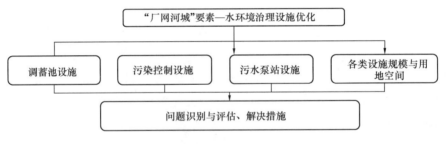

图 5-9　"设施优化"工作任务示意图

2. 规划原则

（1）挖潜力

通过清淤、降水位等措施，充分发挥现有大型管涵调蓄能力，减少雨季溢流污染；近期考虑利用支流河道空间进行调蓄，实现国控断面水质的达标。

（2）定标准

对降雨初期产生的溢流污染所需要的调蓄池和配套泵站设施等设计标准进行细化研究，明确调蓄池设计和泵站设施设计的功能、标准和配套管网；针对因高峰期污水处理能力不足而增设的厂前污水调蓄池，应深入研究峰值系数，合理确定污水调蓄池的设计标准和规模。

（3）安全性

在现有设施基础之上开展编制设施完善规划时，不仅要确定编制范围、划分污水系统、推算污水指标、确定污水设施的位置及规模等，更要注重基于对现有污水设施系统的评价和分析，有针对性开展规划，注重提高设施运行的安全性，降低事故的发生概率。

3. 规划要点及内容

（1）"调蓄池"要素问题评估

① 初雨、溢流污染调蓄能力严重不足。目前，国内许多水环境恶劣的流域尚未建设调蓄池和截污系统。

② 用地难以落实。目前大部分地区初雨、溢流污染调蓄池未纳入城市规划，未规划相应用地。而大城市普遍土地资源紧张，尤其是水环境恶劣的流域多位于高密度建成区，导致调蓄池的用地难以保证。

③ 调蓄池功能不明确，设计标准混乱。根据调研，国内已建设的调蓄池，无论合流制流域还是分流制流域，一般采用降雨深度作为规模控制指标。对于合流制（混流制）流域，其污染控制目标缺乏或不明确。

④ 配套设施缺乏。调蓄池的收水系统、出水系统和水处理系统等配套设施难以落实。调蓄池出水的处理方式、出水水质等尚未有明确的指导标准。

（2）污染控制设施要素评估

① 泵站及污染控制设施用地评估

随着城市的不断开发与发展，现状河道两侧用地常常被房屋、道路、市政设施、生产型企业占用。实际水污染治理工作开展中，常常缺少预留的厂站、闸站、管网、调蓄设施等建设用地、建设路由和施工迁改等空间用地，致使无法实现污水处理厂站的新建、改建和拓能增效，污水处理系统问题难以有效解决。

② 初期雨水污染评估

随着污水管网完善、雨污分流改造、沿河截污、合流制溢流污染控制等工程的实施，污水直排入河的问题已得到控制。因此，初期雨水污染成为制约大多数城市水环境质量提升的关键因素之一。雨水径流污染对河道水质的冲击显著，以深圳市深圳河湾流域为例，在暴雨期间深圳河的入河 COD 负荷中来自面源污染的比例达到 36%。道路广场等的沉积垃圾在降雨初期会被冲入雨水管道，最终对河流造成污染。特别是城中村以及部分疏于卫生管理的工业区、商业区，初期雨水污染尤为严重，COD 可达 1000mg/L 以上。

③ "三产、三池、工业"面源污染评估

餐饮、汽修（洗车）、农贸市场、畜禽养殖场、屠宰厂等"三产"涉水污染源监管难度高；大量化粪池、隔油池、垃圾池"三池"未能及时进行清理和运维，堵塞后污水直接溢流至河道；工业及"散乱污"企业（场所）存在偷排、漏排、超排等违法行为。

（3）调蓄池设施优化方案

针对调蓄池规划建设与运行存在的问题，主要对策措施为坚持综合调蓄，涵盖合流制溢流污染（CSO）调蓄和初雨调蓄，并将离线调蓄和在线处理相结合，通过深挖潜力、落实用地、统一标准和完善配套设施四个方面进行优化调整。

① 挖潜现有管涵的调蓄能力

对于已建设有沿河截污箱涵的流域，通过清淤、降水位等措施，充分发挥现有大型管涵调蓄能力，减少雨季溢流污染；近期可考虑利用支流河道空间进行调蓄。

② 落实调蓄池的用地

通过编制调蓄池规划，明确每一座调蓄池的选址、用地规划、权属等信息，保障调蓄池的顺利落地。对于用地紧张的高密度建成区，可建设结构简单紧凑、占地少的全地下式调蓄池。

③ 统一调蓄池设计标准

对调蓄池的功能进行分类，并结合所在流域的排水体制，分别确立调蓄池的设计标准。对于分流制区域的初雨调蓄池，根据不同城市下垫面分别采用一定的初雨厚度作为控制标准。建议控制汇流时间不大于 30min，以保证一定的初期效应。若汇流时间超过 30min，则应增加截流控制体积或分割汇流面积。若源头采用了低影响开发技术，则初雨厚度可相应减少；对于合流制区域的溢流污染调蓄池，则根据溢流次数、河道水质目标、水环境容量等综合确定调蓄池的设计标准。

④ 完善调蓄池配套设施

在设计调蓄池时，应同步设计调蓄池的收水系统、输送系统和水处理系统，使调蓄池的各个环节相互匹配。当流域内污水处理厂无富余处理能力或调蓄池出水无条件输送至污水处理厂时，可考虑采用临时设施或带处理功能的调蓄池。

（4）污水泵站设施优化方案

污水泵站需要不间断运行，按照规范要求，供电应采用二级负荷，故城市污水泵站因供电原因出现停运的概率极低，泵站事故往往是由于泵站集水池淤积和格栅、水泵、阀门、控制等设备等故障造成的。为了减少设备故障引起的污水泵站停止运行，造成环境污染事故，规划要求进水渠和集水池分仓，各仓能独立运行，需要清淤或设备检修时，一仓停运检修，另一仓运行，大大提高污水泵站运行的可靠性。故规划新建污水泵站，进水渠、前池必须分仓，在进水渠格栅前后各设置一道闸门，为格栅的维修提供便利。对有条件的现有污水泵站进行分仓改造；对无条件进行分仓改造的泵站应加强泵站进水闸门、水泵及主要设备的巡检和养护频次，保持必要的设备配件，一旦设备出现故障能及时更换、维修。

（5）污染控制设施优化方案

规划注重提前预留厂站设施用地；加强污染源排查和建档管理，提高排水监管水平；推进海绵城市建设，削减城市面源污染。

① 开展"三池"清理

对化粪池、隔油池和垃圾池建立档案，定期巡查，制定专项排查清理方案，严格按照整改期限进行清理；新建一批粪渣处理设施，补齐处理缺口；对垃圾池清洗污水错接乱排问题进行排查整治。

② 防控面源污染

严控菜市场、路边摊和路边汽修等面源污染源，建立长效监管机制；全面实施排水许可，加大违规排水行为查处力度；全面推进落实海绵城市建设理念，新建小区、道路、公园、河流、湿地等满足海绵城市建设要求，结合采用"渗、滞、蓄、净、用、排"等措施，削减径流污染负荷。

③ 注重强化监管

推行"一厂一管一出口"模式，加强用水量和排放量复核；推进排污许可证管理，对未达到排污许可证规定的企业限产限排；持续开展专项环保执法行动，打击工业废水偷排漏排、超标排放违法行为。

5.4.5　河湖整治

1. 工作任务

近年来，全国城市河湖治理方兴未艾，河湖长制的实施以及"一河一策"整治行动都在持续开展。当前河湖的治理还存在诸多问题，包括系统治理不完善、自然属性考虑不足、过度人工化等。"厂网河城"一体化流域治理工作中，"河"是目标，同时也是流域污染的受纳体，通过实施截污、清淤、生态补水、生态修复，加强日常管养，实现水清岸绿、鱼翔浅底是流域污染治理的最终目的。同时，强化流域统筹研究，处理好流域防洪排涝安全与区域水环境治理的协同关系，做好流域治理与发展统筹协同。

2. 规划原则

（1）坚持水岸共治

在水资源方面，要着力保障河湖基本生态用水，完善河湖生态流量管理机制，加强河湖生态流量监管。在水环境方面，要深入推进流域水污染防治，坚持污染减排与生态扩容两手发力，保好水、治差水，加强入河入海排污口排查整治，推进城镇污水收集处理，持续推进农业农村污染防治，分类推进黑臭水体整治。在水生态方面，要积极推动水生态保护，"岸上"加强水源涵养区和生态缓冲带等保护，"水里"保护水生生物多样性。

（2）注重系统治理

坚持山水林田湖草沙生命共同体理念，从流域生态系统整体性出发，以小流域综合治理为抓手，强化山水林田湖草沙等各种生态要素的系统治理、综合治理，以河湖为统领，统筹水环境、水生态、水资源、水安全，推动流域上中下游地区协同治理，统筹推进流域生态环境保护和高质量发展。

3. 规划要点及内容

（1）开展河湖问题评估

针对流域治理难以达标的问题，对"河"要素进行评估，主要存在以下问题。

① 暗涵比例高，溢流污染严重。随着城市化进程的加剧，许多城市河道的空间不断被侵占、挤压，部分河道被改造为暗涵。暗涵长期处于黑暗、密闭的空间，极容易产生厌氧菌发臭，淤泥沉积，河道变成"死河"。以深圳市深圳河流域为例，暗涵比例高达 50％以上。

② 河道生态功能缺失，呈"三面光"状态。不仅破坏河岸植物赖以生存的基础，而且降低了河道的自净能力。

（2）暗涵整治

推进暗涵清淤及挂管，实现旱季敞口、小雨截流、大雨排洪的功能；有条件的区域，可逐步实施暗渠复明。具体整治路径和方案参考如下。

① 暗渠排查溯源。暗渠整治的首要任务是对旱季有水排口溯源追踪，调查清楚污染源，为后期设计工作提供必要支持。以排口为起点，利用物探、人工探查等技术，结合水质检测，自下而上溯源，查明混接点，得到混流口分布情况及暗渠拓扑关系，据此提出混接点错接整改方案并开展管网雨污分流设计。

同时，暗渠内探察主要通过孔内电视、照片拍摄、全站仪测量和地质雷达与探杆结合等方法对排口坐标、断面尺寸、水量、水位、标高、暗渠淤积厚度与淤积分布、暗渠结构隐患等进行调查。

② 控制外源。控制外源是暗渠整治最直接有效的工程措施，也是采取其他技术措施的前提，主要由正本清源工程和暗渠内截污工程两部分组成。

a. 正本清源工程。正本清源工程指对错接乱排的源头排水用户进行整改，不断完善小区雨污水管网和市政管网，建立健全城市雨污两套管网系统，实现雨污分流。

正本清源行动结合海绵城市建设理念，从源头减排、过程控制、系统治理着手，可以控制城市雨水径流，提高城市雨污分流率，恢复城市原有自然水文特征和水生态环境，从而实现修复城市水生态、涵养城市水资源、改善城市水环境、提高城市水安全的多重目标[99-100]。

b. 截污工程。沿河截污是实现正本清源的必要补充，通过设置沿河截污管，截流漏排至雨水系统的污水，以实现旱季污水的"零排放"[101]。建成区暗渠两侧房屋密集，部分房屋盖于箱涵上，因此在暗渠内设置截污管能避免房屋拆迁，降低实施难度和成本。

③ 削减内源。削减内源可快速降低黑臭水体的内源污染负荷，通过渠道清淤工程，系统解决底泥污染、行洪安全等涉水问题，可有效提升暗渠主、支流防洪排涝能力，改善流域内水环境质量。

a. 清淤方案。清淤工程可选择机器人清淤、装载机清淤、移动式吸泥泵、人工清淤及水力冲洗等方案。

b. 清淤施工流程。交通导行→井室通风→管涵内封堵截流导水→人机配合清理淤泥→人机配合清理固结物→吊装运输→自检→工作井、盖板整修→拆堵通水→竣工验收。

④ 水质保障。城市面源污染负荷较大，雨季存在污水溢流风险，会对暗渠内水质产生严重污染。受暗涵尺寸及防洪排涝功能限制，难以使用同路净化措施，因此，可以通过对暗渠末端旁路净化方案进行分析，包括进水水质、水质目标、旁路净化工艺设计等。

（3）河道清淤疏浚

因河道常年接纳流域内沿线的生活污水和部分工业污水，同时有周边居民向河道内倾倒垃圾，驳岸两侧树叶和树枝等植物残体掉入河内形成腐殖物质，导致河底底泥沉积。淤积的底泥主要成分为腐殖物质和非腐殖物质。腐殖物质主要是经过生物化学作用重修合成的复杂且比较稳定的有机化合物，是对河道造成污染的主要成分。非腐殖物质主要是碳水化合物和含氮化合物及部分矿物质泥沙、植物残体。污染底泥处理是指采用物理、化学或者生物方法降低污染底泥中污染物浓度，将污染物转化为无害物质，或将污染底泥从水体中移除或隔离，从而达到污染底泥治理的目标。

河道底泥污染内源释放是河道水质恶化重要原因之一，河道清淤治标不治本，几年之后河道底泥又会重新淤积。针对底泥污染释放造成的内源污染仍是当前开展河湖整治面临的关键问题之一，故建议优先采用原位覆盖和原位生化处理技术。

针对具有河道窄、周围区域高度建成的特点的河道清淤工作，推荐采用小型、智能化的清淤方式定期清淤，减少对周边居民生活的影响。建议清淤周期为一年一次。目前应用较多的小型、智能化的清淤方式主要有水陆两栖清淤船和清淤机器人。

水陆两栖清淤船具有运输、下水上岸方便的特点，适合建筑密度大的城市地区。可配备无人操作系统，适合环境恶劣的城市黑臭河段；不需辅助设备，其运输方便，清淤船进出水选址简易，在城市内河的施工时不扰民；可带水疏浚，无需断流，不影响河道的正常使用。清淤机器人多适用于暗涵清淤。针对暗涵采用机器人进入水中，将高浓度的淤泥浆挖掘并输送到岸上进行固化。机器人采用先进的探测技术进行水下监测，可以在复杂的不透明水工况下作业。可不中断箱涵正常排水，机器人可自动判别淤泥深度，到达箱涵底部后自动行走推进清淤，将绞吸的泥沙输送至处理工作站后固化脱水，泥沙含水率降至65％～80％范围（图 5-10）。

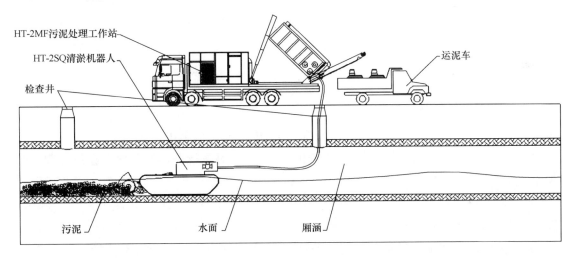

图 5-10 清淤机器人工作示意图

（4）河道生态修复

利用生态系统原理，采取各种方法修复受损伤的水体生态系统的生物群体及结构，重建健康的人工水生态系统，修复和强化水体生态系统的主要功能，并使生态系统实现整体协调、自我维持、自我演替的良性循环。

① 人工自然生态岸线设计

河岸生态系统是拦截面源污染进入河道的最有效系统，亦是城区居民亲水娱乐的最主要空间，针对不同现状与区位的河段，提出保护及修复多层次原始河岸植物群落，结合景观营造生态亲水空间，以期达到河岸水土保持、消纳面源污染、亲水娱乐以及提供生物栖息活动带的效果。

针对流域生态格局分析、现状生态岸线情况、城市建设情况、规划用地情况，规划提出三种类型的生态岸线，以增强河湖水生态修复功能。

a. 保育型景观提升岸线

作为河道周边多农田、湖泊、水塘、湿地分布，应加大生态涵养力度，通过补植水生植物、树林植被，增设海绵调蓄设施，促进雨水下渗，涵养水源，净化下游水质，提升河道滨水休闲景观。

河道两侧为绿地、村镇，便于为河道上游区域加大水源涵养力度。通过增设下凹绿地、雨水花园、植被缓冲带、表流湿地等海绵设施促进雨水下渗，增加丰水期雨水滞留与净化强度，实现生态涵养的目的，并辅助水生植物、滤食生物（蚌、鱼）、碎石护岸的设计，同时该断面设计考虑到了枯水期河道的景观效果（图5-11）。

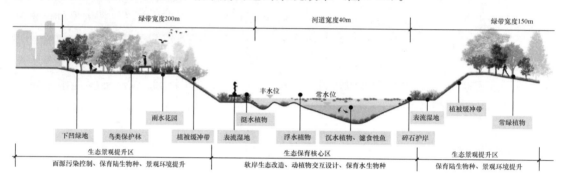

图5-11 保育型景观提升岸线示意图

b. 面源净化型景观提升岸线

作为建成区生态基础良好的初级生态岸线，主要分布于河道中游区域，且临近绿地，建议实施严格的河道空间保护措施，维持原生态环境，并进行动植物保育，提升河道滨水休闲景观。

河道两侧以较宽绿地为主，伴有居住用地、公共服务用地，便于实施河道生态保护措施及动植物保育生态廊道建设。规划通过增设植被缓冲带、表流湿地、浮动湿地等海绵设施，在最大限度维持生态环境的同时增强生态系统保育功能，辅助水生植物、滤食生物（蚌、鱼）、栖底动物、碎石护岸的设计，体现动植物交互、干湿交互的生态特质，同时兼顾考虑枯水期河道的景观效果（图5-12）。

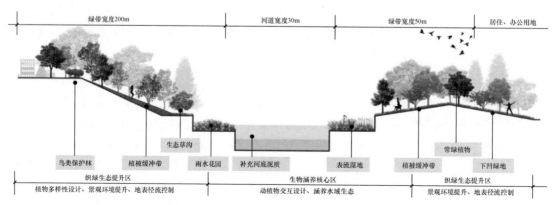

图5-12 面源净化型景观提升岸线示意图

c. 织绿亲水型景观提升岸线

作为亲水景观需求较高区域，对已建人工岸线进行生态优化，对自然生态岸线进行生态提升。加强生态修复和生态联通，提升水质，融入一定绿色空间。

规划通过增设植被缓冲带、生态草沟、表流湿地、下凹绿地等海绵设施，控制城市面源污染，控制地表径流，同时将粗糙的硬质岸线进行生态改造提升，辅以河底泥质补充、鸟类保护林设置的方式，将人工化的岸线进行优化，促使城市河道生态问题、污染问题、亲水问题得以缓解，同时兼顾考虑枯水期河道的景观效果（图 5-13）。

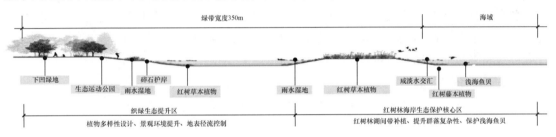

图 5-13　织绿亲水型景观提升岸线示意图

② 通过"植物-动物-微生物"共同作用提升河道水质

对规划区中已经受到破坏的水体，在微观层面实施上中下游的生态修复，恢复河道生机，丰富水体生境。

a. 上游河岸植被生态修复

移除入侵植物并进行植物补植，在河岸补植禾本科植物、狼尾草、莎草等草本植物，在河中补植芦竹、水生美人蕉、灯心草等耐湿且净水效果较好的水生植物。

b. 中游底栖动物投放与栖息地修复

严格保护出现螺类、水草的河段，生物扰动净化水体，在河流中游补植沉水植物，接种食藻虫，并投放泥鳅、田螺、黄鳝、河蚌等水生动物。

c. 下游漫滩植被修复

移除入侵物种并在漫滩上补植水生植物和本地植物，在与河岸相连的绿地空间进行补种，在河中补植芦竹、水生美人蕉、灯心草等耐湿且净水效果较好的水生植物，修复河岸周边林相，提高林木品质和健康状况。

③ 建设生态修复微循环系统

水源可通过城市雨水收集、生态补水的方式进行补给，并且根据水域大小设置水体净化区。对滨水植物群落进行重建和复育，可优先考虑选用的水生物种包括芦苇、荷花、再力花、梭鱼草等，水生植物的覆盖度宜小于水面积的 30%。通过增设曝气充氧设备，强制加速向水体中传递氧气，使空气中的氧气、活性污泥和污染物三者充分混合，使活性污泥处于悬浮状态，促使氧气从水相移到液相，从液相转移到活性污泥上，保证微生物有足够的氧进行物质代谢，维持水体健康状态。

④ 强化湖体原真生态，营造稳定洁净的水下森林

滨水湿地群落塑造，大量使用常见的乡土湿地植物物种，确保尽可能地模拟自然生

境，而且能将维护成本和水资源的消耗降到最少。湿地湖泊中水生植物的覆盖度小于水面积的 30%。

a. 提升水体自净能力

一方面，通过控制进水水质控制、优化水文条件等促进湖库水质达标。另一方面，以污染物去除为导向的塑造水下森林体系，提高水体自净能力，并通过植物的搭配组合，提升景观价值（表 5-10）。

b. 提升环境自净容量

水体中营养盐的累积是导致水体藻类、浮游动、植物滋生的根源，通过修复水下植被，将水体中富余的污染物质持续吸收，最终以植株体的形式固定下来，藻类、浮游生物因缺乏营养来源而得到有效的抑制。

c. 底栖和鱼类群落的构建

对藻类、浮游生物、植株体残渣进行滤（刮）食，巩固水生植被对藻类、浮游生物的抑制效应。

净化水质的植物选择推荐表 表 5-10

植物类型	植物名称	功能
挺水植物	香蒲	提高土壤中氮磷钾含量，促进土壤发育熟化
	水葱	去除水中重金属、氨氮等
	芦苇	净化水质，固土
	芦竹	耐旱耐涝，净化水质
	千屈菜	适应力强，景观美化
	梭鱼草	适应力强，景观美化
	鸢尾	耐低温，丰富季相
浮水植物	凤眼蓝	去除氮磷和重金属
	睡莲	吸收汞、铅等有毒物质，过滤微生物
	萍蓬草	根部可净化水体
沉水植物	黑藻	促进磷向可利用态转化
	狐尾藻	生长快，吸收 TNT、DNT 等结构相近化合物
	苦草	净化水体，提高溶解氧含量

5.4.6 产城发展

1. 工作任务

产业发展与城市发展的关系是我国城镇化发展的重要话题之一。2015 年，中央城市工作会议提出，"统筹生产、生活、生态三大布局，提高城市发展的宜居性""城市发展要把握好生产空间、生活空间、生态空间的内在联系，实现生产空间集约高效、生活空间宜居适度、生态空间山清水秀"。同时，随着国家自然资源部的成立与国土空间规划体系的构建，国土空间生态修复成为国土空间规划的重点工作，是加快推进建设生态文明的重要举措。因而，对于产城发展的认识不应局限于生产与生活的关系，更需要从生态文明的角度进行研究，从融合生产、生活、生态"三生"空间的角度解决"产城分离"问题，从产城融合走向"三生融合"。流域治理与发展统筹的本质上是处理好"人水关系"，关键是处理好"保护与发展"的辩证统一关系。基于此，开展流域综合治理，有必要从产业发展、城市生活、生态环境融合发展的视角和模式进行拓展和创新。深入理解流域治理水务空间与蓝绿空间的现状和特征，明确各类空间功能排序和主导功能，针对水务空间高质量开发建设，如河湖生态廊道建设、重要水源涵养区保护、重要饮用水水源保护、水土保持生态建设等提出发展策略和管控、保护要求。保护和修复水生态系统，营造水清、岸绿、安全、宜人的滨水空间。提高河道的亲水性，满足市民休闲、娱乐、观赏、体验等多种需求。

2. 规划原则

（1）空间统筹

充分分析规划区流域治理当下及未来需求之间的矛盾，找出问题短板，推动水务设施的协同治理、复合开发；进一步梳理现有水系空间，特别是水系红线、蓝线空间，为未来的水城融合高质量建设提供空间保证；推动区域一体化建设（建设空间与非建设空间），将治水嵌入营城，各方积极配合实施沿线空间腾退，打开产业组团沿河的空间视线，增强滨水空间连贯性、可达性和服务性。

（2）蓝绿兼修

蓝绿一体，不是单一地修复河道。将水体治理与两岸绿地的动植物群落修复结合，在水体或景观点之间设置自然缓冲区，以增绿养绿减少水体污染，提高水质的自净能力，修复河流及绿地生态系统。按照蓝绿统筹、水陆统筹、湾岸统筹的理念进行流域系统治水和牢筑安全屏障，结合规划区特点，为进一步促进水城融合发展，亟须系统梳理城市绿色空间，打造功能复合绿地，以"绿"来提升"蓝"的品质，以"绿"来营造"蓝"的空间延伸。

（3）文产共兴

以文带产，不是一味地陈列保护。文化是城市的精神，加强文脉的延续，通过强化两岸的文化功能，形成滨河文化产业集群，促进城市发展，文化与旅游融合、文化与科技融合、文化与产业融合。

（4）水城联动

空间共融，布局更复合、更融合的水系功能，积极赋能水经济，以河道复兴带动城市更新。拓展公共空间和产业空间的复合活动，增强游憩、娱乐、教育等文化性生态系统服务，提高空间利用效能，加强沿岸地区整体能级提升；注重不同区段功能错位互补、优势培育，提升滨水功能的复合化和多元性。

3. 规划要点及内容

通过水城联动，逐步构建由水体、滨水绿化廊道、滨水空间共同组成的蓝网系统，用生态办法解决生态问题，实现黑臭水体全部消除，劣Ⅴ类水体动态清零，水生生物多样性稳步提升，形成"清水绿岸、鱼翔浅底"的生态画卷。

（1）开展水务基础设施空间调查

对已建、在建、规划新建的水务基础设施进行梳理盘点，划定用地红线并落图，依托"多规合一"信息平台，开展用地指标分析、用地空间核查分析，明确用地空间存在问题和主要需求矛盾，包括但不限于供水设施、排水设施、内涝防治设施、防洪设施、再生水设施、碧道及配套管理用房等。

（2）划定涉水生态空间

涉水生态空间指生态空间中的涉水部分，是为水文—生态系统提供必要的空间，直接为人类提供涉水生态服务或生态产品，以及保障涉水生态服务或生态产品正常供给的生态空间。对辖区涉水生态空间进行全面梳理，衔接和协调城镇空间和农业空间划分成果，结合涉水生态空间用途管控要求，合理确定河流、湖泊、饮用水源保护、行蓄洪水等生态空间具体边界并落图，确保要素全覆盖。

① 涉水生态空间组成及功能类型

a. 涉水生态空间组成

涉水生态空间依据其自然生态特征分为以水体为主的河流、湖泊等水域空间，以水陆交错为主的岸线空间，以及与水资源保护密切关联的涉水陆域空间等。主要包括河流、湖泊等水域、岸线空间；水源涵养、饮用水水源保护、水土保持、行蓄洪水等陆域涉水生态空间。其中，河湖岸线是指河流两侧、湖泊周边一定范围内水陆相交的带状区域，是河流、湖泊自然生态空间的重要组成部分。

b. 涉水生态空间功能

涉水生态空间功能主要包括生态调节功能和经济社会服务功能。其中，生态调节功能主要包括水源涵养、饮用水水源保护、生物多样性保护、水土保持、行蓄洪水等维持生态平衡、保障流域和区域生态安全等功能。

河湖水域岸线等具备多种功能的生态空间，应根据功能发挥作用大小和优先次序，合理确定主导功能和功能排序。河湖水域空间功能主要结合水功能区划及相关流域综合规划、水资源保护规划等合理确定。河湖岸线空间功能主要结合河湖岸线保护与利用规划、流域综合规划等合理确定。饮用水源保护空间主要发挥水源保护功能；行蓄洪水空间主要发挥河流行洪、调蓄等防洪保障功能；水源涵养空间主要发挥水源涵养功能；水土保持空间发挥土壤保持、防风固沙等功能。

② 涉水生态空间范围划定

根据《中华人民共和国防洪法》《中华人民共和国河道管理条例》《水利部办公厅关于印发省级空间规划水利相关工作技术指导意见（试行）的通知》（办规计〔2017〕153号）、《水利部关于加推进河湖管理范围划定工作的通知》（水河湖〔2018〕314号）、《广东省河湖管理范围划定工作技术指引（试行）》等要求，开展涉水生态空间范围划定工作。衔接和协调城镇空间和农业空间划分成果，结合涉水生态空间用途管控要求，合理确定河流、湖泊、饮用水源保护、行蓄洪水等生态空间具体边界并落图。

a. 河流水域岸线生态空间

有堤防的河道，其生态空间为两岸堤防（多道堤防取离主河槽最远的堤防）之间的水域、沙洲、滩地（包括可耕地）、行洪区，以及两岸堤防、堤防背水侧管理和保护范围组成。在划定河流临水边界线和外缘边界线的基础上，结合堤防工程管理保护范围，确定河流水域、岸线空间范围。

无堤防的河流，其生态空间为设计洪水位或已核定的历史最高洪水位与岸边的交界线之间水域、沙洲、滩地（包括可耕地）、行洪区等水域岸线并外延一定管理或保护范围确定。设计洪水位或已核定的历史最高洪水位应按照已批复的流域综合规划、流域防洪规划有关成果确定，没有相关规划成果的，可以根据《防洪标准》GB 50201—2014 确定河段防洪标准，并按照《水利水电工程设计洪水计算规范》SL 44—2006、《水利工程水利计算规范》SL104—2015 等进行推算。

已建有防洪（潮）堤工程的河口，其工程管理范围之间的区域作为河口生态空间；未建设防洪（潮）堤工程的河口，按设计防洪（潮）标准相应的洪潮遭遇水位外包线之间的区域作为河口生态空间，其向海洋延伸的止点范围，可根据河口整治规划要求确定。

在堤防管理范围之外，还可根据河流生态廊道、水域岸线保护需要和周边开发利用现状，结合城镇滨水岸线景观建设、岸线绿化、面源污染防控等需要和可能，向陆域延伸一定距离，作为堤防工程保护范围纳入河流生态空间范围。

b. 水库涉水生态空间

以水库管理单位设定的管理或保护范围为基础划定；若未设定管理范围，一般以有关技术规范和水文资料核定的设计洪水位或校核洪水位的库区淹没线并结合水库主体工程管理保护范围等确定。

③ 湖泊生态空间

湖泊生态空间划定可参考河流的划定方法。对于规划开展退田还湖或有相关需求的湖泊，应根据退田还湖等相关保护要求，确定退田后的湖泊水域及岸线范围，适当扩大湖泊生态空间。

④ 饮用水源保护生态空间

对已划定保护区的集中式饮用水水源地，其涉水生态空间包括一级区、二级区在内的全部区域。对于未划定保护区的集中式饮用水水源地，参照《饮用水水源保护区划分技术规范》HJ 338—2018，合理确定保护区范围。

对于未纳入饮用水源地，但实际承担饮用水源地任务的水源地，参照《饮用水水源保护区划分技术规范》HJ 338—2018 划定，并与当地国土、生态环境部门协调，征询意见修改后上报省级主管部门审核。已纳入饮用水源地未承担饮用水源地任务仍按已划定的保护区范围作为涉水生态空间保护范围。

⑤ 行蓄洪水生态空间

行蓄洪水生态空间原则上为《全国蓄滞洪区建设与管理规划》、流域综合规划和防洪规划等规划中确定的国家重要蓄滞洪区和一般蓄滞洪区范围，对流域区域防洪安全具有重要作用的临时蓄滞洪区也可纳入。在流域防洪规划中仅确定了位置的蓄滞洪区，可结合流域防洪标准和调度规则推演洪水淹没范围，将该淹没范围作为蓄滞洪区范围。蓄滞洪区的水生态空间应扣除已建成和规划建设安全区等空间范围。对未包含在河流、湖泊生态空间范围内的一般洲滩民垸和行洪通道，应结合实际纳入涉水生态空间范围。

⑥ 水源涵养和水土保持生态空间

将对流域区域水源涵养保护具有重要意义的江河源头水源涵养区、地下水水源涵养保护区等，纳入水源涵养生态空间。将水土流失重点预防区和水土流失重点治理区、水土保持和防风固沙型生态功能区等，纳入水土保持生态空间。可以已划定的生态保护红线相关成果为基础，划定水源涵养和水土保持生态空间，同时与城镇空间和农业空间做好协调衔接。

（3）高品质重塑城水空间

依托现有水务设施空间、涉水生态空间，通过梳理区域一体化建设（建设空间与非建设空间）现状，分析城水空间关系，构建蓝绿空间、城水空间格局，为未来的水务高质量建设提供空间保证。同时考虑将治水嵌入营城，各方积极配合实施沿线空间腾退，打开产业组团拥河的空间视线，增强滨水空间连贯性、可达性和服务性，实现"岸上绿道""水上航道"同步贯通（图 5-14）。

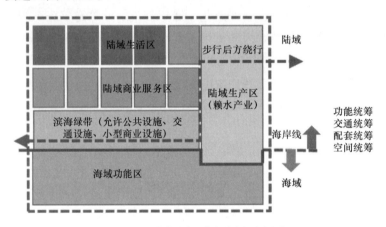

图 5-14　城水空间融合发展示意图

① 生态空间格局构建

自然生态空间具有广义和狭义两种定义。广义上的自然生态空间，可以与生态空间概念等同，包含除城镇空间和农业空间以外的所有国土空间。狭义上的自然生态空间，是在对生态空间进行细分的基础上，将其中具有自然属性的生态空间定义为自然生态空间，其是生态空间中最重要与最主要的组成部分；而城镇中具有人工或半人工景观特征的生态空间定义为城镇生态空间，如城市中的植物园、森林公园。

流域层级生态空间格局的构建侧重于以生态用地类型为导向，将林地、草地、湿地等生态用地归为自然生态空间。同时注重自然生态空间的规划应不拘泥于用地类型现状，同步将区域内能够发挥重要生态功能、提供生态系统服务的区域划入生态空间格局。

依托规划区丰富的山、海、城资源等区位优势，以碧道建设和水生态修复为载体，注重优化和构建流域蓝绿生态空间格局。主要规划技术要点为：从维护重要生态系统服务、减缓自然灾害、保护生物资源等角度出发，将自然生态空间划分为重要生态功能区、生态脆弱敏感区、关键物种生境等多种类型。围绕不同自然生态空间类型分别开展重要生态功能维护、人居环境屏障和生物多样性等评价、分析和模拟，基于在生态格局—过程—功能相互关系，整合生态廊道分析、保护空缺识别等多种方法，并借助 GIS 空间分析技术分别开展自然生态空间重要生态功能保护格局、人居环境生态屏障格局和生物多样性维护安全格局等多种格局构建[102]。在此基础上，综合叠加形成流域层级自然生态空间格局。

②　城水空间格局构建

水是城市中珍贵的资源，对城市社会和环境具有双重价值，如美化环境、增强场所活力、提升城市形象、调节气候、维持城市生态平衡等，能够带动城市的发展。新时期流域综合治理阶段，城市空间和水系空间面临着相互掣肘、相互影响的发展趋势，为有效促进城市与流域治理过程的水、产、城融合发展，需依托规划区开发格局中的核心区域与涉水空间紧密规划与连通；水系统规划的涉水空间与邻近的科创平台、消费空间以及产业消费空间等发展资源紧密协同，规划构建以蓝绿生态空间为基底，高标准统筹构建适应未来发展需求的城水开发保护空间新格局。主要构建思路建议如下。

a. 生态维度——注重滨水自然资源的适宜性利用。以生态为导向来进行滨水空间规划，需要优先保障滨水自然环境的生态性。通过研究城市流域发展中滨水空间的主要问题，在保护自然环境的前提下，注重滨水空间自然资源利用和公共活动与城市发展的和谐性。通过城市滨水生态环境的调研，明确大范围水体资源周围的滨水空间，具有较为良好的生态性的场所，通过推动这些场所形成规模较大的开放空间，为市民提供亲近自然机会，因此在滨水空间的开发和建设中需要充分重视自然资源的适应性使用，使城市人工环境和滨水空间自然生态环境和谐共生。

b. 活动维度——促进滨水开放空间的系统性构建。活动维度需要突出滨水开放空间中居民的活动能力。城市滨水开放空间既具有较好的自然环境，又能够进行系统化的设计。以持续的步行空间为基本依托，安全与舒适的活动空间为基础，多样化的活动设施作为居民驻留的依据。故坚持生态导向的滨水空间岸线规划与建设，既要建立持续开放的空间，以确保滨水岸线的公共性，又要有更高层次的需求，通过系统性地进行设计，构建包括滨水绿地、公园、广场和滨水步道在内的各种开放空间所组成的多层级连续滨水开放体系，突出空间的安全性、舒适性、易达性、连续性和多样性特点。同时也要有计划地规划建设滨水开放空间，从而更好地聚集人气、增加公共效益。

c. 功效维度——加强滨水用地布局的复合性规划。功效维度反映了滨水空间可持续发展的城市功能效益。混合度、可达性和开发强度为城市功能效益的产生提供了基本条件[103]。滨水空间城市的开发活力并非不同功能要素的简单叠加，而是应在注重二者结合开发的前提下，选取与环境和公共效益相协调的滨水空间用地功能，以及商业、文化娱乐、办公、交通枢纽站点等公共设施，从而进一步激发滨水空间的城市活力，同时最大程度还滨水岸线于市民[104]。所以，城市滨水空间的规划与建设应重视其总体复合性，不能只停留在用地功能上的混杂布局上，而应突出滨水空间中用地功能和开放空间相结合，以及与周边城市中心的联系，最终使得城市滨水空间的开发活力进一步增强。

（4）滨水空间建设管控策略

河流及其滨水空间是城市公共空间的重要组成，是新时期高质量发展的重要空间载体，是以人民为中心，进行城市治理及精细化管理的重要落脚点，是建设世界文化名城、宜居城市、生态城市和韧性城市的重要抓手。基于水务基础设施空间、涉水生态空间、城水空间的全面梳理，进行数据统计和"三区三线"空间协调性分析，深入理解规划区的水务设施与蓝绿空间的现状和特征,明确各类空间功能排序和主导功能,针对水务空间高质量规划与开发建设,如河湖生态廊道建设、重要水源涵养区保护、重要饮用水水源保护、水土保持生态建设等提出发展策略和管控、保护要求(图 5-15)。

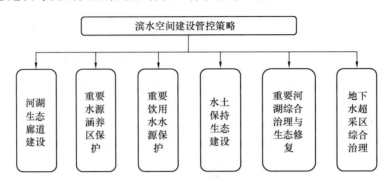

图 5-15　滨水空间建设管控策略构成

① 河湖生态廊道建设

以流域为单元,以河湖水系为脉络,统筹河道、河岸、水流等要素,结合河湖生态廊道不同功能类型维护要求,提出差异化保护与修复措施,实现河流清澈流动、廊道蓝绿交织。针对重要河湖水域岸线生态功能退化等问题,提出滨河滨湖生态缓冲带建设、重要水生生境营造、沿河环湖湿地保护,河湖岸线整治、堤防生态化改造等措施;针对侵占河道、围垦湖泊、围网养殖等突出问题开展清理整治,提出退田还湖、退养还滩及河湖生态修复措施;对于拦河闸坝建设运行造成纵向连通性阻隔、生境破碎化等生态影响较为严重的,因地制宜提出生态流量保障及连通性恢复等措施。

② 重要水源涵养区保护

针对重要江河源头区、水源涵养区、重要地下水补给区,结合区域自然条件和水域涵养状况,提出封育保护及自然修复、人工林草建设、退耕还林还草、水土保持生态建设等保护修复措施和要求,提升水源涵养能力。

③ 重要饮用水水源保护

按照饮用水水源保护有关要求,以重要饮用水水源地为重点,提出饮用水水源保护区划定、隔离防护与警示工程建设、污染综合治理、生态保护与修复等措施。在水土流失和面源污染严重的湖库饮用水水源地,提出生态清洁小流域建设、人工湿地及植被缓冲带等措施。对水质恶化、污染严重或水源枯竭的水源地,结合区域水资源配置方案优化,提出水源置换及应急备用水源建设方案。

④ 水土保持生态建设

以水土保持区划为基础,重点针对国家级和省级水土流失重点预防区,提出封禁封育保护、植物措施和生态移民等预防保护和自然修复措施。针对国家级和省级水土流失重点治理区,明确水土流失综合治理措施布局,提出坡耕地、侵蚀沟、崩岗及石漠化整治及以小流域为单元的综合治理措施。

⑤ 重要河湖综合治理与生态修复

针对水量短缺、水质污染、生境破坏、萎缩及功能退化等多种问题突出的流域、区域或河段，实施单一措施难以实现河湖保护与修复目标的，以流域或区域为单元，实施山水林田湖草整体保护和系统治理，提出水源涵养与保护、截污治污及底泥清淤、河岸植被缓冲带建设、生境营造及湿地保护、河湖水系连通及生态补水、亲水平台建设等综合措施和要求。

⑥ 地下水超采区综合治理

针对部分地区地下水超采严重、引发一系列生态环境问题的现状，考虑区域水资源禀赋条件、开发利用现状以及未来管控要求，提出重点区域地下水超采治理对策措施。

（5）产业发展水城共融策略

"三生融合"视角下的产业发展需要以创新为引领，实现产业集约、高质量发展。具体而言包括以下三个方面，一是集聚创新要素，着力培育创新型企业集群。大力引进高端制造业等领域的工业技术研究院、国家及省级重点实验室、工程技术研究中心，促进研发机构聚集，增强自主创新、创业孵化能力，着力培育创新型企业集群。二是清理低效用地，提高空间利用率。加快清理和收储占地不开发或低效开发用地，推进"三旧"改造，为产业发展腾出空间。强化空间功能混合，打造一批企业孵化器、中小企业总部基地等创新平台，探索形成"楼上孵化器，楼下商业中心"的新型"创客＋"模式。三是集中力量发展重点区域，打造重大滨水产业空间与平台。

① 推动滨水产业高质量发展

加快完善公共服务配套，高标准建设公共服务设施，是促进城市功能提升的关键。对标湾区优质生活圈建设标准，加快教育、医疗、文化等公共服务设施建设，建成一批城市公共服务设施精品工程，构建覆盖城乡、功能完善、分布合理的公共服务体系。协同流域治理所在的区域空间发展规划，同步推进建设"城市核心－片区中心－新镇中心－小区中心（邻里中心）"四级城市服务中心体系，形成覆盖不同人口规模，提供不同层次的公共服务结构，提高城市服务效率。加大力度提升区域内新城环境品质，高标准推进水环境治理和水生态修复，加强重点河道的水系连通规划及整治，引水入城，塑造滨江田园城市风貌。

② 依托碧道建设促进水生态经济

碧道是以江河湖库水域及岸边带为载体的公共开敞空间，是碧水清流的生态廊道、人亲近自然的共享廊道、水陆联动的发展廊道。例如，在水经济建设方面，重点依托滨水空间、滨水生态廊空间道，搭建以碧道河流为架构的水岸生态与经济综合体，打造水岸生态与经济综合体，服务于规划区重点城市功能区，通过部分段落的沿岸改造，实现水城联动，为沿岸商业空间提供休闲活动场所，同时带动沿岸空间活力。可以充分借助河流型碧道建设，激发沿线生态价值，实现水产城融合。通过水城联动，为沿岸商业空间提供休闲活动场所，同时带动沿岸空间活力。

③ 依托滨河空间激发沿河经济

遵循一河两岸的统筹规划理念，以河道"线性"空间的优化为引擎，牵引城市片区"面域"的全面升级，深入挖掘并实践城市公共空间的多元化与复合利用潜力。将"岸上

121

绿道"与"水上航道"同步建设，增强了滨水区的连通性与可达性；通过空间腾退与融合，创造"建筑—绿—水"相协调的高品质的商业与生态环境，促进滨河空间、文化旅游、商业消费等多方面的融合发展，实现水、产、城的深度融合与协同发展。在治理模式方面，调动河道周边企业、居民等社会力量，形成多方参与机制，将以往"政府一家治河，单打独斗"的局面转变为"政府主导，社会共建"，形成"共商、共治、共建、共管、共享、共赢"的六共模式（图5-16）。

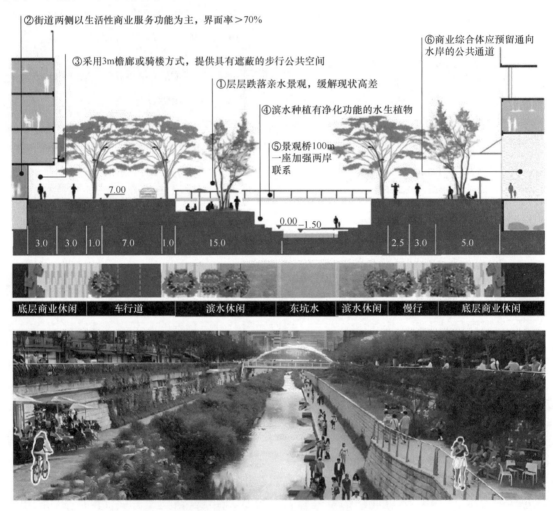

图5-16　水城联动界面改造意向图

5.5　系统方案统筹

5.5.1　建设项目统筹

"厂网河城"流域治理规划作为指导城市水环境治理工作的重要规划，其建设项目需充分衔接国土空间规划相关要求，在开展生态环境、城市建设基础分析及相关规划实施状况评价的基础上，以解决现状问题和实现未来目标为双导向，结合近期相关建设计划，明确流域治理规划的目标指标、策略方案、重点区域策略方案、近远期项目库、示范项目及实施保障。其中，流域规划中的目标指标、策略方案应在相关规划后续新编、修编时进行衔接落实；近期项目库、示范项目及实施保障将在第二步编制实施方案时进一步明确实施年度、部门分工及任务安排；远期项目库为"厂网河城"一体化流域治理的持续推进作准备，供相关部门编制建设计划选用参考。

1. 规划衔接，进一步指导相关专项规划优化

"厂网河城"一体化流域治理规划的编制不是摒弃既有规划，重新编制一套覆盖各方面的综合性规划，而是要充分衔接城市国土空间规划、控制性详细规划及水务类专项规划等各层次规划，全面落实上位规划要求，收集整理水环境生态治理相关项目库，结合"厂网河城"流域治理规划的目标指标、策略方案及近远期项目库，进一步梳理工作计划，在满足上位规划要求的同时，确保"厂网河城"规划目标的可达性。

与此同时，需基于上位规划的工作要求，进一步完善"厂网河城"一体化流域治理规划方案，明确需要补充完善的工作内容，完善近远期工作计划，如补充编制与"厂网河城"一体化流域治理相关的专项规划，或在专项规划中进一步研究落实相关工作，特别是水生态环境迫切需要改变的地区，应系统开展详细设计等，以全面提升城市环境空间品质。

2. 任务统筹，系统部署流域治理近远期行动

"厂网河城"一体化流域治理规划以塑造高品质水生态环境为根本目的，规划方案须具备很强的实操性，要统筹制定流域治理实施计划，包括明确工作目标和任务，将流域治理工作细化为具体的工程项目，建立工程项目清单，合理安排建设时序等。

"厂网河城"一体化流域治理规划涉及规划方案制定、可达性分析、实施效果评估等多个阶段，一定程度上反映了这项工作在规划研究向落地实施的全链条特点。从规划的实施性来讲，"厂网河城"一体化流域治理规划比一般规划具有更长的实施周期和更为周全的过程性需求。所以需要总体统筹，制定实施框架，分解步骤，持续做功。根据流域治理全面性、系统性、实操性的要求，依据重点突破的原则，系统部署近期及远期项目计划，切实落实规划方案、推进工作开展。因此，需要建立近期及远期工程项目清单，明确项目的位置、类型、数量、规模、完成时间，合理安排建设时序，并在后续治理工作中落实近期实施项目库的资金，落实实施主体等，指导近期项目的建设推进。项目库的构建遵循以下原则。

（1）对接规划，循序渐进。对接相关专项规划，重点与近期建设规划、工作方案、相关部门计划充分对接，制定"厂网河城"一体化流域治理近期建设项目库，明确建设时序和阶段性目标。

（2）着眼全局，突出重点。在全盘布局的基础上，针对水环境重点问题和重点区域进一步提取近期重点项目，有重点有计划地推进项目建设。

（3）贴近民生，本质提升。"厂网河城"一体化流域治理作为一项综合改善城市功能的民生工程，应尊重民意，贴近民众心声，符合民众需求。项目库的构建应着重于人口密度大、长期欠账多的老城区，应关注人民群众最关心、最需要改善的问题。

5.5.2 建设空间协调

"厂网河城"一体化流域治理规划的建设空间协调以水务设施空间、滨水蓝绿空间协调为主，需要分区、分类施策，搭建科学合理的水务设施保障体系、水务空间管控体系，通过与市区国土空间规划充分衔接，统筹落实规划水务设施用地，突破常规水务设施与水系空间约束和管控瓶颈，推动水务行业强监管和水务治理能力现代化。

1. 完善水务基础设施规划布局

充分衔接落实市区国土空间规划及相关涉水规划中的各类水务设施，结合"厂网河城"一体化流域治理规划建设方案，通过开展系统评估与复核，增补完善水务基础设施空间布局，分别从水系布局系统、水资源及供水保障系统、防洪（潮）排涝系统、水环境提升系统、水生态修复保护系统五大系统出发，提出各类水务基础设施网络空间布局方案，确定工程位置、工程类型、规模和线路走向等。通过深入开展水务基础设施与涉水生态保护线的协调、与其他国土空间利用和已有规划的协调性分析，对规划提出的重要水务基础设施用地空间，以保障水务基础设施建设为重点，提出预留和管控要求等。

2. 提出涉水生态空间管控措施

在国土空间规划体系下，从合理布局水务基础设施、完整保护水生态系统、有效管控涉水生态空间出发，界定涉水生态空间功能，衔接和协调国土空间规划"三区三线"成果，结合涉水生态空间用途管控要求，合理确定河流、湖泊、水库、行蓄洪水等生态空间具体边界。以市区国土空间规划、海绵城市规划、碧道建设规划等为基础，从加强水生态系统保护修复，构建河、湖、滨海绿色生态廊道等要求出发，提出河道综合治理与生态修复、水库周边用地综合利用、水源地保护、滨海岸带生态提升等任务措施。

3. 系统谋划滨水空间开发建设

依托现有水务设施空间、涉水生态空间，通过梳理区域一体化建设（建设空间与非建设空间）现状，分析城水空间关系，构建蓝绿空间、城水空间格局，为未来的水务高质量建设提供空间保证。同时，考虑将治水嵌入营城，各方积极配合实施沿线空间腾退，打开产业组团拥河的空间视线，增强滨水空间连贯性、可达性和服务性，实现"岸上绿道""水上航道"等同步贯通。

5.5.3 建设时序安排

项目资金来源、筹措难易程度是项目建设时序安排的首要考虑因素。本地财政能力可以满足建设投资，或者项目类别符合专项建设基金等低息贷款政策，以及社会投资感兴趣的具有一定收益率及回报率的项目，可以考虑优先实施。资金来源重点依靠省级或国家级支持资金的项目，可以作为次优实施的项目。

项目实施周期及效果呈现时间也是项目实施优先级的考虑因素。一般来说，实施周期短、效果明显的项目建议优先实施，但是一些重大项目实施周期长、效果呈现时间长，综合其他因素也可以考虑优先实施。流域治理项目目的一般包括民生保障、民生改善、环境提升以及考核达标几类。以民生保障为目的的项目，例如供水安全、防洪排涝等应为优先实施项目。民生环境改善提升等项目按照重要性区别对待，重点推进水生态环境质量的优化。对于为达到国家考核指标而实施的项目，在资金不足的情况下，可以暂缓实施。

项目的实施方式关系到项目进展时间及投资来源。新建项目一般有较为明确的实施时序安排以及投资主体，同时目标管控较易落实，结合其他因素可以考虑优先实施。改造类项目一般应结合旧改计划、更新计划进行时间安排，同时考虑项目建设目的进行划分。

因此，综合以上实施考虑因素，可将"厂网河城"一体化流域治理项目分为优先实施、次优实施两大类。其中，针对重大民生保障、民生改善项目、黑臭水体治理、水环境质量创优等流域治理项目可作为优先实施项目，并需考虑本地财政投资需求、社会资本合作等资金筹措方式，确保资金及时到位，便于顺利实施；同时，项目库中项目目的是为达到国家、省市及地区考核要求实施的项目，以及其他实施周期长的环境改善提升类项目，划为次优实施项目（表 5-11）。

建设时序安排主要环节及核心内容　　　　　　　　　表 5-11

序号	建设时序安排主要环节	主要内容
1	前期研究与规划设计	开展流域水文水资源调查，摸清水环境现状及存在问题，进行流域污染源解析和水量预测分析，明确治理目标和重点，制定详细的"厂网河城"一体化规划方案，包括各节点设施的功能定位、规模和布局设计，编制分期建设的实施方案，明确各阶段的具体任务、工程内容和预期效果
2	优先级排序与分期建设	根据紧迫性和影响力，确定各子项目的优先级，如优先解决严重影响水质的排污口整治、高负荷区域的污水处理设施建设、雨污混流严重的地区进行管网改造。分阶段实施，可以先从急需解决的点源污染治理开始，再扩展到面源污染防治和生态修复。依据资金筹集情况和工程复杂程度，制定合理的工期计划，确保资金链不断裂，技术难度较大的项目有充足的设计和准备时间
3	动态调整与滚动实施	建立动态监测和评估机制，根据实际建设过程中的反馈和监测数据，适时调整优化后续建设时序。随着城市发展和水环境变化，滚动修订和完善治理规划，确保长期治理的有效性，配合城市基础设施建设节奏，如新城区开发、旧城改造等时机，同步推进相关治水工程项目
4	施工与运维衔接	在施工时序上，应兼顾上下游关系，先建设上游段的截污设施，后建设下游段的处理设施，确保污水不溢出；确保污水处理设施与管网建设同步推进，避免出现"有厂无网"或"有网无厂"的状况。提前规划和预留后期维护和升级空间，做到建设和运维无缝对接
5	政策引导与市场机制	利用政策调控手段，推动社会投资主体按计划投入项目建设；制定激励机制，鼓励早期开工和提前完工，以保证总体进度不受个别项目延误的影响

5.6　实施效果评估

5.6.1　源头减排效果评估

1. 评估目的

现阶段，国内大部分城市水环境质量、水生态受损情况正在逐步好转，通过一系列的治理措施，目前点源污染已基本得到控制，面源污染对水污染的贡献正在逐渐增高。作为地表冲刷污染控制的主要手段，海绵城市建设是控制面源污染的有效方式之一，由于其在水环境、水资源、水安全、水生态等方面均表现出较好的成效，在全国得以不断推广。故本章节针对源头减排效果的评估，以海绵城市建设效果评价作为主要内容，重点围绕水生态、水环境和水资源方向考虑源头减排效果评估指标的选取，采用现场检查、监测和模型相结合的方式对源头减排的实施效果进行评估。

2. 评估指标

从海绵城市建设效果评价的角度，以及考虑不同城市的差异性，从水生态、水环境、水资源方向开展，重点选取年径流总量控制率、可透水地面面积比例、雨水资源化利用率等指标[105]（表 5-12）。

源头减排效果评估指标
表 5-12

类别	评估指标	计算方法	评估方法	适用性
水生态	年径流总量控制率	通过自然和人工强化的渗透、集蓄、利用、蒸发、蒸腾等方式，场地内累计全年得到控制的雨量占全年总降雨量的比例	监测＋模型评估/查阅资料	必评
	可透水地面面积比例	砂石、绿地、透水铺装等可透水面积与室外地面面积之比	现场检查＋查阅资料	可结合实际选用
水环境	年 SS 总量去除率*	年径流总量控制率与低影响开发设施对 SS 的平均去除率之积	监测＋模型评估/查阅资料	必评
水资源	雨水资源化利用率	年雨水收集利用的总量与年均降雨量之比	现场检查＋查阅资料	缺水型城市

注：* 城市或开发区域年 SS 总量去除率，可通过不同区域、地块的年 SS 总量去除率经年径流总量加权平均计算得出。

3. 评估方法

海绵城市建设效果一般通过现场检查、监测、"监测＋模型"的方式进行评估，合理的水文水利模型模拟可以更好地评估海绵城市建设效果。

（1）现场检查法

重点用于评估可透水地面面积比例、雨水资源化利用率等。通过现场检查各海绵设施的设计构造、径流控制体积、运行工况等是否达到设计要求，检查各海绵设施通过"渗、滞、蓄、净、用"达到径流体积控制的设计要求后的溢流排放效果，可实际计算得出可透水地面面积比例、雨水资源化利用率是否达到设计要求。

（2）监测法

重点用于评估年径流总量控制率、年 SS 总量去除率等。在源头设施、典型项目排口处安装在线监测设备，获得"时间—流量"序列监测数据，以及进行人工水质采样，检测 BOD_5、COD 等关键水质水量指标的变化（表 5-13）。

源头减排效果监测评估方法
表 5-13

分类	监测对象	目的
典型项目	建设项目排口水质	明确面源污染对河道水环境质量的影响程度和量化关系，评估面源污染措施对水体水质的改善效果
源头设施	源头控制设施水量、水质	评估源头控制设施对雨水径流控制量、SS 等污染物削减率的作用

（3）监测＋模型法

重点用于评估年径流总量控制率、年 SS 总量去除率等。源头减排效果模型评估，一般采用美国城市雨洪管理模型 SWMM 进行模拟评估。通过概化地形、用地类型、海绵设计布局方案、管网拓扑等相关参数，输入片区连续 10 年的时间步长为 1min 或 5min 的降雨数据资料，并通过"时间—流量"监测数据对模型进行主要参数的率定与验证，来进行年径流总量控制率及径流污染物控制率效果的模拟分析。

4. 评估结果应用

海绵城市建设效果评估能够直观反映出绿色屋顶、雨水花园、植草沟、透水铺装等海绵设施在面源污染源头控制中对 SS 发挥的削减作用，最大程度反映监测区内居民区、公共建筑、工业园区和绿地公园等地块控制面源污染的整体情况，以及在海绵城市建设后流域范围内汇水水质是否得到提升。

5.6.2　排水系统运行评估

1. 评估目的

排水系统作为城市重要基础设施，是保障城市正常运行、提升生态环境质量的关键要素，也是"厂网河城"一体化流域治理的重要环节。国家、各省市高度重视城市排水系统的精细化管理工作，相继颁布了《城镇污水处理提质增效三年行动方案（2019—2021年)》《城镇生活污水处理设施补短板强弱项实施方案》等纲领性文件，要求进一步深化提质增效，推动由"污水处理率"向对"污水收集率"管理和由化学需氧量（COD）向对生化需氧量（BOD_5）管理"双转变"，实现污水收集量和进水污染物浓度"双提升"。现如今排水系统运行的内涵意义越来越宽泛，评估所包含的范围也越来越广，对于排水系统运行的评估也不再仅仅局限于排水管道本身，而是将排水管道拓展为城市的排水系统，系统性地对排水系统进行综合性评估。

2. 评估指标

考虑到城市排水管网系统具有结构复杂、层次众多、相互关联紧密等特点，排水系统评价指标需能够反映排水管网状态和运行效能的各种因素，全面体现城市排水管网的综合状况。故在指标选取中，需满足数据准确易得、评价方法科学，且与污水处理厂服务范围相契合的要求。经整理，目前针对排水管网的评估指标有如下几类（表 5-14）。

排水系统运行效能评估指标　　　　　　　　　　　　　　　　　　　　　表 5-14

体系框架	评估指标		指标解释
污水处理厂	污水收集率		污水处理设施的进水量与城市污水总排放量之比
	水质净化厂进厂水质浓度	旱季进厂 BOD_5 浓度	污水处理厂旱季进厂 BOD_5 浓度的加权平均
		雨季进厂氨氮（最低 10 日）浓度	污水处理厂雨季进厂氨氮浓度最低 10 日（排除故障日）加权平均值
		管网关键节点 BOD_5 浓度	一级单元覆盖的二级单元干管接入进厂干管位置的 BOD_5 浓度均值
	污染物削减率		污水处理厂进出水污染物总量之差与进水污染物总量之比
	污水处理厂雨季负荷率		污水处理厂雨季处理平均月水量与设计月处理水量之比

体系框架	评估指标	指标解释
管网	污供比	服务范围内的污水处理量（即进厂水量）与该范围内的供水量比值
	雨晴比	雨季典型月（降雨量最大月）进厂污水量由高到低进行排序，进厂水量最高的五天与最低的五天（排除故障运行日）的水量比值
	高水位运行比例	服务范围内管网晴天平均液位与规划设计充满度对应液位的比值
	雨污混接比例	雨水管道和污水管网混错接点个数与总管道节点数之比
	溢流污染控制达标率	达到溢流污染控制标准的溢流排放口对应雨水分区总面积与所有溢流排放口对应雨水分区总面积的比值 （注：溢流污染控制标准是指评价年度内降雨总场次的80%及以上的降雨场次不发生溢流。）
	径流污染控制达标率	达到径流污染控制标准的参评雨水排放口对应雨水分区总面积与所有参评雨水排放口对应雨水分区总面积的比值 （注：参评雨水排放口应优先选择敏感水体的雨水排放口，且参评数量应不少于雨水排放口总数量的5%；参评雨水排放口应设置出流监测。）

3. 评估方法

以水质水量监测法和模型评估法为主。重点针对排水系统"源头—管网—末端"的关键节点，对其所涉排水片区的实际效能进行评估（图5-17）。

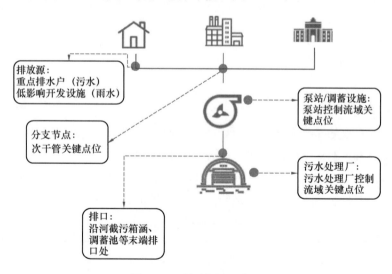

图 5-17　监测布局示意图

（1）监测法

① 源头监测

重点在片区内不同用水类型的源头地块入市政管接驳口处开展监测。其中，针对污水管网接驳口，重点研判其源头雨进污的情况，通过安装流量在线监测设备，对其晴雨天水量变化情况进行跟踪调查，对于工业园区等特殊排水片区，可加测水质指标，确保其符合相关排水规范要求。反之，针对雨水管网接驳口，则需重点研判其源头污进雨的情况，一方面需在晴天定期观测雨水接驳口是否有污水溢出，另一方面应在雨天对可能的问题接驳口开展连续水质采样工作，获取 COD、NH_3-N、TP 等关键水质指标的变化情况，从而研判其小区内是否存在源头溢流污染问题。

② 管网监测

本章节所述管网监测重点以道路市政污水管网为主，包括污水处理厂进厂主干管、次干管、泵站、沿河截流箱涵等排水系统关键点位。为实现对污水收集效能的考察，针对市政管网的监测采用多级网格形式进行布局。其中，一级单元可根据污水处理厂的服务范围进行划分，重点监测进厂主干管及服务范围内河道水质监测断面，通过综合选取河道水质风险度、进厂 BOD_5 浓度、污供比、雨晴比等指标，对污水处理厂所涉服务分区的综合效能进行评价；针对二级单元，则将对每根汇入进厂主干管的次干管所对应的服务范围进行划分，或以污水泵站所涉的服务范围为准，重点监测次干管与主干管接驳点位或泵前关键节点，二级单元评估指标可选取晴天液位比、雨晴液位比/雨晴流量比、污水浓度值等指标评估二级单元内外水入流入渗情况。

③ 末端监测

末端监测应设在市政雨水系统排放口、沿河截流管涵、调蓄池的进出口等。其中，针对市政雨水系统排口重点检测是否存在污水直排、溢流污水进入雨水系统以及河水倒灌现象[106]；针对在雨水排口或合流排口前加设沿河截流管涵的排水系统，需进行晴雨天水质水量监测，一方面应不断降低截流管涵的晴天水位，确保其作为初雨转输通道及突发事件时的污水应急通道功能，另一方面需持续关注其雨天运行工况，避免初雨溢流造成受纳水体污染；针对调蓄池进出口的监测，则重点用于评估其对污染雨水的截流效能，在实际应用中，应尽可能实现收浓弃淡，最大化发挥污染调蓄作用。

（2）模型法

目前比较流行的水动力数值模拟软件有丹麦 DHI 公司的 MIKE 系列软件、英国国际咨询机构 HR Wallingford 公司开发的 InfoWorks ICM 模型软件、美国城市雨洪管理模型 SWMM 和美国地表水建模系统 SMS 及其他自主开发的软件模型等，均得到了广泛的使用和工程验证，具有很高的可信性。以英国 HR Wallingford 公司的 InfoWorks ICM 水力模型为例，InfoWorks ICM 是模拟城市洪水、风暴潮、排水管网等的动态软件，由排水管网水力计算模块、污水量计算模块、管流模块、二维城市/流域洪涝淹没模块、水质模块等组成，且为不同模块之间提供了动态连接方式，使模拟的水流交换过程更接近真实情况。

其中，针对雨水系统的建模重点通过利用水质模块，模拟雨水径流污染的地表累积—冲刷、排水管道传输以及在受纳水体中扩散消解的全过程，耦合低影响开发模块（LID 模块）如透水铺装、雨水花园、调蓄池等以及实时控制模块，实现对排水系统水流的控制，模拟编制复杂的调度规则，为雨水系统评估提供技术支撑。

针对污水系统，则需重点通过梳理片区下垫面特征、污染物特性、污水管线、节点、提升泵站、子汇水区等基础资料，以晴天源头小区入市政管网节点水质水量数据，结合监测结果通过调整水质水量时间变化系数、水质浓度率定和验证模型中源头污水产生源参数；以管网破损、裂缝等条件估算污水管网晴天入渗量；并基于现有资料数据，以现状混错接、无法分流地块、高位溢流等点位梳理雨水汇水分区条件，根据监测降雨数据，通过调节入渗比例，率定雨天雨水入流，完成污水系统模型的搭建。在情景模拟中，通过对市政管网水质监测结果与旱季模型运行结果进行对比分析，可以评估管网运行状态；在纯污水流量的基础上，通过调节不同降雨条件下雨水入渗比例与实际监测结果相匹配，可以评估管网雨天雨水入污的影响；通过设置为无雨天入流以及无外水入渗的理想排水条件，评估管网理想条件下的提升效果。

4. 评估结果应用

根据评估结果对排水系统问题进行定性、定量分析，可以实现对问题点位"对症下药"，完成关键问题的整治与管理，通过对排水系统源头至末端的监测，能够形成排水分区从源头至末端的系统评价。其中，源头海绵评估可有助于进一步优化海绵设施组合，提高雨水径流的污染削减能力；排水管网监测中，可以据此确定雨污混流问题严重的区域，一方面对雨水管网所涉混流问题进行上溯整改，另一方面对污水管网入流入渗严重区域进行问题溯源，有效指导管网修复完善及运维工作；末端监测评估工作则可对排水系统实际完善效果进行定量化分析，有助于片区内排水管理工作不断向好向优发展。

5.6.3 河湖水质目标评估

1. 评估目的

"厂网河城"各要素是流域污染治理中的关键节点和重要组成，同时各要素间相互关联和互动，其中"河"是"厂网河城"一体化流域治理的治理目标，是流域污染的受纳体，是实现水清岸绿、鱼翔浅底的流域污染治理的最终目的。本章节统筹考虑水环境、水资源等要素，来构建河湖水质评估指标，为开展河湖保护提供指引。

2. 评估指标

针对河湖水质的评估指标选取重点考虑以下几点。在水环境方面，需评估流域内各类污染物排放是否得到有效控制，河湖水质是否实现根本好转或水质稳定达到优良，公众的景观、休闲等亲水需求是否得到较好满足等；在水资源方面，重点研判河湖补给水源的稳定性、水体的流动性，是否能够稳定实现"有河有水"。评估指标包括地表水环境质量、生态基流比例等指标（表5-15）。

河湖水质目标评估指标 表 5-15

体系框架	评估指标	指标解释
水环境	优良河长比例	服务范围内，Ⅲ类以上河长占所有河段总长的比例
	黑臭水体消除比例	以综合治理前流域内黑臭水体（河流、河段）为基数，规划期内消除的黑臭水体数量占全部黑臭水体总数的百分比
	高风险河道数（条）	服务范围内，水质不达标（劣Ⅴ类）的河道干流/支流占总河流数的比例
	汛期污染强度	某断面汛期首要污染物浓度与水质目标浓度限制的比值

续表

体系框架	评估指标	指标解释
水环境	入海河流总氮达标情况	入河河流总氮年均值管控目标与年度均值与目标均值差额，与管控目标之比
	河道水质风险度	服务范围内，河道断面水质超标（断面水质检测不达标（劣Ⅴ类）次数与检测次数的比值）
水资源	生态基流比例	服务范围内，生态基流达到目标值的河长占河段总长的比例

3. 评估方法

评估方法主要包括监测分析法、情景分析法等。

（1）监测分析法

监测分析法重点对流域内河流重要点位、重点排口、污水处理设施进出水等在晴天和雨天开展水质指标监测，实验室检测指标主要包括盐度、pH、溶解氧、BOD_5、COD_{cr}/COD_{Mn}、总磷、总氮、氨氮、悬浮物。对河流流量进行现场监测。

（2）情景分析法

情景分析法重点基于基础模型，通过梳理流域治理所涉工程建设和涉水管理任务，设置工作方案情景，通过设定不同的方案情景，实现对工程实施后的河道水质目标可达性的研判。同时，根据模拟结果评估流域的建设效果，也可进一步找出现有污染控制系统中存在的短板，优化调整治理方案，再对不同工况下的治理方案进行评估，得出优化提升建议。

4. 评估结果应用

根据河湖水质的评估结果，可用于指导河湖治理和水质改善计划的制定和调整，确定优先治理的污染源和区域，以及治理措施的实施顺序和强度，对重点污染物排放实施严格控制以及制定排放限值和减排目标，优化水质监测网络布点方案，加强对重点区域的监测，通过定期评价水质改善措施的执行情况和效果，及时调整治理方案，采取成本效益高的治理措施。

5.6.4　河湖生态价值评估

1. 评估目的

在"厂网河城"一体化理念下，流域治理规划不仅仅需要关注河湖水质、水生态目标的达成情况，还应以人为本，从推动"生产、生态、生活"三生融合角度，不断提升河湖生态系统生态产品供给能力。本章节基于目前生态产品价值以及河湖水生态系统服务价值评估实践，从自然生态服务功能和社会经济服务功能改善程度两个维度，构建评估指标体系，综合运用生态学和经济学评价方法，分析河湖生态系统改善对城市发展的正效益，以期达到促进城市河湖生态资源的科学利用和管理[107]。

2. 评估指标

包含自然生态服务功能和社会经济服务功能两大类共 13 项指标，其中自然生态服务功能指标大类主要从河湖生态系统通过其生态过程所形成的支撑城市发展或有利于生产与生活的环境条件及效用角度筛选指标；社会经济服务功能大类主要从河湖生态系统的美学、文化、教育功能等方面筛选指标，详见表5-16。

城市河湖生态系统服务价值评价指标体系　　　　　　　　　　　表 5-16

类别	评价指标	指标释义
自然生态服务功能	水源涵养（N1）	河湖生态系统拦截滞蓄降水，增强土壤下渗，涵养土壤水分和补充地下水，增加可利用水资源量的功能。采用水量平衡法计算，即降水输入与径流和生态系统自身水分消耗量的差值[108]
	水质净化（N2）	河湖生态系统对COD、氨氮等主要污染物的降解、转化作用，依据水体允许接纳污量（环境容量）得到
	局部气候调节（N3）	河湖态系统水面蒸发吸收热量、调节温湿度功能。依据水面蒸发量计算所需能耗转换成空调以及加湿器电耗获得
	洪水调蓄（N4）	河网连通效应和湖库对洪枯水期的调节作用，以蓄水变化量作为洪水调蓄量计算依据[109]
	生物多样性保护（N5）	河湖态系统对生物多样性（物种、生境、基因）的支撑作用，通过调查获取保护物种数
	疏沙冲淤（N6）	水力作用对河网泥沙的冲刷和搬运作用，以河道清淤的单位成本为计算依据
	吸收降尘（N7）	河湖生态系统通过水面蒸发增加空气湿度，吸收大气中的粉尘作用，由水域降尘吸收当量得到
	释放负离子（N8）	水分子电离过程增加地表大气负离子浓度的作用，由监测典型水域的负离子平均浓度得到
社会经济服务功能	水资源供给（S1）	河湖生态系统对居民生活、产业活动水供应的综合贡献。通过统计评价范围取水量计算
	水产品供给（S2）	河湖生态系统生物质生产功能。通过统计评价范围水产品供给量计算
	航道运输（S3）	地表径流对航运的价值，由货运和客运价值组成
	旅游康养（S4）	基于河湖生态系统打造的旅游度假景区（点）提供旅游观光、娱乐、休养等服务功能。主要依据评价区统计年鉴中旅游人次和旅游收入计算
	休闲游憩（S5）	基于河湖生态系统打造的滨水休闲游憩空间提供城市居民业余时间的休闲、运动等服务功能。主要通过问卷调查获取城市居民休闲游憩总人时

3. 评估方法

　　各类自然生态服务功能和社会经济服务功能评价指标服务量纲不同（如水源涵养量为 m³、水产品供给量为 t），导致无法通过指标数值简单加和实现河湖生态价值综合评估；不同类型生态服务功能之间也不具可比性，难以分析得到某河湖生态系统的主导服务（或价值）。本次河湖生态价值指标体系评估方法的构建，将在评估各类服务功能量基础上，依据各类服务价值特性，采取替代成本法、支付意愿法、市场价格法等，将不同量纲河湖生态系统服务统一转换成货币值进行定量评价，以实现不同类型、不同区域河湖生态系统服务的多维比较和汇总。具体评价方法见表5-17。

城市河湖生态系统服务价值评价方法及参数　　　　　表5-17

评价指标	功能量	价值转换方法	公式	参数说明
N1	水源涵养量	替代成本法	$VN1 = FN1 \times CN1$ $FN1 = A \times (P - P \times R - ET) \times 10^3$	VN1 为水源涵养价值（元）；FN1 为水源涵养量（m³）；CN1 为涵养单位体积水资源价格（元/m³），根据《森林生态系统服务功能评估规范》GB/T 38582—2020 采用水库单位库容造价 6.1107 元/m³ 替代；A 为河湖水面面积（m²）；P 为降雨量（mm/a），R 为地表径流系数（%），根据《生态产品总值核算规范（试行）》水面地表径流系数为 0；ET 为水面蒸发量（mm/a），可从当地气象站获取监测数据
N2	环境容量	替代成本法	$VN2 = \sum_{i=1}^{n} FN2_i \times CN2_i$	VN2 为水质净化价值（元）；$FN2_i$ 为第 i 类污染物消纳能力（t），选用适合区域水系特征水环境容量模型估算；$CN2_i$ 为污染物单位处理成本（t/元），采用《中华人民共和国环境保护税法》中的征收标准
N3	水面蒸散发消耗能量	替代成本法	$VN3 = FN3 \times CN3$ $FN3 = E_{wt} \times \rho_w \times q \times \dfrac{10^3}{3600 \times r} + E_{wh} \times y$	VN3 为局部气候调节价值（元）；FN3 为水面蒸散发消耗能量（kW·h/a）；CN3 为当地生活消费电价（元/kW·h）；Ewt 开放空调降温期间蒸散发量（m³/a），一般可概化考虑为温度大于 26℃蒸发量；E_{wh} 开放加湿器期间蒸散发量（m³/a），一般可概化考虑为湿度低于 40%蒸发量；ρ_w 为水体密度（g/cm³）；q 为挥发潜热，即蒸发 1 克水所需的热量（J/g）；r 为空调效能比，取值 3.0[110]；y 为加湿器将 1m³ 水转化为蒸汽的耗电量（kW·h/m³），取值 120kW·h
N4	洪水调蓄量	替代成本法	$VN4 = FN4 \times CN4$ $FN4 = Q_h - Q_l$	VN4 为洪水调蓄价值（元）；FN4 为湖泊、水库最高水位与最低水位的调蓄水量变化值（m³）；CN4 为单位水量调蓄价值（元/m³），根据《森林生态系统服务功能评估规范》GB/T 38582—2020 采用水库单位库容造价 6.1107 元/m³ 替代[111]；Q_h 为湖泊、水库最高水位蓄水量（m³）；Q_l 为湖泊、水库最低水位蓄水量（m³）
N5	保护生物物种数	支付意愿法	$VN5 = \sum_{i=1}^{2} FN5_i \times CN5_i$	VN5 为生物多样性保护总价值（元）；$FN5_i$ 为第 i 级保护动物的物种数；$CN5_i$ 第 i 级保护动物支付意愿价格，参照《中国生物多样性国情研究报告》中的研究成果，鸟类国家一级保护的物种价格为 5×10^8 元，国家二级物种价格为 0.5×10^8 元
N6	径流的年输沙量	替代成本法	$VN6 = FN6 \times CN6$ $FN6 = SC \times Q$	VN6 为疏沙冲淤价值（元）；FN6 为径流的年输沙量（t）；CN6 为行业内单位清淤成本投入 6.5 元/t；SC 为河流悬移质泥沙含量（含沙量）（t/m³）；Q 为河流年均径流量（m³/a）

评价指标	功能量	价值转换方法	公式	参数说明
N7	降尘吸收量	替代成本法	$VN7 = FN7 \times CN7$ $FN7 = PS \times A$	VN7 为吸收降尘价值（元）；FN7 为降尘吸收量（t）；CN7 为单位降尘价格（元/t），采用《中华人民共和国环境保护税法》中的征收标准；PS 为年均降尘值（t/km²/a）；A 为河湖水面面积（m²）
N8	负离子量	替代成本法	$VN8 = FN8 \times CN8$	VN8 为水域产生负离子的价值（元）；FN8 为距离水面高度 1.5 米处的负离子量（个）；CN8 为产生单位负离子价格（元/个），参考市场负离子发生器效能比为 2.8 元/10^{10} 个
S1	取水量	市场价格法	$VS1 = FS1 \times CS1$	VS1 为水资源供给价值（元）；FS1 为取水量（t）；CS1 为当地水价（元/t）
S2	水产品供给量	市场价格法	$VS2 = FS2 \times CS2$	VS2 为水产品供给价值（元）；FS2 为水产品产量（t）；CS2 为单位水产品平均价格（元/t）
S3	客、货运量	运输费用法	$VS3 = FS3_{ft} \times CS3_{ft} + FS3_{pt} \times CS3_{pt}$	VS3 为航道运输价值（元）；FS3_{ft} 为货运量（t）；CS3_{ft} 为平均货运单价（元/t）；FS3_{pt} 为客运量（人次）；CS3_{pt} 为客运单价（元/人）
S4	旅游人数	旅行费用法	$VS4 = r \times CS4$	VS4 为河湖态系统旅游康养价值（元）；r 为评估区域旅游收入中水景观及水上娱乐活动所占比例（%）；CS4 为评估区域旅游收入（元）
S5	休闲游憩总人时数	支付意愿法	$VS5 = FS5 \times CS5$ $FS5 = N_{dc} \times N_{re} \times T$	VS5 为滨水休闲游憩空间休闲游憩价值（元）；FS5 评估区域滨水休闲游憩空间休闲游憩总人时（h）；CS5 为当地居民社会平均工资（元/h）；N_{dc} 为通过问卷调查获取的当地居民平均每年访问滨水公共空间频次（次）；N_{re} 评价区常住人口数量；T 为通过问卷调查获取的平均停留时间（h/次）

4. 评估结果应用

河湖生态系统服务价值的实际变化与水生态格局、水环境生境等有着密切的关系，能直观体现流域治理规划在提升城市水生态系统功能的实施成效。一方面，在流域治理规划开展过程中，可以通过规划情景预测，预判河湖生态系统价值提升目标；另一方面，针对河湖生态系统功能短板，提出相应提升或补偿措施。

5.7 规划实施保障

5.7.1 规划协调

2019 年，中共中央、国务院发布《关于建立国土空间规划体系并监督实施的若干意见》，标志着国土空间规划体系构建工作正式全面展开。通过建立国土空间规划体系，主体功能区规划、土地利用规划、城乡规划等空间规划将融合为统一的国土空间规划，实现"多规合一"。因此，国土空间规划在国土空间治理和可持续发展中起着基础性、战略性的引领作用。

"厂网河城"一体化流域治理规划作为水系统专项规划之一，在各级国土空间规划、详细规划（包括法定图则、发展单元规划、城市更新规划等）、相关专项规划（包括城市水系规划、城市绿地系统规划、城市排水防涝规划、道路交通专项规划、城市低碳发展规划等）的编制中需统筹考虑。

其中，在各级国土空间规划、详细规划层面，应纳入"厂网河城"一体化流域治理规划的主要指标、内容、结论，充分衔接一体化流域治理建设要求，合理安排城市用地布局，并在竖向系统、绿地系统、给水排水系统以及生态环境保护中予以落实。在修建性详细规划（更新单元规划等）、城市设计、项目前期选址论证中结合规划深度，细化落实流域治理相关规划指标、要求、市政设施布局等规划内容。

在相关专项规划层面，"厂网河城"一体化流域治理规划需做好规划协调。如在竖向规划中，应衔接其确定的地形、地质、水文条件、年均降雨量及地面排水方式等因素，并与防洪、排涝规划相协调；在水系规划中，应衔接其水体调蓄功能和容量、泄流能力和规模，以及城市蓝线等；在排水防涝规划中，需衔接河道防洪标准、城市排水体制、城市面源污染治理规模和方式等；在绿地系统规划中，则考虑绿地率、城市绿线、具有雨洪滞蓄净化功能的滨水绿化分布及城市排水防涝设施布局和规模等。

5.7.2　建设管控

流域综合治理是一项系统性工程，需要统筹流域内的多主体、多要素实施协同治理模式，避免传统流域治理中的多头治理、分段管理、属地管理的单要素单目标治理模式。

1. 规划阶段

规划和自然资源部门在建设项目前期开展的流域综合治理规划的编制过程中，应对流域内的自然地理条件、城市建设情况、社会经济、环境承载力等进行全面分析，同时确定流域治理的重点和难点；编制综合规划时，应包含水资源保护、水污染治理、水生态修复、城市排水系统建设发展等多方面内容的综合规划，确保规划的全面性和长远性；建立跨部门协调机制，实现水务、生态环境、住建等多部门的信息共享和政策协同，避免政策碎片化。

2. 设计阶段

在项目初步设计（方案设计）阶段时，应以生态优先，综合考虑流域的水文水资源、生态环境、社会经济以及相关政策法规等因素，确保设计方案的科学性和可行性；加强与地方政府、生态环境部门、水务部门等相关部门的沟通协调，确保项目设计符合当地的发展规划和环保要求；引入智能化设计，如智能监控、智能调度等，提高治理效率和响应速度；通过公开咨询、座谈会、专家评审等方式，征求公众意见，增强设计方案的社会接受度和适应性。

项目施工图设计阶段，需要对初步设计方案进行深化和细化，明确具体的技术参数、材料选择、施工工艺等；采用绿色设计原则，尽量选用环保材料，减少施工对环境的影响，如采用生态护坡、透水混凝土等；进行详细的风险评估，包括施工中可能遇到的自然灾害、技术难题等，并制定相应的应对措施。

3. 施工阶段

流域治理应当按照批准的图纸进行建设，按照现场施工条件科学合理统筹施工。实行绿色施工，采用绿色施工技术和材料，减少建设过程中的污染和资源消耗。建设单位、设计单位、施工单位、监理单位等应当按照职责参与施工过程管理并保存相关材料，确保各项建设任务按照规划和设计要求完成，保证工程质量。对于新技术和新模式，可以先在小范围内进行试点，总结经验后再大规模推广。

施工单位应当严格按照设计图纸要求进行施工。对工程使用的主要材料、构配件、设备，施工单位应当送至具有相应资质的检测单位检验、测试，检测合格后方可使用，严禁使用不合格的原材料、成品、半成品。施工过程应当形成一整套完整的施工技术资料，建设项目完工应编制提交海绵设施专项竣工资料。

监理单位应当严格按照国家法律法规规定履行工程监理职责，增加巡查、平行检查、旁站频率，确保工程施工完全按设计图纸实施。应当加强原材料见证取样检测，切实保证进场原材料先检后用，检测不合格材料必须进行退场处理，杜绝工程使用不合格材料。

4. 运维阶段

建立流域治理的持续监测系统，对水质、生态等关键指标进行定期监测，及时发现和处理问题；根据监测结果和新的科技发展，定期对治理措施进行评估和调整，确保治理效果的持续性和有效性；鼓励公众参与流域治理的监督和保护活动，提高公众的环保意识和参与度（图 5-18）。

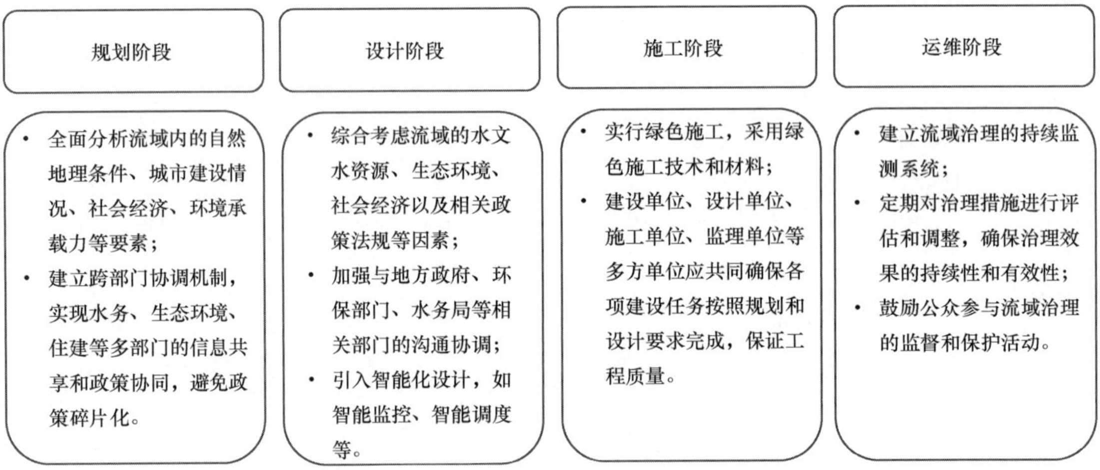

规划阶段	设计阶段	施工阶段	运维阶段
• 全面分析流域内的自然地理条件、城市建设情况、社会经济、环境承载力等要素； • 建立跨部门协调机制，实现水务、生态环境、住建等多部门的信息共享和政策协同，避免政策碎片化。	• 综合考虑流域的水文水资源、生态环境、社会经济以及相关政策法规等因素； • 加强与地方政府、环保部门、水务局等相关部门的沟通协调； • 引入智能化设计，如智能监控、智能调度等。	• 实行绿色施工，采用绿色施工技术和材料； • 建设单位、设计单位、施工单位、监理单位等多方单位应共同确保各项建设任务按照规划和设计要求完成，保证工程质量。	• 建立流域治理的持续监测系统； • 定期对治理措施进行评估和调整，确保治理效果的持续性和有效性； • 鼓励公众参与流域治理的监督和保护活动。

图 5-18 全方位建设管控示意图

5.7.3 城市管理

1. 流域管理

（1）健全流域综合治理规划体系

高质量完成流域治理相关规划的编制，包括流域防洪规划、水网规划、水量调度计划、河湖生态保护修复等，建立流域重大项目库，建立重大项目合规性审查机制，做好流域内省市重大规划的项目审查审核。

（2）维护河湖生命健康

坚持保护优先、自然恢复为主，坚持山水林田湖草沙系统治理，实施河湖生态保护治理、地下水超采综合治理、水土流失综合治理等重点任务，实现涉水空间得到有效管控。确保重点河流主要控制断面生态流量达标，强化生态流量预警响应。严格水域岸线空间管控，强化涉河建设项目和特定水事活动审批许可。落实空间管控制度，严格生产建设项目检查核查及省区履职监督，严格查处违法违规行为。

2. 市政排水管理

（1）理顺职责，完善管理机制

面对城市水务改革的深化，应通过完善政策法规体系，重新界定规划、建设、管理及改造、污水处理等部门职责，减少水务行业管理部门的数量和职能交叉；针对当前水务部门与环保部门之间面临水质管理权限分歧，需理顺水务、环保部门对城市水务行业的监管职责，明确各部门监管内容和责任，完善政府内部的协调机制，改善部门间协调关系；通过规范行政行为，强化依法行政，加强政府监管机构的规范运作和透明行政，促使政府监管部门独立、公正、客观高效地行使监督管理权力。

（2）加强市场运作，多元化融资渠道

如何提高城市的排水管理效率，实现快速化的应急措施，保障城市不再陷入内涝之灾害，是每个地方政府关注的重点问题。完善市场运作机制，打破政府行政职能的垄断，采用承包、服务外包、政府与社会资本合作等方式，让市场主体积极介入排水管理行业，是有效提高排水管理效率的方法之一。

推行排水管理的市场化，主要是为了理顺排水管理体制，强化监管职能，实现管养分离，提高排水设施管理的建设和运营水平，并通过市场竞争降低运营成本，由运营企业提供集投资、咨询、工程施工于一体的综合排水服务，政府则负责做好监督监管、规划指导、技术标准的制定以及竣工验收严格把关等工作。

与此同时，推行排水管理的市场化，亦能丰富融资的途径，吸引社会资本参与城镇排水与污水处理设施的投资、建设及运营，理顺排水设施的资金渠道，可进一步为政府财政减轻压力。

（3）建立行业管控机制

建立和完善与排水统筹市场化相适应的上下对应、配套完善的排水管理机构，主要包括：由政府授权事业单位统筹城乡排水"厂站网"一体化管理，负责排水设施的规划落实、建设监管、移交接收、运行维护计划制定与监督考核及技术指导，制定统一的规划、政策、法规、标准等；通过排水许可证、排污许可证、污水处理费、市场准入和退出机制，依靠立法规定政府和运营企业权利和义务等措施，加强政府对城乡排水行业的技术监管、经济监管、服务监管和环境监管，建立"一龙管水，多龙治水"的城市排水发展方式。

建立和完善配套政策和制度，主要包括：制定特许经营标准，建立项目建设管控、行政执法、监督考核机制，强化业务主管部门的协调、统领作用；加强排水运营过程监管、结果控制，对运营过程中不合规的企业进行严厉处置，对涉及公共安全的突发事件和企业的违规行为，政府可以采取终止合同和临时接管等方式加强保障。

3. 小区排水系统管理

小区排水系统管理是排水管理的"最后一公里"，通过全面推进小区排水管渠专业化、精细化、系统化管养，改善和提升源头水环境质量。具体从以下几个方面开展对小区排水系统的管理。

（1）加强对物业服务单位的指导

应指导物业服务单位开展对小区红线范围内排水管渠的日常巡查、故障报告、配合应急处置等工作，并定期开展培训，提高物业服务单位履职能力，包括物业服务单位发现井盖破损、移位、缺失或者排水管渠塌陷等排水问题时，及时设立警戒线、警示标识等并通知排水公司；对于履职不到位的排水公司，及时向水务部门报告；对小区内排水户装修行为，尽到告知提醒义务，避免雨污错接；对改变房屋功能等导致的雨污混接、违法排水（污）等行为，及时制止并向辖区街道办事处报告；对雨水口周边的垃圾、落叶等杂物，及时清理，不得将杂物扫入雨水口。

（2）规范排水（污）行为

加强对小区内涉水工业污染源的执法，推进涉水工业污染企业（场所）升级改造、入园发展或者清退淘汰。市场监督管理局依法取缔小区内无营业执照排水（污）企业（场所）。市水务局根据排水水质、水量、经营面积等情况对排水户分类管理，制定排水户管理相关规定，开发排水户管理信息化平台，严格落实小区内经营户排水许可全覆盖。

（3）开展排查整治

应深入排查现状接收的存量排水管渠结构性、功能性隐患以及排水户雨污水管渠接驳等情况，开展首次清疏和隐患整治，改造老旧管渠，确保雨污分流、排水通畅。新建且仍在保修期内排水管渠出现的质量问题，由原建设单位负责整改。排水公司应以单元出户井、市政接驳井等为重点加强排水管渠日常巡查，及时改造"错接管"、修复"破损管"、疏通"堵塞管"，同时开展汛前清淤、清掏雨水口，并在小区内检查井安装防坠落装置。

（4）健全化粪池、隔油池、垃圾池（统称"三池"）管理

做好"三池"雨污分流接驳指导和化粪池、隔油池运行监督。加强粪渣、废弃食用油脂处理处置的监管。及时规划建设一批粪渣、废弃食用油脂处理处置场站。

5.7.4 保障措施

1. 组织保障

（1）强化组织领导

设立专门的领导机构，负责健全并实施流域治理方案，确保规划确定的各项任务按期落实到位；制定城市流域治理实施方案，明确工作目标、工作计划和措施，并及时公开治理进展情况；制定城市流域治理部门责任清单，把任务分解落实到有关部门；落实领导干部生态文明建设责任制，严格实行党政同责、一岗双责；对在城市流域治理中责任不落

实、推诿扯皮、没有完成工作任务的，依纪依法严格问责、终身追责。

（2）推动排水监管

清单化整治涉水污染源，实现从排水户到排口、水厂的雨污分流。持续推进暗涵暗渠和总口整治，不断提升暗涵治理成效。加强沿河截污系统的水质水量监测，推动沿河截污管（箱涵）有序退出污水系统。全面强化排水户和排水行为管理，对涉水重点排污企业实施分类管理，严厉查处偷倒、直排废水等违法行为。

（3）推进多元投资

地方各级人民政府要统筹整合相关渠道资金，加大对流域治理的财政支持力度，分类制定资金统筹分配方案，搭建跨部门资金统筹平台，将资金优先投入到流域治理中去，最大限度提高资金的利用率。

创新投融资机制，拓宽投融资渠道，引导调控社会资源，用好中央投资和地方政府专项债券，发挥政府投资引导作用，引导金融机构加大对本规划工程项目建设的金融支持，鼓励和引导社会资本参与到流域生态保护与污染治理。

2. 运营管理保障

（1）建立按效付费制度

建立与区域污水收集处理效能、水环境目标相关联的按效付费机制。推动污水处理厂从按水量付费向按污染物削减量转变的付费机制。推动污水处理厂从按水量付费向按污染物削减量转变的付费机制。

（2）构建"厂网河城"一体专业化运营机制

① 建立形成"厂网河城"一体化管理框架，选择有能力、实力、经验的专业公司，授予特许经营权。

② 构建完善"厂网河城"一体化运营管理。

a. 组建污水分公司。在污水处理系统"厂网河城"一体化运营中，特许经营公司围绕流域内已建成和正在建设的污水处理厂和服务片区，调整企业管理体系，组建各污水分公司。

b. 精细管理小流域。按照各排水分区实施网格化管理，按照管线拓扑关系建立排水小流域，形成点、线、面结合的小流域精细化管理格局，精准实施源头监控和超标溯源。

c. 完善一体化机制。建立完善污水处理厂、管网、泵站一体化调度方案，确保每类设施发挥应有作用，实现"水质保障、水量均衡、水位预调"的系统化运营，出厂水质达到污水处理厂污染物排放一级 A 标准。同时，进一步完善厂网一体防汛机制，建设集实时监测、预警、会商、调度指挥等功能于一体的信息化管理系统，管网、泵站、水厂全体人员各司其职，及时发现突发问题，有重点有针对性地加强应急抢险力量，提高城市安全运行保障水平。

③ 建立"厂网河城"一体化综合考核体系，将污水处理厂运营管理、排水管网维护管养、污水处理出水水质达标情况、河道水质达标情况等纳入绩效考核内容，与特许经营公司运营费等挂钩，实行按效付费，为提供优质公共产品作保障。

（3）推广政府与社会资本合作（PPP）模式

① 规范运作模式

在公共服务领域推广政府和社会资本合作（PPP）模式，有助于提高公共服务效率，为社会资本提供更多投资机会；有助于政府转变职能，建设法治政府、服务政府。通过PPP模式引入社会资本方，并不意味着政府提供公共服务责任的完全转移，政府不能当"甩手掌柜"。因此，必须对PPP项目库进行动态管理，规范项目运作方式，推动项目签约落地，大力促进PPP项目的稳步推进。

签订特许经营协议。政府必须与中选合作伙伴签署特许经营协议，协议应明确项目实施范围、产出（服务）质量和标准、投资收益获得方式、项目风险管控、协议变更、特许经营期限等内容，约定双方的权利、义务和责任。

② 建立项目监管体系

PPP项目监管是监管机构运用行政、法律、法规、经济等手段，发挥政府和公众等利益相关者的监管职责，对PPP项目的建设和运营进行监管，以保证公用事业和基础设施的顺利实施以及公共产品的质量和服务的效率。由于PPP项目具有一次性、长期性和不完备契约性等特点，基于社会资本的逐利性，PPP项目建设和运营将面临更多更复杂的风险，因此，PPP项目的发展离不开完善的PPP项目监督体系。

建立高效的PPP项目政府监管机构。监管机构作为PPP项目监管体系的核心，高效的监管机构体系有利于确保项目监管的有效性和统一性，所以对各部门的监管边界进行明确划分是十分必要的。PPP项目监管机构的设立，首先明确行政监管部门的监管职责和范围。其次，设立独立综合性的政府监管机构，然后在独立综合性的政府监管机构下设立各个领域的专业性独立监管机构，如交通独立监管机构、电力独立监管机构、水务独立监管机构等。具有独立性和专业性的PPP项目监管机构是保障PPP项目行政监管效率的重要基础。

建立健全的PPP项目政策法规体系。首先，从宏观层面对PPP项目的各个阶段进行整体约束，完善相关约束配套政策法规。其次，基于PPP项目的多样化以及试点区域实际情况，从微观层面对不同PPP项目制定相应的政策法规，最大限度地为PPP项目提供政策保障与支持。宏观层面与微观层面的相结合，互相补充，建立健全的PPP项目政策法规体系。

建立完善的PPP项目社会监督体系。PPP项目社会监督体系是PPP项目成功非常重要的保障，体现了公众作为项目利益相关者参与项目的公平性和公正性。PPP项目社会监管体系可以由两部分组成：一是建立PPP项目公众投诉及建议平台；二是健全PPP项目听证会制度。一方面要建立听证人员甄选制度，公正广泛地选取听证成员；另一方面，听证的主要议题应在相关媒体上公示，开放实时网络讨论，真正做到公众参与并定期把结果反馈给公众。

3. 公众参与保障

（1）全程参与流域治理

城市水环境质量是人居环境的重要内容，事关人民群众切身利益，公众应全过程参与城市流域治理的筛查、治理、评价，监督流域治理的成效；开展群众投诉举报流域治理相关问题的网上通道，定期回复反馈群众的相关提问，提高群众的流域治理项目建设的参与度。

（2）加强宣传引导

组织开展形式多样的生态环境保护修复体验和实践活动，引导和规范生态环境保护领域非政府组织有序参与生态环境保护事务。采用微信公众号、视频号等新媒体的方式，面向公众进行宣传报道，提高公众对河道污染、初期雨水污染以及日常不正确排放行为的认识，完善公众监督和举报反馈机制，引导社会组织和公众共同参与环境治理。

第6章 模 型 应 用

流域内地表径流、排水系统和受纳水体中的一系列复杂的水文、水力和水质变化过程，可以通过运用数学模型来合理抽象、概化和量化分析。通过构建和应用数学模型，我们可以在不同的设定情景下，模拟污染物的产生和迁移规律，揭示地表产汇流的内在机制，分析排水管网及其设施的运行特征以及预测受纳水体的水质变化趋势，为流域治理方案的制定提供科学依据。

在"厂网河城"一体化流域治理规划中，数学模型的应用显得尤为重要，常用的数学模型包括源头减排模型、排水系统模型以及受纳水体模型等。本章详细介绍了流域治理中常用的数学模型及其构建方法，并通过具体的模型应用示例来说明模型应用的要点，旨在为从事流域治理工作的专业人士提供有益参考。

6.1 模型应用需求

"厂网河城"一体化流域治理的核心在于污染控制，通过整合源头低影响开发、管网系统、调蓄设施、污水处理厂、河道等要素，实现对城市水环境的全面治理和保护。这就要求对流域水环境质量、排水系统能力、河道水动力、生态效益等方面进行量化分析，以科学评估治理效果和治理方案的可行性，为环境风险评估、水污染事件的预警预测以及水生态系统的保护修复提供支撑。

早期的量化分析主要通过监测手段，对流域水体的水质、水量等进行分析评估。随着计算机技术的进步，基于物理原理的计算机数学模型得到发展和应用，主要包括水质模型、水文模型和水力模型，这些模型的本质都是利用数学方法模拟径流雨水和污染物在源头产生、冲刷及在排水系统和受纳水体中迁移、处理的全过程，具体包括：

（1）污染物产生、迁移和扩散模拟：预测污染物的产生累积、迁移路径、扩散速率和影响范围，从而有针对性地指导治理措施和应急预案的制定；

（2）雨水径流模拟与管理：城市雨水径流模型能够模拟雨水在城市地表的流动路径、污染物的冲刷和输送过程，通过模拟不同降雨事件下的径流和污染物情况，可以指导雨水管网和截污系统、雨水湿地等径流污染控制设施的设计和管理，为城市防洪、排水和水质改善提供重要支持；

（3）水体水质模拟与评估：水质模型能够模拟水体中各种物质的浓度变化，包括溶解氧、氨氮、总磷等重要指标，有助于评估水体的健康状况、识别水质问题的来源，以及验证治理方案的有效性。

以生态环境治理为目标的流域水力水质模型，其发展经历了多个阶段。早期水力模型主要关注水流的运动规律，例如曼宁公式用于描述河流的水流速度和水深之间的关系；随后逐渐发展成为涵盖地表产汇流水文模型、地表二维水力学汇流模型、河道一维水力学模型、地下管网汇流模型和零维水体模型等水力模块以及污染物产生、迁移和扩散的水质模块的综合雨水径流模型，例如已得到广泛应用的模型如英国的 InfoWorks ICM 水力模型、美国国家环境保护局开发的暴雨管理模型（Storm Water Management Model，SWMM）以及丹麦的 MIKE 系列模型等。随着环保意识的提高和计算机技术的进步，用于模拟污染物进入受纳水体后的物理、化学、生物过程和污染物的迁移、扩散过程的水环境模型得到发展，例如美国国家环境保护局的 QUAL-Ⅱ水质模型、WASP、EFDC 和 Delft3D 等模型。另外，随着地理信息系统（GIS）和遥感技术的发展，水力水质模型与空间信息的集成应用也日益成熟，为水环境管理提供了更全面的分析和决策支持。

按空间维度来分，流域模型可以分为一维、二维和三维模型。一维模型主要用于河流和水管道等线性水体的模拟；二维模型适用于湖泊、河口等较为复杂的水体；而三维模型则考虑了水体的垂直变化，适用于较为复杂的水体及湍流环境。

按流域治理的要素来分，流域模型可以分为源头减排模型、排水系统模型和受纳水体水环境模型。

（1）源头减排模型：针对降雨落到地表产生地表径流后，地表径流携带的面源污染物在进入到排水系统前被雨水花园、下沉式绿地、植草沟等雨水滞蓄设施削减的这一过程构建的水文模型，主要功能包括：①模拟计算不同降雨条件下子汇水区产生的水量和水质，如降雨径流总量、径流峰值、COD 等污染物浓度等；②模拟计算雨水花园、下沉式绿地、植草沟等源头减排设施在多种搭配方案下对水量、污染物的截流效果；③评估不同规划方案在径流削峰、污染物削减方面的效果。

（2）排水系统模型：针对降雨后的地表径流汇入到管网系统构建的模型，主要功能包括：①预测不同降雨条件下排水系统在水力和水质方面的响应情况，如降雨径流总量、径流峰值、在管网里汇集的污染物总量和浓度等；②在截流式合流制或分流制系统中，通过模拟预测管网发生溢流的时间和位置。模拟计算长系列连续降雨工况下的年均溢流频次和溢流水量，作为评判排水系统溢流控制设施是否达标的重要标准；③分析现状问题，明确污染物来源和分布，寻找系统中存在的风险和短板。

（3）受纳水体水环境模型：针对经排水系统排放到湖泊、河道、海洋等受纳水体后污染物发生的迁移、扩散、消解等过程构建的模型，主要功能包括：①评估受纳水体现状水动力、水质情况，分析在风场、泵闸等能量场现状工况下的水动力、水质短板，作为开展研究和规划的本底条件；②评估受纳水体水质不达标情况，包括不达标天数、水质超标时长、超标位置等；③模拟不同降雨条件下，受纳水体水质与径流污染物之间的响应关系，预测水质变化趋势；④模拟评估不同规划方案条件下受纳水体水动力、水质改善效果。

根据研究和规划目标的具体要求以及研究范围的特征，选择合适的模型及其组合进行流域要素的模拟与评估。针对现状主要是农田、林地等非建设用地且无排水系统的研究区域，可选用源头减排模型和水环境模型分析自然流域产生的地表径流和污染物负荷排入受纳水体后的迁移、扩散规律；针对涉及管渠、泵闸等排水设施的研究区域，可选用源头减排模型、排水系统模型和水环境模型分析地表径流污染物产生、迁移的全过程；针对只涉及河、湖、海域等受纳水体的研究区域,可采用水环境模型分析在不同动力场下的水动力、水质情况。

6.2 常用模型软件

在计算机技术发展初期,一些基础的水文水力模型开始被开发出来。这些模型主要基于简单的数学方程和算法,旨在模拟水流的基本特性和行为。随着计算机技术的进步和数值分析方法的发展,水文水力模型和水质模型的研究和应用取得了重大突破。20 世纪 70 年代,SWMM 模型使得流域内的水文循环和水力过程能够被更准确地模拟,为水资源管理和流域治理提供了有力的工具。与此同时,水质模型也经历了空间上从一维到三维的跨越,不仅实现了水动力模型和水质模型的耦合,更进一步实现了陆域水文水质模型和水体模型的全面整合,从而为水质问题的深入研究提供了更为全面和精准的模型支持。

目前,在专业人员中广泛使用的地表水文-水力-水质模型和水质模型包括 SWMM 模型、MIKE 模型、InfoWorks ICM 模型等。这些模型均集成了地表径流、排水管网、河道以及各类涉水设施的模拟功能,从而能够精确地实现一维或二维水量水质变化过程的模拟。此外,环境流体动力学模型 EFDC(Environmental Fluid Dynamics Code)和 Delft3D 作为常用的水体水环境模型,具备强大的模拟能力,可适用于江河、湖泊、河口、水库、湿地以及近海表层水系中的三维流动、溶质运输以及生物化学过程的模拟,为水环境复杂过程的研究提供有力工具。

1. SWMM 模型

SWMM 模型是 1971 年美国国家环境保护局开发的城市降雨径流水量和水质预测与管理模型,属于免费开源模型,开发的目的是解决日益严重的城市降雨径流污染问题。自 1971 年推出后,历经多次更新改进,最新版本为 5.2.4,计算模块主要有水文、水力和水质模块。SWMM 具有通用性好、模拟计算功能强大等特点,被广泛应用于城市降雨径流水量、水质模拟。在水文、水动力方面可以模拟单场或连续场次降雨事件的径流产生与输移过程和排水管网与自然排放系统的水量,在水质模拟方面可以模拟城市降雨径流污染的产生过程和排水管网与自然排放系统的水质,能够模拟水体污染物有生化需氧量(BOD)、化学需氧量(COD)、大肠杆菌、总氮(TN)、总磷(TP)、总固体悬浮物(TSS)、沉淀物质、油类等 10 种及用户自定义污染物,不具有浓度实时控制模块。由于是免费开源模型,需自行编译与 GIS、AutoCAD、GoogleEarth、MIKE 系列对接的接口(图 6-1)。

2. InfoWorks ICM 模型

InfoWorks ICM 开发机构为华霖富水力研究有限公司(HR Wallingford Ltd.),属于商业模型,操作友好,可以完整模拟城市流域、复杂河网、滞洪区的地表水体、水质、泥沙运输过程,实现了城市排水管网系统模型与河道模型的整合,更为真实地模拟地下排水管网系统与地表收纳水体之间的相互作用。它在一个独立模拟引擎内,完整地将城市排水管网及河道的一维水力模型,同城市/流域二维洪涝淹没模型,海绵城市的低影响开发系统(包括雨水资源的利用)模拟,洪水风险等的评估等整合在一起,是世界上第一款实现

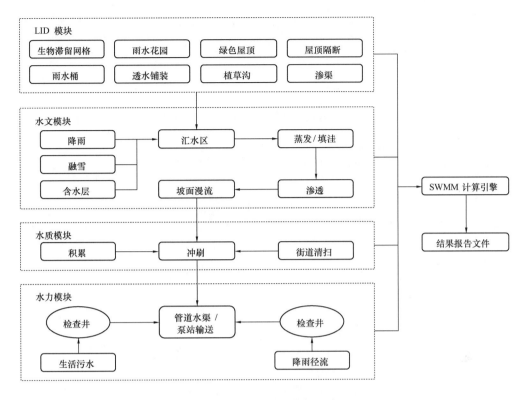

图 6-1　SWMM 模型结构示意图

在单个模拟引擎内组合这些模型引擎及功能的软件。主要包括水文产汇流模块、一维管网 & 河网计算模块、二维地表积水演进模块、LID 模块、洪水风险模块等，支持二次开发以及在线预报预警系统，可以提供与 GIS、AutoCAD、GoogleEarth 实现对接的接口。水文产汇流模块包含了产流、汇流模型各 7 种，水质模型采用污染物累积－冲刷模型，可以模拟的污染物种类有 BOD、COD、NH_3-N、DO、TP 等 12 种（图 6-2）。

3. MIKE 模型

MIKE 模型是丹麦水利研究所 DHI 自主开发的专业水利模型软件，属于商业模型，被广泛应用于城市水环境模拟、海洋潮汐水动力模拟、江河湖泊水动力水质模拟、水资源管理、实时在线模拟等领域，具有功能齐全、可视化程度高、容易操作等优点。其产品主要有 MIKE11、MIKE URBAN、MIKE21、MIKE FLOOD 等。MIKE URBAN 用于模拟排水管网中的排水过程，可模拟污水、雨水地表径流在管网中的行进路径，也可进行管网水质模拟。对于排水管网的模拟，分为降雨径流的模拟计算过程和管内水流水力的模拟计算过程。MIKE11 是用于模拟一维河流水体的流动过程，水动力模块是模拟明渠河网中的非恒定流，也可以模拟河道中多种水工构筑物。MIKE FLOOD 是用于耦合其他 MIKE 模型的平台，可通过导入构建好的 MIKE11、MIKEURBAN、MIKE21 模块实现不同模块间的耦合计算。MIKE FLOOD 中的耦合连接方式也是动态过程，因此耦合模型的呈现也是一个动态过程，能够切实地展现水流交换。这样一方面能够充分发挥各模型的优点，另一方面能够减少单独使用模型过程中的网格精度问题（图 6-3）。

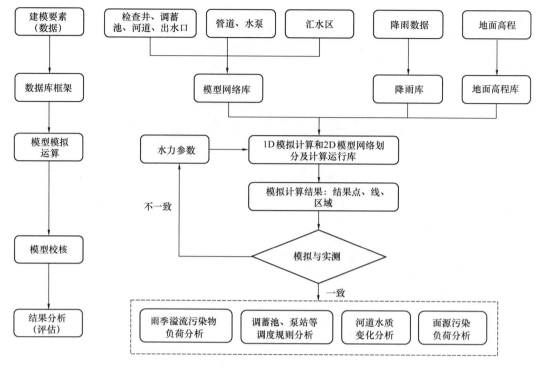

图 6-2　InfoWorks ICM 模型结构示意图

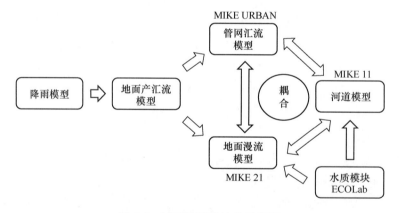

图 6-3　MIKE 模型结构示意图

4. EFDC 模型

EFDC（Environmental Fluid Dynamics Code）模型是美国国家环境保护局推荐使用的水环境模型之一，早期由美国弗吉尼亚海洋研究所开发，目前由美国 DSI（Dynamic Solutions International）公司开发和维护。EFDC 采用 FORTRAN 语言编制，子模块主要包括水动力、泥沙运输、水质及富营养化、沉积及毒物，计算网格在垂直方向采用 σ 坐标变换，水平方向采用直角或者曲线正交坐标系。能够模拟河流、河口、湖泊、水库、湿地和自近岸到陆架的海域，并能同时考虑风、浪、潮、径流和水工建筑物的影响（图 6-4）。

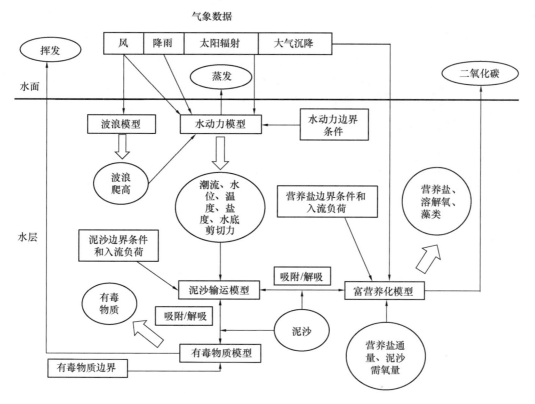

图 6-4 EFDC 模型结构示意图

5. Delft3D 模型

Delft3D 由荷兰代尔夫特水力研究所（WL｜Delft Hydraulics）研究开发的一套水流、泥沙、环境完全集成的计算机水动力水质模型软件包，目前结构网格软件包是开源的，核心计算模块水动力模块（FLOW）、波浪模块（WAVE）、水质模块（WAQ）、生态模块（ECO）、动力地貌模块（MOR）以及泥沙输运模块（SED），广泛应用于模拟海岸、河流、湖泊区域二维和三维的水体流动、波浪运动、水质变化、生物反应、泥沙输运以及各个过程之间的相互作用，是目前世界领先的水动力-水质模型之一（图 6-5）。

Delft3D 系统在国际上的应用十分广泛，如荷兰、俄罗斯、波兰、德国、澳大利亚、美国、西班牙、英国、新西兰、新加坡、马来西亚等，尤其是在美国已经有很长的应用历史。中国香港地区从 20 世纪 70 年代中期就开始使用 Delft3D 系统，内地从 80 年代中期开始也有越来越多的应用，如长江口、杭州湾、渤海湾、滇池、辽河、三江平原。

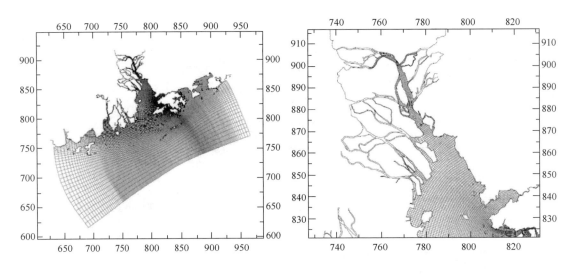

图 6-5　Delft3D 在珠江河网和河口的应用

（图片来源：香港特别行政区环境保护署．珠江三角洲水质模型［R］．2008）

6.3　模型构建方法

数学模型在"厂网河城"一体化流域治理规划中的应用包括以下主要步骤。

（1）明确模型需求

根据不同的研究目，不同"厂网河城"一体化流域治理规划中涉及面源污染负荷估算、源头污染物削减、径流污染控制、内涝风险评估、受纳水体综合整治等研究内容。在构建模型前应明确模型的需求，若关注点主要为面源污染负荷估算以及源头污染物削减，建议采用源头减排模型。若关注点为城市内涝治理，建议采用源头减排模型和排水系统模型。若关注点主要为受纳水体水动力、水质改善，水质达标，建议采用源头减排模型、排水系统模型和水环境模型。

（2）选定模型软件

主要从模型软件的适用性、便捷性、架构与格局以及可拓展性来选定模型软件。适用性是指软件能够用来模拟哪些系统，解决哪些问题，模型软件具备哪些计算引擎。以综合流域模型 InfoWorks ICM 为例，其计算引擎包括了地表产汇流模型（十几种），管网及其排水设施（泵、闸、堰等）水力模型，河道及其水工建筑物的水力模型，二维地面洪水淹没演进模块，地表/管道/河道及二维水体的水质模型，计算模块丰富，可完成城市内涝模拟、低影响开发设计评估、洪水淹没推演、水动力水质模拟等模型项目。便捷性是指软件携带的辅助工具能否提高工作的高效性。SWMM 等开源模型配备的辅助工具少，建模过程中开展处理数据、模型率定、结果分析、汇报出图等工作时，需要花费大量的时间。而MIKE 系列、InfoWorks ICM 等商业模型，在几十年的开发过程中，积累了大量辅助工具，可大大提高数据处理、模型率定、结果分析、汇报出图等工作的效率。架构与格局是指模型的数据库管理模式。仍然以 InfoWorks ICM 为例，目前是唯一以数据库管理的模式来开发的模型软件,意味着一旦开始使用,可以将几年/十几年的模型项目一并存储和管理在其本地的数据库中,不仅仅是模拟的排水系统,包括所有采用的降雨,水位边界,模拟计算的各种方案及结果,包括统计的一些结果,以及定制好的结果展现的方式,都一并存储在统一的数据库中,保持成果能够长久地保存。同样是商业模型的 MIKE 系列,是在 GIS 基础上开发的,文件管理模式仍沿用 GIS 系统的管理模式,而非数据库管理模式。随着计算机技术的不断发展,模型应用的广泛程度将大大超过以往。在过去的三四十年中,模型软件从 Dos 版,发展到现在的 win10 系统,大部分时候,人们还是应用模型来进行规划、设计方案的评估,更多的是辅助工程建设方案的确定。这一部分的应用会一直持续,而且也很重要。但是近几年来,以及在不远的将来,模型的应用已经不可避免地逐步扩展到运维管理、应急、辅助决策的层面。一个成熟的模型软件,应当随着需求变化不断更新模型的功能和计算引擎。

(3) 确定资料需求

模型构建的基础是资料的完整性,资料的准确性是保证模型模拟结果正确的关键。输入到模型的基础数据应能真实反映现状和规划条件下的实际情况。应用于"厂网河城"一体化流域治理模拟的数学模型软件需要输入的主要数据有气象数据、下垫面数据、排水管网数据、河湖水系数据、降雨水量水质监测数据、流速监测数据等(表 6-1)。这些数据主要存储于基于 GIS 平台构建的基础数据库或 CAD 图。

数学模型数据需求　　　　　　　　　　　　　　　　　　表 6-1

类型	数据名称	数据格式	数据要求
气象资料	降雨数据	TXT/EXCEL	多年逐分钟降雨量、暴雨强度公式
	蒸发数据	TXT/EXCEL	蒸发量
	风速数据	TXT/EXCEL	风速
	风向数据	TXT/EXCEL	风向
下垫面资料	地形数据	CAD/GIS	地形图
	土壤数据	WORD/CAD	土壤渗透系数
	现状下垫面	CAD/GIS	现状土地利用情况
	土地利用规划	CAD/GIS	土地利用规划图
	竖向规划	CAD	竖向规划图
排水设施资料	排水管网	CAD/GIS	节点(检查井、雨水排放口、调蓄池、泵站)数据、管渠(排水管、箱涵、排水渠)数据
	泵闸等排水设施	CAD/GIS	泵站、泵性能曲线、闸门调度情况
	低影响开发设施	CAD/GIS	设施类型、构造、尺寸、汇水范围等
河湖水系资料	河道断面	CAD/GIS	河道断面勘测资料
	水下地形	CAD/GIS	地形数据
	水工构筑物	CAD/GIS	泵闸、涵洞等数据
监测数据	降雨监测数据	TXT/EXCEL	逐分钟雨量监测数据
	流量监测数据	TXT/EXCEL	管道、河道流量监测数据
	水质监测数据	TXT/EXCEL	排口、受纳水体水质监测数据(COD、TN、SS、TP 等)
	流速监测数据	TXT/EXCEL	受纳水体流速监测数据
其他数据	边界条件	TXT/EXCEL	水位、水量、水质边界条件
	其他	—	规划方案所需的其他相关数据

模型数据的精度越高，模型模拟结果的准确性和可靠性越高，因此，模型输入数据应满足一定的数据精度和格式要求。在模型基础数据收集阶段应尽可能确保数据精度和准确性，减少模拟误差，提高模拟结果准确性。

（4）资料收集

确定资料需求清单后可开展资料收集工作，应将需要收集的现状资料、设计资料、规划资料以及监测资料分门别类整理好，待资料收集工作完成后应及时形成基础资料数据库。

（5）模型构建

模型构建是现实世界数据化，根据不同的建模和研究目的，模型构建工作主要包括数据收集、数据处理、模型概化、参数录入、模型调试、率定与验证、结果分析等过程。基于不同的建模和研究目的，模型构建过程将选用不同的计算模块，涉及的主要计算模块有水文产汇流模块、管网计算模块、河道计算模块、水质模块等。

（6）率定与验证

模型率定是指通过调试模型参数使模拟结果与监测数据相接近，从而获得模型最优参数的过程。模型验证是指选择另一组实测数据验证率定过程得到的模型参数是否合理，是评价模型模拟结果准确性的过程。模型参数率定验证方法一般分为人工手动调参和基于算法自动调参，主要采用洪水径流量相对误差 δ_v、峰值流量相对误差 δ_m、Nash-Sutcliffe 效率系数 N_s 来评价率定得到的模型参数和模拟结果是否真实可靠。相关规划、标准表明，若 $\delta_v \leqslant 10\%$、$\delta_m \leqslant 20\%$、$N_s \geqslant 0.7$，率定得到的模型参数和模拟结果才是真实可靠的，模拟计算结果才能实用于工程和规划设计。

（7）分析与应用

基于模型分析现状工况条件下排水管网系统溢流入河频次、污染物负荷量、水动力条件以及受纳水体水质变化趋势，识别现状问题。根据不同规划方案设计不同的模型工况，建立不同情景模型。模拟计算不同规划方案水量、水质改善情况，其中水量方面主要包括径流总量和径流峰值的削减，溢流点空间分布和溢流频次，水质方面主要包括污染物负荷产生量、截留量及最终进入受纳水体的量等。根据模拟结果对规划方案不断进行优化调整。

6.4　模型应用示例

6.4.1　源头减排模型

随着低影响开发（Low Impact Development，LID）、可持续城市雨水系统（Sustainable Urban Drainage System，SUDS）、水敏感城市设计（Water Sensitive Urban Design，WSUD）等倡导通过入渗、过滤和滞蓄等方式对雨水径流进行管理和调控的理念的推广和应用，与上述理念相适应的源头减排设施如雨水花园、下沉式绿地、植草沟等的模型模拟得到发展。目前，常用的地表水文-水力-水质模型如 SWMM 模型、MIKE 模型、Info

Works ICM 模型等均包含低影响开发（Low Impact Development，LID）模块，并将其纳入模型的水文模块，联合产汇流过程，模拟地表径流及径流污染物产生、迁移及削减过程。本章以 SWMM 模型为例，介绍源头减排模型的构成、原理、构建、分析与应用。

1. 模型构成

源头减排模型的构成包含产汇流模型、涵盖各类源头减排设施的 LID 模块以及地表污染物的累积和冲刷模型。

（1）产汇流模型

产汇流模型是用于模拟降雨的地表径流产流过程和径流量的汇流过程。这个模型可以帮助我们理解和预测在不同地貌、土地利用条件下，降雨如何转化为地表径流，以及这些径流是如何在城市地表和排水系统中汇集和流动的。

（2）LID 模块

SWMM 模型中的 LID 模块用于模拟各类源头减排设施的雨水径流和径流污染控制效果，包括生物滞留网格、雨水花园、绿色屋顶、渗渠、透水铺装、雨水桶、屋顶隔断、植草沟 8 种源头减排设施。

① 生物滞留网格（Bio-retention Cells），从上至下包含植被层、混合工程土壤层和砾石层的洼地，对直接降雨和周边地区的径流提供储存、渗透和蒸发。

② 雨水花园（Rain Garden），生物滞留网格的一种，只有植被层和混合工程土壤层，没有砾石层。

③ 绿色屋顶（Green Roof），生物滞留网格的一种，从上至下包含植被层、土壤层和排水垫层，可用于渗透、消纳屋顶过多的降雨径流。

④ 渗渠（Infiltration Trench），为填有砂砾的窄渠，可截留上部不渗透地面产生的径流，为径流提供了蓄水容积，并延长径流下渗到底部土壤的时间。

⑤ 透水铺装（Permeable Pavement），在砂砾蓄水层之上，为多孔混凝土或沥青集料铺砌的街道或停车场区域。降雨通过路面进入蓄水层，再下渗到底部土壤。

⑥ 雨水桶（Rain Barrel），为收集降雨期间屋顶径流的容器，可以在旱季排放或回用雨水。

⑦ 屋顶隔断（Rooftop Disconnection），表示屋顶径流通过雨落管断接排向渗透性景观区域和草坪，而不是直接进入室外雨水管；也可以模拟直接连接并溢流到渗透面积的屋顶排水管。

⑧ 植草沟（Vegetative Swale），有草和其他植被覆盖的渠道，减缓雨水径流输送时间。

（3）地表污染物的累积和冲刷模型

地表污染物的累积和冲刷模型是用来描述和预测地表污染物在地表上的积累和移动过程的数学模型，以指导污染物控制和治理措施的实施。降雨、地形、土壤类型、植被覆盖等因素影响了污染物在地表上的累积、分布、迁移过程。

2. 模型原理

（1）产汇流模型原理

SWMM 模型中的产汇流过程包含了降雨的产生、流入和流出过程，主要包括以下几个方面。

① 降雨输入：SWMM 使用降雨输入模型来描述降雨的发生情况。这些模型可以是简单的均匀降雨或复杂的时空变化的降雨模型，考虑到降雨的强度、持续时间和频率等因素。

② 产流模型：产流模型描述了降雨在地表产生径流的过程。SWMM 中常用的产流模型包括著名的 SCS-CN 模型（Soil Conservation Service Curve Number）和其他基于土壤类型、植被覆盖和降雨量等参数的产流模型。

③ 汇流模型：汇流模型描述了产生的径流在城市排水系统中的流动和汇集过程。SWMM 采用了基于水力学原理的不同类型的汇流模型，包括基于物理方程的河流流动模型和经验方程式。

（2）LID 模块原理

SWMM 模型将 LID 模块作为子汇水区不透水面积的一部分进行模拟，基于水量平衡方程原理演算雨水在各结构层间的储存和流动关系，可以实现生物滞留网格、雨水花园、绿色屋顶、渗渠、透水铺装、雨水桶等源头减排设施的水量、水质模拟。影响 LID 模块水文性能的因素包括源头减排设施的表面积、介质层（含种植土层和砂砾层）的渗透性质及竖向深度以及底部排水垫层的水力能力。尽管雨水花园、下沉式绿地等源头减排设施在实际应用中通过植物根系吸收等作用有效削减污染物，但 SWMM 模型仅模拟雨水径流在介质中渗透消纳导致的径流污染物削减。

（3）地表污染物累积和冲刷模型

SWMM 模型模拟伴随着产汇流中水污染物产生、传输和迁移的过程。其中，污染物的产生过程可分为累积（Buildup）和冲刷（Washoff）两部分，具体来说，包含晴天时不同类型用地或下垫面污染物的累积过程、降雨对不同类型用地或下垫面表面累积污染物的冲刷过程，以及晴天街道清扫对污染物的减少量。

① 源头地表污染物的累积过程

SWMM 假设地表污染物附着在尘埃和颗粒物表面，在下一次降雨事件发生前逐渐累积。SWMM 提供了三种污染物累积方程：分别是幂函数（Power Function）、指数函数（Exponential Function）和饱和函数（Saturation Function）。

幂函数（Power Function）假设污染物累积量与时间成幂函数关系，污染物累积量随时间增加而增加，达到极限值为止，计算方程为：

$$B = \min(C_1, C_2 t^{C_3}) \qquad (6\text{-}1)$$

式中：B 为污染物累积量；

C_1 为最大可能累积量；

C_2 为累积速率常数；

C_3 为时间指数；

t 为降雨历时。

指数函数（Exponential Function）假设污染物累积量遵循指数增长曲线规律，逐渐趋近于最大值，计算方程为：

$$B = C_1(1 - e^{-C_2 t}) \tag{6-2}$$

式中：B 为污染物累积量；

C_1 为最大可能累积量；

C_2 为累积速率常数；

t 为降雨历时。

饱和函数（Saturation Function）是假设刚开始地表污染物累积速度是一个线性增长的过程，随时间增加累积速率下降，直到达到累积量的饱和值，计算方程如下：

$$B = \frac{C_1 t}{C_2 + t} \tag{6-3}$$

式中：B 为污染物累积量；

C_1 为最大可能累积量；

C_2 为半饱和常数；

t 为降雨历时。

② 地表污染物的冲刷过程

SWMM 地表污染物的冲刷过程包括降雨事件中附着尘埃和颗粒物表面上的污染物被侵蚀和溶解的过程，SWMM 提供了三种污染物冲刷计算方程，分别为冲刷流量特征曲线（Rating Curve Washoff）、场次降雨平均浓度（Event Mean Concentration）和指数方程（Exponential Washoff）。

冲刷流量特征曲线，假设每单位时间内冲刷污染物量与径流速率指数呈指数线性变化，计算公式如下：

$$W = C_1 Q^{C_2} \tag{6-4}$$

式中：W 为单位时间内污染物冲刷质量；

C_1 为冲刷系数；

C_2 为冲刷指数；

Q 为用户定义的径流速率。

场次降雨平均浓度是冲刷流量特征曲线的特殊情况，当 $C_2 = 1$ 时，系数 C_1 等于平均冲刷污染物浓度（EMC），见公式 6-5 和公式 6-6：

$$EMC = \frac{M}{V} = \frac{\int_0^T C_1 Q_t \, dt}{\int_0^T Q_t \, dt} \tag{6-5}$$

$$W = EMC \cdot Q \tag{6-6}$$

式中：M 为降雨事件中某污染物冲刷总质量（kg）；

V 为对应的径流总体积（L）；

C_1 为随时间变化的污染物浓度（kg/L）；

Q_t 为随时间变化的径流流量（L/s）；

T 为降雨历时；

EMC 为场次降雨平均浓度，用户自行输入的模型参数（kg/L）；

Q 为用户输入的径流速率；

W 为单位时间内污染物冲刷量。

指数方程是假设单位时间内冲刷的污染物量与地表残留污染物量成正比，与雨水径流量成指数关系，计算公式如下：

$$W = C_1 q^{C_2} B \tag{6-7}$$

式中：W 为单位时间内污染物冲刷量；

C_1 为冲刷系数；

C_2 为冲刷指数；

q 为单位时间径流深（inches/h 或 mm/h）；

B 为污染物累积量。

上述三个方程中的冲刷累积污染物量随降雨事件发生，累积污染物量逐渐减少，当累积污染物量为零时，冲刷过程就会停止。

③ 道路清扫模拟

SWMM 模型里，道路清扫是指地表累积污染物会阶段性减少的过程，清扫污染物质量的计算公式如下：

$$M = \alpha \beta B \tag{6-8}$$

式中：M 为清扫污染物的质量；

α 为可清扫污染物的比率；

β 为清扫效率；

B 为地表累积物的量。

SWMM 模型需要输入两次清扫时间间隔、模拟开始时与上一次清扫时间的时间间隔、可清扫污染物的比率等。

3. 模型构建

源头减排模型的构建过程主要包括数据收集与整理、模型概化、模型参数输入和模型调试运行（图 6-6）。

（1）数据收集与整理

根据规划研究的目标、内容以及模型构建的目的和精度要求，收集气候、地形、土壤、植被、土地利用、现有的水文水质条件、源头减排工程设计方案等相关数据，并利用作图软件、地理信息处理软件等对下垫面、土地利用等空间数据进行预处理。

（2）模型概化

模型概化（Model Generalization）是将规划汇水区（排水分区）及源头减排设施进行模型数字化的过程，使其能够反映关键的水文过程和源头减排措施的效果。子汇水区划分主要考虑自然地形和地貌、土地使用和覆盖情况、雨水径流路径以及排水设施等因素，

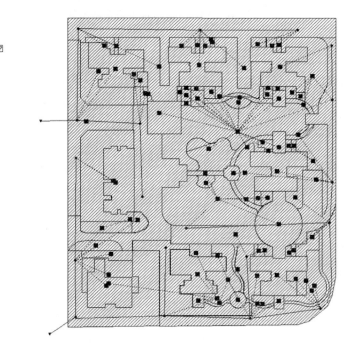

图 6-6　源头减排模型示意图

并将源头减排设施概化为独立的子汇水区。

（3）模型参数输入

完成模型数据整理和模型概化工作后，将下垫面、排水设施、河道断面、低影响开发设施等模型参数输入 SWMM 模型，也可以通过建立涵盖上述数据的地理空间数据库（Geodatabase），与模型参数进行数据匹配和数据交换。对于一些无法通过数据匹配输入到模型的参数，需要进行手动输入，如降雨、蒸发、水位边界条件等参数。对于一些难获取或者难监测到的非敏感性参数，如最大下渗速率、最小下渗速率、干旱时间等参数，可通过参考模型手册的推荐参数、查阅文献、参考其他项目报告的方式估算赋值。

（4）模型调试运行

SWMM 模型可以通过调整模型运行时间步长、数据存储时间等运行参数，优化模型运行结果，确保模型水量、水质模拟结果的连续性误差控制在一定范围内（通常是±5％以内），从而保证模拟结果的可靠性。

4. 参数率定和验证

源头减排模型的率定和验证流程是确保模型精确预测实际情况的关键步骤，通过调整模型参数，以使其匹配实际观测数据，并通过特定指标验证模型的准确性和可靠性。

（1）敏感性参数的确定

针对不同模型，参数变化对模型输出结果的影响不同；对输出结果影响较大的参数，被认为敏感性较高，也成为敏感性参数。以 SWMM 模型为例，通过查阅文献的方式，结合实际项目经验，归纳总结了 SWMM 模型的主要敏感性参数（表 6-2）。

SWMM 模型水文、水质主要敏感参数　　　　　表 6-2

类别	参数名称	物理意义	类别	参数名称	物理意义
子汇水区形状参数	面积/Area	子汇水区面积	传输模块参数	长度/Con-length	管道长度
	特征宽度/Width	特征宽度		管道曼宁系数/Con-mann	管道糙率
	坡度/Slope	地表坡度	污染物累积冲刷相关参数	最大累积量/Maxbuildup	污染物最大累积量
透水性地表与不透水性地表相关参数	不透水面积百分比/%Imperv	不透水区所占百分比		累积速率常数/Rateconstant	污染物累积速率常数
	无洼蓄不透水面积百分比/%Zero-Imperv	无洼蓄不透水区所占百分比		冲刷系数/Coefficient	冲刷系数
	不透水区蓄水深度/Des-Imperv	不透水区蓄水深度		冲刷指数/Exponent	冲刷指数
	不透水区曼宁系数/N-imperv	不透水区曼宁糙率	其他参数	街道清扫去除效率/Availability	街道清扫去除效率
	透水区蓄水深度/Des-perv	透水区蓄水深度		街道清扫去除率/Cleaningeffic	街道清扫去除率
下渗相关参数	透水区曼宁系数/N-perv	透水区曼宁糙率		降解速率常数/Decaycoeff	降解速率常数
	最大下渗率/MaxInfilt	霍顿下渗模型的最大下渗率		降雨中污染物浓度/Rainconcen	降雨中污染物浓度
	最小下渗率/MinInfilt	霍顿下渗模型的最小下渗率		干旱时间/Drytime	雨前干旱天数
	衰减系数	霍顿下渗模型的衰减系数			
	曲线特征值/Curvenumber	曲线特征值			

（2）模型率定和验证流程

模型参数率定和验证的流程包括：

① 根据标准规划、模型软件手册、文献、相关项目报告的推荐值，结合模型区域的实际情况，设置模型初始参数。

② 进行参数敏感性分析，确定敏感性参数，制定敏感参数调整规则。

③ 评估已获得的实测数据质量，筛选数据质量高的实测数据用于模型率定验证工作。

④ 基于一组或多组实测数据进行参数率定，比较模拟结果与实测数据的偏差，手动调整模型参数，使模拟值与实测数据的偏差满足相关技术规范标准的参数率定要求。例如《海绵城市建设评价标准》GB/T 51345—2018 要求，用于海绵城市建设项目的模型，模型参数率定与验证的纳什效率系数（Nash-Sutcliffe efficiency coefficient，简称为 NSE）不得小于 0.5。

⑤ 基于测试率定后的模型，利用一组或多组实测数据进行模型验证，评估模拟结果与实测数据拟合程度是否满足相关技术规范标准的要求（图 6-7）。

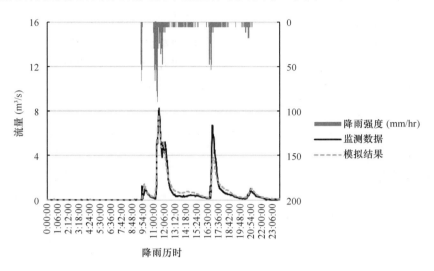

图 6-7　源头减排模型管网末端排放口率定结果

（3）模型率定验证评价

通常用洪水径流量相对误差、洪峰流量相对误差和纳什效率系数来评价模型可靠性。

① 洪水径流量相对误差

洪水径流量相对误差是评定 SWMM 模型模拟城市雨洪效果的指标。洪水径流量的模拟误差一般用相对误差 δ_v 表示，计算公式为：

$$\delta_v = \frac{|R_0 - R_C|}{R_0} \times 100\% \tag{6-9}$$

式中：R_0 为一次降雨事件中的实测径流深，单位为 mm；

R_c 为一次降雨事件中的模型模拟计算径流深，单位为 mm。

② 峰值流量相对误差

峰值流量相对误差表示洪峰流量的模拟误差，一般用 δ_m 表示，计算公式为：

$$\delta_m = \frac{|Q_{m0} - Q_{mc}|}{Q_{m0}} \times 100\% \tag{6-10}$$

式中：Q_{m0} 为一次降雨事件中汇水区实测洪峰流量，单位为 m^3/s；

Q_{mc} 为一次降雨事件中汇水区模型模拟计算的洪峰流量，单位为 m^3/s。

③ 纳什 Nash-Sutcliffe 效率系数（简称 NSE）

排水系统模型模拟精度一般用纳什效率系数表示，计算公式为：

$$NSE = 1 - \frac{\sum_{i=1}^{N}(Q_{0i} - Q_{ci})^2}{\sum_{i=1}^{N}(Q_{0i} - \overline{Q}_0)^2} \tag{6-11}$$

式中：Q_{0i} 为第 i 个时刻的实测洪水流量，单位为 m^3/s；

Q_{ci} 为第 i 个时刻的模拟洪水流量，单位为 m^3/s；

$\overline{Q}_o$ 为汇水区不同时刻 i 实测洪水流量的均值；n 为降雨过程的时段数。

NSE 是一种常用的目标函数，通过对比过程线来衡量模拟值和实测值的吻合度。由计算公式可知，NSE 值越接近于 1，说明模拟结果与监测值的吻合程度越高。通常认为当 NSE < 0 时，模拟结果与真实情况完全不符，即用模拟结果值来描述现实过程是没有意义的。在实际的参数率定和模型验证中，一般认为 NSE ≥ 0.5，模拟结果与监测值基本符合。对于高标准模型，可以进一步提高目标函数的临界值来定义符合要求的模拟结果。

《水文情报预报规范》GB/T 22482—2008 规定，只有 $\delta_v \leqslant 10\%$、$\delta_m \leqslant 20\%$、$N_s \geqslant 0.7$ 时，率定得到的模型参数和模拟结果才是真实可靠的，所得到的模拟计算结果才能用于工程和规划设计。

5. 分析与应用

源头减排模型主要用于模拟分析汇水区（排水分区）水文水质过程，在评估防洪排涝安全、环境风险和源头减排设施效果等方面发挥着关键作用。

（1）可以预测分析流域内的径流量和洪水过程，为水资源合理配置与利用、防洪减灾提供科学依据；

（2）模拟地表污染物累积和冲刷过程，分析不同区域地表污染物累积和冲刷程度，从而确定存在较高环境风险的区域，以及透水表面比例、降雨、下垫面类型等因素对污染物累积冲刷的影响，为城市规划、土地利用管理、控源截污措施和环境保护政策制定提供决策支持；

（3）在水文水质模型的基础上，通过源头减排设施模型，评估设施建设前后的年径流总量控制率和面源污染削减效果，为源头减排设施布局和目标可达性提供科学依据。

6.4.2 排水系统模型

排水系统是流域治理的关键环节，点源、面源污染物从源头产生后汇流进入排水管网系统，最终汇入河流、湖泊、河口等受纳水体，构建排水系统模型有助于研究污染物在"网"中的迁移规律。

1. 模型构成

排水系统模型包含水力计算模块和水质计算模块。水力计算模块用于计算排水管渠（包括封闭管道、明渠、暗渠等）、节点（包含管道的入口和出口）以及排水设施（包括闸、堰、泵站、调蓄池等）的流量分布，以确定各个管段及设施进出水的流量大小和方向，并能够计算在各种气象条件下，城市排水管渠设施中的水流速度、水深、压力等关键水力参数。水质计算模块用于模拟排水管渠设施中的水质变化，包括污染物的传输、降解和浓度分布等，以评估排水系统对水质的影响，制定相应的管理和治理措施。

2. 模型原理

基于源头减排模型，汇水区（排水分区）产生的径流量和污染物通过排水系统的节点进入排水管渠，并在排水管渠及设施中传输、迁移和处理。根据不同的研究目的和需求，选择一维排水管网模型或一维排水管网与二维地表耦合模型。最常见的一维排水管网模型是 SWMM 模型，可耦合一维排水管网与二维地表模型的模型有 MIKE 模型、InfoWorks

ICM 模型等。

一维排水管网模型是结合水文学产汇流原理和水动力学质量动量守恒原理，通过求解连续性方程和圣维南方程模拟雨水产汇流过程以及雨水在排水管道或河道的运动过程。一维排水管网与二维地表耦合模型主要通过联合求解连续性方程、圣维南方程和二维浅水方程求解管道、河道流量来模拟城市内涝积水情况。基于质量守恒原理，模拟地表污染物随雨水径流在管网中的传输而迁移、衰减的过程。最常见的一维排水管网模型是 SWMM 模型，可耦合一维排水管网与二维地表模型的模型有 MIKE 模型、InfoWorks ICM 模型等。

3. 模型构建

排水系统模型构建的主要工作在于排水系统的概化。排水系统的概化是指简化实际排水系统的过程，以便在保证模型精确度的同时，减少计算的复杂性。排水系统的概化主要考虑以下方面：

（1）识别和保留主要干管。在概化过程中，应识别城市排水系统中的主要干管和关键节点，包括主要的排水管道、沟渠和排水出口。这些元素应在概化后的模型中被保留，以确保模型能够准确地模拟雨水流动的主要路径。

（2）简化次要结构。对于较小的排水管道、辅助排水设施和局部细节，可以采取简化措施，如合并邻近的排水入口或忽略对总体模型影响较小的支管。这样做旨在减少模型的复杂性，而不会显著影响模型的整体准确性。

（3）反映地形和流向。概化后的排水管网模型应准确反映地形特征和自然流向，以确保模拟的雨水流动符合实际地理条件。这包括考虑坡度、地貌以及流域分割对排水模式的影响。

（4）保留关键排水控制设施。应保留对流量控制有重要影响的设施，如泵站、调蓄设施、闸门等。这些控制设施的操作对整个排水系统的性能有重要影响，因此在概化后的模型中应准确表示它们的功能和参数（图 6-8）。

4. 参数率定和验证

手动调整管道糙率、径流系数等参数，拟合在排水管渠的关键节点，排放口以及排水设施的进、出水口等点位的实测和模拟的流量、污染物浓度和负荷等，率定和验证排水系统模型。排水系统模型率定与验证的评价方法参见章节 6.4.1 及图 6-9。

5. 分析与应用

排水系统模型可以模拟不同降雨条件下的径流过程，包括径流总量、峰值流量、径流时间等。通过对比不同方案或不同参数设置下的模拟结果，可以评估不同降雨条件下的排水系统的排水能力，以及可能存在的瓶颈和隐患，并为排水系统改造和优化提供依据。模型还可以模拟排水系统中的水质变化，包括污染物的浓度、迁移和转化过程等，了解排水系统对水质的影响，识别潜在的污染源和污染路径。

6.4.3　受纳水体水环境模型

城市中的"厂网河"承载着城市生活污水排放、工业废水排放以及雨水径流等多种面源、点源污染物。面源、点源污染物最终经"厂网"汇入湖泊、河流、水库以及海洋等受

图 6-8　某区域汇水区和排水系统模型概化图

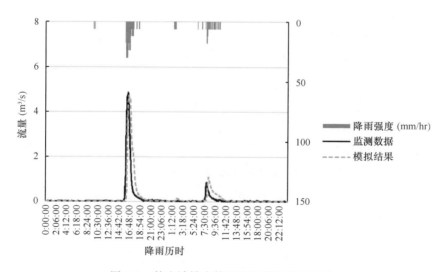

图 6-9　某流域排水管网流量率定验证结果

纳水体。构建水环境模型，可以全面分析进入受纳水体的水文、水质、水动力和生态等方面的特征，从整体上把握受纳水体水环境的演化过程和机理，抓住主要问题，提出系统性的解决方案，确保治理工作的系统性、全面性和针对性。

1. 模型构成

水环境模型是一种用于模拟、预测和管理水体环境的工具，包括水文模型、水质模型、水动力模型、生态模型以及模型耦合与集成。

（1）水文模型：水文模型用于模拟水循环过程，包括降水、蒸发、地表径流、地下径流等，以及它们在不同环境条件下的相互作用。这些模型可以基于物理原理或统计方法，通过分析降水和蒸发量等数据，预测地表水和地下水的流动情况。

（2）水质模型：水质模型用于模拟水体中各种污染物的传输、转化和去除过程。它们考虑了诸如溶解、吸附、生物降解等因素，能够预测水体中污染物的浓度分布及其对水生态系统的影响。水质模型可以帮助评估污染源的影响、制定水质管理政策以及设计污水处理工艺。

（3）水动力模型：水动力模型描述了水体中流速、水位和水流方向等水动力学特性。它们可以模拟河流、湖泊和海洋中的水流运动，以及水体中的湍流、边界层等特征。水动力模型在水资源开发、水工程设计以及河流、湖泊生态环境保护等方面具有重要应用价值。

（4）生态模型：生态模型考虑了水体中的生物群落、生物多样性和生态过程，用于模拟水生态系统的结构和功能。它们可以预测不同环境条件下生物群落的组成、数量和分布，评估人类活动对生态系统的影响，并提供生态修复和保护的建议。

（5）模型耦合与集成：为了更全面地理解水环境系统，通常需要将以上各种模型进行耦合与集成。这意味着不同类型的模型可以相互作用，共同模拟水体的多个方面，以提高对水环境系统的理解和预测能力。耦合与集成模型可以更准确地反映水环境系统的复杂性和动态性，为水资源管理和环境保护提供更有效的支持。

2. 模型原理

水环境模型的模拟十分复杂，并且还处在不断发展中。本书主要从水动力和水质简单介绍水环境模型的原理。

（1）水动力模型原理

水动力过程是地表水系统的重要组成部分。不同尺度、不同类型的水体流动过程会影响水体内温度场、营养盐以及溶解氧的分布，也会影响泥沙、污染物以及藻类的聚集和分散。水动力过程遵循三大基本规律，分别是动量守恒、质量守恒和能量守恒。若想直接求解三个守恒方程明显是不现实的，需要花费大量的计算时间和资源。因此，在实际求解中会对三大守恒方程做适当简化，目前水动力学模型求解普遍采用的方法是忽略计算方程中的不必要项，采用近似假设，提高计算效率。

（2）水质模型原理

水质计算遵循质量守恒定律，水质变量的质量守恒控制方程由物理输运、平流扩散和动力学过程组成。求解时，动力学项与物理输运项解耦。若对物理输运求解，质量守恒方程采用与盐度方程相同的形式。

3. 模型构建

水环境模型包含一维、二维和三维模型。一维和二维模型适用于浅水湖泊、河流、水库等城市水体，其中二维模型能够更好地模拟水体的动力场和浓度场；三维模型适用于深海污染物扩散、迁移过程模拟。本书以 Delft3D 二维水环境模型为例，介绍水环境模型的构建过程，主要包括计算网格剖分、生成水下地形、边界条件及计算步长设置、初始条件及其他参数设定等。

（1）计算网格剖分

网格剖分是将模拟区域分割成小的网格单元，以便计算机能够对流体流动进行数值模拟。网格剖分包含以下步骤：

① 选择网格类型。以 Delft3D 模型为例，该模型可以支持结构化网格和非结构化网格。结构化网格由规则的矩形或立方体网格单元组成，而非结构化网格则允许更灵活地处理复杂地形和边界；

② 定义网格的参数，如网格单元的大小、网格层数等，这些参数将影响到最终模拟的精度和计算性能；

③ 执行网格剖分，模型软件一般根据地形、边界条件等信息，自动生成网格；

④ 检查和优化网格，确保网格质量和模拟结果的准确性。

（2）生成水下地形

网格剖分完成后，需要把地形高程数据赋值到每个计算网格中，这一过程为生成水下地形。水下地形高程数据可通过勘测、购买电子海图等方式获取。获取到可用的数据后，对数据进行预处理，包括去除噪声、填补缺失值、进行数据校正等，以确保数据的准确性和一致性。

（3）边界条件及计算步长设置

根据模拟区域的类型和模拟需求，选择合适的边界类型。常见的边界类型包括开放边界、封闭边界、输入/输出边界等。开放边界用于模拟水体的流入和流出，封闭边界用于封闭模拟区域的边界，输入/输出边界用于指定模拟过程中的输入和输出条件。针对所选择的边界类型，设置相应的边界条件参数。这些参数可能包括水位、流速、盐度、温度等，根据具体情况进行调整和设置。例如，对于开放边界，需要指定流入流出水体的水位和流速；对于输入/输出边界，需要指定输入输出量的大小和位置。在设置边界条件时，需要考虑边界对模拟结果的影响。边界条件的选择和设置应该能够合理地反映实际情况，并尽可能减小边界效应对模拟结果的干扰。设置完边界条件后，需要进行验证和调整，确保边界条件的设置是合理有效的。可以通过与实测数据进行对比验证，根据验证结果对边界条件进行必要的调整和优化。

（4）初始条件及其他参数设定

初始条件主要指初始水位，按项目实际情况设置初始水位。其他参数主要指底部谢才摩擦系数、重力加速度、水体密度等。

4. 参数率定验证

（1）率定主要参数与评价方法

水环境模型的率定验证主要是通过与实测数据进行对比验证，评估模型的准确性和可靠性，并对模型水动力、水质参数进行调整和优化。以 Delft3D 模型为例，开展模型率定验证的主要参数有时间步长、糙率、污染物衰减系数、涡流系数等（表 6-3）。

Delft3D 水动力、水质率定参数　　　　　　表 6-3

计算参数	取值依据	参考范围
计算时间步长	按照公式 $\Delta_t \leqslant \dfrac{r\Delta L}{\sqrt{gH_{max}}}$ 估算	10s～60s
糙率	相关设计规范、标准或文献	一般取 0.032
涡流系数	相关文献资料	一般取 0.28
污染物衰减系数	相关文献资料	COD_{cr} 取 0.1～0.42，氨氮取 0.05～0.19，TP 取 0.1～0.65
水平紊流黏度	相关文献资料	一般取 $1.0m^2/s$
风应力参数	相关文献资料	0.00063（风速为 0m/s）至 0.00723（风速为 100m/s）

通常采用平均误差（*ME*）、平均绝对误差（*MAE*）、均方根（*RMS*）、相对误差（*RE*）、均方根误差（*RMSE*）等指标，对模型率定验证结果的可靠性进行评价。

① 平均误差（*ME*）

平均误差（*ME*）是观测值与模拟值之差的平均，表达公式为：

$$ME = \frac{1}{N}\sum_{n=1}^{N}(O^n - P^n) \tag{6-12}$$

式中：N 为观测值与模拟值的对数；

O^n 为第 n 个观测值；

P^n 为第 n 个模拟值。

$ME=0$ 时说明模拟值完全等于观测值，属于理想状态。$ME>0$ 说明模拟平均值小于观测平均值。$ME<0$ 说明模拟平均值大于观测平均值。仅仅采用平均误差（*ME*）作为唯一的衡量指标，可能会造成理想零值（或接近零）的假象。因为当正的平均误差约等于负的平均误差时，两者会相互抵消，使 *ME* 值接近零。由于这种可能的存在，仅靠平均误差（*ME*）来判断模型的可靠性并不是一个好办法，还需要其他的判断指标。

② 平均绝对误差（*MAE*）

平均绝对误差（*MAE*）是观测值与模拟值之差的绝对值的平均，表达公式为：

$$MAE = \frac{1}{N}\sum_{n=1}^{N}|O^n - P^n| \tag{6-13}$$

虽然 *MAE* 无法判断模拟值是高于或者低于观测值，但是 *MAE* 消除了模拟值与观测值正负误差之间的相互抵消效应，可以作为判断模拟值是否接近观测值的一个更明确的指标。与平均误差（*ME*）不同的是，平均绝对误差（*MAE*）不会给出误导性的零值。

$MAE=0$ 表示模拟值与观测值完美吻合。

③ 均方根误差（$RMSE$）

均方根误差（$RMSE$），也称为标准差，是模拟值与观测值之差的平方和求平均后再开根号，表达公式为：

$$RMSE = \sqrt{\frac{1}{N} \sum_{n=1}^{N} (O^n - P^n)^2} \qquad (6\text{-}14)$$

均方根误差（$RMSE$）广泛用于评估模型的可靠性。均方根误差（$RMSE$）可以代替平均绝对误差 MAE（$RMSE$ 一般比 MAE 大），是更严格的模型可靠性衡量标准。$RMSE$ 相当于加权后的 MAE，均方根误差（$RMSE$）越大说明模拟值与观测值相差较大。

④ 相对误差（RE）、相对均方根误差（$RRMSE$）

平均误差、平均绝对误差和均方根误差，都可以用来比较模拟值与观测值之间差异的大小。但是，在水动力和水质模型中，常使用相对误差（RE）作为评估模型可靠性的指标。相对误差（RE）被定义为平均绝对误差（MAE）与观测平均值的百分比，表示为：

$$RE = \frac{\frac{1}{N} \sum_{n=1}^{N} |O^n - P^n|}{\bar{O}} \times 100\% \qquad (6\text{-}15)$$

式中：$\bar{O}$ 为观测值的平均值。

相对误差（RE）反映了平均的模拟值与平均的观测值相一致的程度。但是在地表水模拟中，有些变量可能会有非常大的平均值，以至于相对误差很小，这就造成了模型模拟是非常准确的错误假象，即预测误差实际上可能是不可接受的。比如，如果平均水温 31℃，平均绝对误差（MAE）是 3℃，则相对误差仅为 9.7%，看起来是可以接受的。而实际上，在大多数水动力与水质模拟中，3℃的平均绝对误差（MAE）是不可接受的。

为了解决这个问题，在水动力、水质模拟中还经常使用相对均方根误差（$RRMSE$）：

$$RRMSE = \frac{\sqrt{\frac{1}{N} \sum_{n=1}^{N} (O^n - P^n)^2}}{\bar{O}} \qquad (6\text{-}16)$$

式中：$\bar{O}$ 为观测值的平均值。

相对均方根误差（$RRMSE$）在模拟河流、湖泊和河口时是一个很有用的衡量标准。

（2）验证主要参数与评价方法

依据研究目的明确需要验证的指标，常见需要验证的指标有流量、风速、水位、流场以及污染物浓度等。在缺少实测流速数据的情况下，可通过观察模拟流速值是否在风速的 3%～5% 的范围内间接判断模拟流速是否合理（图 6-10）。

如果获取到完整的流量、水位数据，需要验证模拟值与观测值是否匹配。水质模型还需要验证 COD、氨氮和 TP 等污染物模拟值与观测值是否匹配（图 6-11）。

5. 分析与应用

受纳水体水环境模型主要目的是用于分析计算旱季、雨季污染负荷进入河流、湖泊、河口等水体后的流速、流场，以及污染物的迁移扩散过程，得到不同模拟情景下的水质水

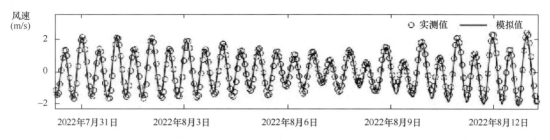

图 6-10　模拟流速与风速对比

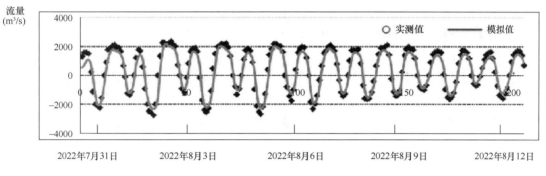

图 6-11　模拟流量与实测流量对比

量变化过程。结合水质目标，提出多种点源、面源污染物削减方案，模拟分析选出最优的污染物控制方案，反推出陆上排水系统需要削减的污染物质量来实现受纳水体水质达标。通过反复模型试算和方案调整，最终得到水质达标的最优控制方案。

第7章 智 慧 管 控

在环境保护的背景下，流域治理已成为社会关注的焦点。为了实现流域的可持续发展和水质的持续改善，必须采用先进的科技手段和管理模式。智慧管控作为一种新型的环境管理方法，结合了现代信息技术与环境管理的专业知识，是流域治理提质增效的关键所在。它不仅能够实时、准确地掌握流域的环境状况，还能够为决策者提供科学、合理的建议，从而更有效地解决流域水污染等问题。

本章探讨了智慧管控平台的架构，包括其必要性、总体目标、总体思路以及平台架构，详细介绍了监测感知体系的构建，包括监测对象的选择、监测方案的制定、仪器设备的选用以及数据管理的方式，阐述了如何通过智慧管控来诊断流域治理的核心问题，并提供智慧决策支持，以期让读者全面、深入地了解智慧管控在流域治理的应用。

7.1 智慧管控平台架构

7.1.1 智慧管控必要性

随着城市化进程的加快和工农业生产的不断发展，流域水环境面临着日益严峻的挑战。传统的流域治理模式已难以适应复杂多变的水环境问题，迫切需要借助现代信息技术手段，提升流域治理的智能化、精细化水平。智慧管控作为一种新型的流域治理模式，其必要性主要体现在以下几个方面：

首先，智慧管控是实现流域治理提质增效的关键手段。通过构建智慧管控平台，能够实现对流域内各类水环境要素的实时监测、精准感知和智能分析，为流域治理提供科学决策依据，进而提升治理效果，达到提质增效的目的。

其次，智慧管控有助于解决流域水污染系统治理中的复杂问题。流域水污染往往涉及多个污染源、多种污染物以及复杂的传输转化过程，传统方法难以全面准确把握。而智慧管控通过大数据、云计算等技术的运用，能够实现对流域水污染的系统分析、精准识别和协同治理，有效解决复杂水污染问题。

此外，智慧管控还能够提升流域治理的应急响应能力。面对突发的水污染事件，传统的应对方式往往存在响应速度慢、处置效率低等问题。而智慧管控平台通过实时监测和预警系统，能够及时发现并快速响应水污染事件，最大限度地减轻污染损害，保障流域水环境安全。

综上所述，智慧管控在流域治理中发挥着不可替代的作用，是适应新时代流域治理要求的必然选择。通过智慧管控的实施，能够推动流域治理向更加科学、高效、精细化的方向发展，为构建美丽中国、实现可持续发展提供有力支撑。

7.1.2　智慧管控总体目标

智慧管控的总体目标是构建一个集成化、智能化、高效化的流域治理管控系统，以实现对流域环境的全面监测、精准诊断和科学决策。通过综合运用现代信息技术、大数据分析、云计算等高科技手段，智慧管控旨在提升流域治理的精细化、系统化和信息化水平，从而达到提质增效、改善流域水质、保护生态环境的目的。

7.1.3　智慧管控总体思路

智慧管控的总体思路是以实现流域治理的智能化、精细化和高效化为目标，通过集成现代信息技术、大数据分析、云计算等先进技术手段，构建一个数据驱动、全面感知、智能分析、科学决策、精准执行的智慧管控体系，提高流域治理的透明度、可追溯性和可预测性，从而更好地响应政策要求的提质增效和流域水污染系统治理（图7-1）。

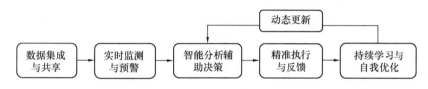

图 7-1　智慧管控总体思路

具体而言，智慧管控的总体思路可以细化为以下几个步骤：

数据集成与共享：通过建立一个统一的数据平台，集成来自各个监测站点、传感器和其他数据源的信息，实现数据的实时共享和交换。这有助于形成流域治理的"数据大脑"，为后续的智能分析和决策提供坚实基础。

实时监测与预警：利用物联网技术和远程监控系统，对流域内的关键环境指标进行实时监测。一旦监测数据超过预设的安全阈值，系统将自动触发预警机制，确保问题能够及时发现并得到处理。

智能分析与辅助决策：通过大数据分析技术，对历史数据和实时监测数据进行深入挖掘，发现数据间的关联性和潜在规律。这些信息将为管理者提供科学的决策支持，帮助他们更准确地识别问题区域，制定针对性的治理措施。

精准执行与反馈：在智能分析的基础上，通过智能化的执行系统，如自动控制系统、智能机器人等，对流域治理措施进行精准实施。同时，系统还能实时收集执行效果的反馈信息，不断优化治理策略。

持续学习与自我优化：智慧管控系统还应具备自我学习和优化的能力。通过不断吸收新的数据和知识，系统能够逐渐提升分析的准确性和决策的智能化水平，从而更好地适应流域环境的动态变化。

7.1.4　智慧管控平台架构

"厂网河城"一体化流域智慧管控平台是基于智慧水务和智慧城市管理融合的产物，

充分利用物联网、大数据、云计算、移动互联网等新一代信息技术，结合水文、水力和水质等专业模型，以"互联网＋水务"的新思维，构建出的精细而高效的管理体系，实现对水务运维服务的监督考核、分析评估、预测预报及科学决策的全过程动态管理。

管控平台总体框架一般由分层支持体系构成，包括智能感知层、信息化基础设施层、数据资源中心层、业务服务及系统应用层和用户决策层（图 7-2）。

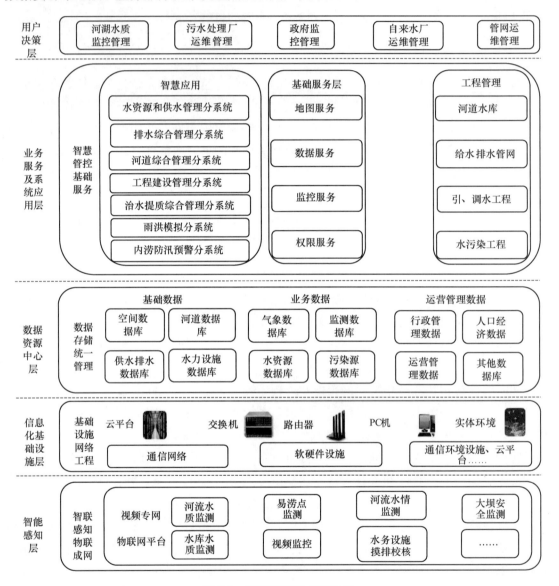

图 7-2 智慧管控技术架构图

1. 智能感知层

基于地表、地下和遥感监测相结合，水量水质监测相结合，人工监测和在线自动化监测相结合，驻站监测和移动监测相结合的空天地一体化立体监测技术，利用物联网技术，针对"厂网河城"一体化流域治理涉及各项要素的监测需求，对自然水循环的降水、地表径流、水面蒸发、土壤下渗、地下径流等整个天然过程和社会水循环的水源、取水、输水、水厂、供水管网、用水、净水厂、排水、再利用的整个水供应链的所有环节的及时、全面、准确监测，实现信息内容全覆盖、循环过程全贯穿、监测时间全天候的智能感知，监测对象包括源头、排水管网、泵站、污水处理厂等，监测内容包括雨量监测、流量监测、液位监测、水质监测、压力监测、臭气监测和视频监测等。

感知层主要负责数据的采集，通过对点（水源地、取用水户、入河排水口、地下水监测井等）和线（河流、水功能区等）的信息监测，分析掌握面（行政区、水资源分区和地下水分区等）的水资源状况；通过取水和排水数据、入境和出境水量数据、地下水数据等的互相校核，以及监测信息、统计信息、流域及区域水循环模型模拟等数据信息的互相校验，以液位计、流量计、雨量监测终端、水质监测终端、监控摄像头、多源传感器等监测设备为基础，集成在线监测设备、视频监控设备、应急监测设备、卫星遥感监测等科技手段，完成水量水质数据、气象雨情、视频监控等动态信息数据收集、整理、汇总和存储管理，为流域管理考核提供依据，实现水务管理的动态化、精细化、定量化和科学化。

2. 信息化基础设施层

信息化基础设施层一般包括通信网络、软硬件设施、云平台等内容。

（1）通信网络作为信息化建设的基础环节，是信息传递的神经网络和各种业务应用的承载平台。网络主要采用 5G、GPRS、NB-LOT 等网络传输，将设备状态、数据信息、监控视频等数据的实时信息传输至智慧管控系统、手机 APP、微信公众号、云服务器等。需要根据在线监测点位的现场情况，考虑使用合适的通信网络。

（2）软硬件设施是利用云管理平台将服务器、存储、安全等设备进行虚拟化，形成统一的计算、存储、网络和安全资源池，为平台提供软硬件服务。

（3）云平台是承载智慧管控信息化业务系统和数据的主体，通过云平台从上而下统一规划、统一标准。物联网接入平台负责提供物联网智能终端的接入管理，实现通信连接和信息接入，通过线下收集到的设备信息，将设备信息通过物联网系统提供的功能进行上传和储存。

3. 数据资源中心层

数据资源中心层是对"厂网河城"的各类数据资源进行统一组织管理的层级，数据分类为内部数据和外部数据，数据中心采集的数据类型包括但不限于基础数据、业务数据、管理数据和其他数据等几类。

基础数据包括地面高程数据、下垫面数据、供水排水管网数据，污水处理厂站数据、排水用户数据、城镇河道数据和其他水务设施数据等。业务数据包含气象数据、水文水资源数据、环境监测数据、污染源数据等。运行管理数据包含水务运营管理、行政管理数据等。其他数据包括城市人口、社会、经济等相关数据。这些数据通过整理和入库后，形成大数据资源中心。

4. 业务服务及系统应用层

业务服务及系统应用层是在以上智能感知层、数据服务层的支持下，根据各种需求场景开发的应用子系统。服务层是为应用层提供功能服务，包括地图服务、数据服务、监控服务及权限服务等。应用层是平台业务监控、数据展示的窗口，包括"一张图"展示、排水用户监控、排水管网监控、厂站运行监控及河湖水质监控等功能模块。

实施监控"一张图"。利用 GIS 地图，以"一张图"的方式总览所有地理信息、基础数据信息和监测监控信息，并将各类信息进行归类分层次展现。在排水系统方面，包含排水户、管网、泵站、污水处理厂站、排水口及排放水体，在对应地图使用不同图标进行标注，集中反映泵站、管网及相关排水设施的地理位置、实施数据和运行工况。在河湖治理方面，展示信息包括排水口、河道断面、截流井、一体化设备出水水质、河湖水位、流量、曝气、泵闸等设施工况、人员、物资、事件等各种相关信息，在空间上将各河道相关联，重点突出治理河道的全场景及重要水利设施，并提供当前调度模式、不同降雨预警的展示界面。展示监测点预警状态，并可获取详情。用户通过一个界面，可以掌握系统覆盖河道的所有监测信息和基础信息，为决策提供直观的辅助信息。

5. 用户决策层

用户决策层通常指根据物联网平台输入的各类信息，结合应用层的需求，对综合信息的数据进行智能的分析和决策，为整个城市的运营提供科学的管理支撑服务。决策用户包括供水排水监督管理部门、政府监控部门、管网运维单位、污水处理厂运维公司、河湖水质监控管理部门等。

决策用户可通过智慧管控平台的联合调度，实现对泵站、水闸等控制性工程对象的调度管理。管理内容可包括对各调度对象的实时调度运行状态进行监管，各调度对象的远程及自动化控制调度，各调度对象在不同调度模式、不同调度场景下的调度规则制定与管理，调度指令的发布与管理，调度预案的管理，历史调度信息的管理等。调度决策可实现排水系统的精细化、智慧化调度管理，为水环境质量监管、水环境优化调度提供基础保障。

除此之外，为保障智慧水务平台安全稳定运行，各分层支持体系需要遵守各类标准、法律体系，如标准规划体系、政府法律法规体系、保障体系以及信息安全体系等。

7.2 监测感知体系构建

7.2.1 监测对象

根据"厂网河城"一体化流域治理思路，以完整流域为管理目标，监控对象包括排放源、管网、泵站及堰闸控制设施、污水处理厂及河湖水体等（图 7-3）。

（1）降雨。降雨监测可作为其他监测指标的基础，为分析降雨过程对流域的影响，水位、流量、水质参数指标曲线应以降雨过程曲线为参考。

（2）排放源头。排水户、排污户、源头海绵地块等。

（3）排水管网及附属设施。污水管网、雨水管网、合流制管网、截污井、初雨截流井、污水泵站、合流污水泵站、污水调蓄池、雨水调蓄池等。

（4）厂站设施。集中式污水处理厂、分散式污水处理站、保障河湖水质修建的生态湖、人工湿地等。

（5）河湖水体及水情设施。河道、水库（山塘）、湖泊、海洋等流域末端受纳水体。

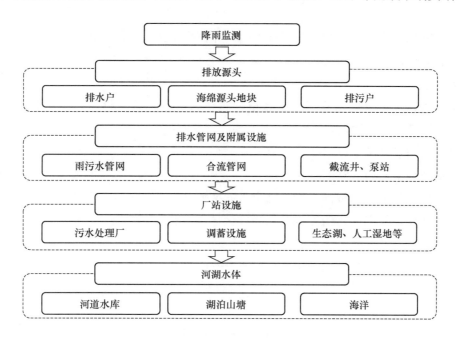

图 7-3　监测对象

7.2.2　监测方案

1. 基本原则

开展"厂网河城"一体化流域治理需按照"源-网-站-厂-城"分层分类进行监测布点。各子项监测点的分布、设备选型、监测方案制定等需依据以下基本原则：

（1）实用性原则：监测点的布置与监测目的紧密联系，监测目的既能满足项目实际运营管理需求，又充分了解项目建设现状。

（2）代表性原则：监测点的布设能准确反映监测对象的水量水质情况，从而确保监测点的监测结果具有较好的代表性。

（3）先进性原则：系统设计立足于应用需求，采用当前成熟先进的技术，基于今后的需求考虑产品迭代升级平滑度，使所选的产品具有较长的生命周期，并确保系统的持续先进性。

（4）稳定性原则：按照监测需要，严格确定系统期望无故障运行时间和可靠性等级，合理确定系统软硬件期望故障修复时间和运行时间，选择相应的产品，确保监测系统稳定可靠。

（5）可行性原则：所选择的监测位置能够方便、安全地安装和检修监测设备，并考虑设备的防盗问题。站点结构在满足安全、可靠、耐久的前提下，充分考虑材料来源及施工条件等因素。

（6）可维护性原则：立足无人驻守，定期巡检、采集、传输、处理一体化，应用软件工程方法，确保系统的开放性、可扩充性和可维护性，有效降低系统运行和维护的难度和代价。

（7）标准规范原则：监测系统设计严格遵循国家标准和行业内的标准，保障系统建设的标准化和规范化。

2. 降雨监测

降雨可优先采用水文气象部门已经布设的观测站点及其数据，一般获取监测频率为5min 的降雨量数据，根据实际使用的需求增设新的雨量站。

雨量站的布设需满足以下要求：

（1）反映城市暴雨的空间变化；

（2）考虑不同下垫面特征，满足城市不同区域计算地面径流量的需要；

（3）选择建筑物高度、密度等有代表性区域进行布设，对城市热岛效应明显区域应适当加密布设；

（4）在城市供水水源地的补给区可适当补充布设；

（5）降水量站应布设在地势开阔和风力相对较弱的地点，不宜布设在高大建筑物间的风场区；

（6）在多风的高山、出山口、近海岸地区的雨量站，不宜设置杆式雨量器（计）；

（7）观测场不能完全避开建筑物、树木等障碍物的影响时，雨量器（计）离开障碍物边缘的距离不应小于障碍物顶部与仪器口高差的 2 倍；难以找到符合上述要求的观测场时，可设置杆式雨量器（计），杆式雨量器（计）应设置在当地雨期常年盛行风向的障碍物的侧风区，杆位离开障碍物边缘的距离不应小于障碍物高度 1.5 倍。

3. 排污监测

（1）排污户水质水量监测

通过在水污染企业生产过程中的整个水流动走向各环节安装电磁流量计，实时测量用、排水量，并将数据上传到水平衡监管平台，通过系统分析，从而判断企业是否有偷排的行为。以企业工业用水为主体，以全流程为管理过程，对企业工业用水进水口、冷却用水、中水回用、工艺用水的进出水口及末端治理后的出水等主要节点实施水量自动计量和监控。水平衡在线仪表的大概分布节点，针对纳入排污监管的企业，可进行选择性或者全覆盖的监测。排污企业排水监管，能够有效监管涉水污染企业排放污水水量、污染物浓度等信息，监管排污企业是否有偷排的行为。

（2）工业聚集区排水监测

主要对工业集聚区排水流量、水质进行在线监测。水质监测指标包括 pH、SS、氨氮、COD 等。对主要监管的工业集聚区进行污水排放监测，主要对工业集聚区周围市政污水管网主要节点进行水量监测。工业集聚区的水质水量监管，对管网污染溯源起到数据支撑的作用。对工业集聚区排水监测可以为污染超标预警预测、溯源排查辅助、污染分级监管、污染企业水平衡监管等提供支撑。

4. 排水管网及设施监测

（1）污水管网监测

污水管网监测主要针对污水管道运行状态进行监测，包括管道内液位和流量。液位监测可实现管网充满度状态实时展示，以便判断管网运行状态，评估管网排放能力。管道流量监测可实现管网状态实时展示，进行管网入流入渗分析等。

排水管网监测点应优先布设于污水干管、沿河截污干管的重要汇水节点，覆盖次干管、支管重要汇水节点，对于次干管以下的管网可通过短期加密监测补充完善。污水干管液位主要布置于污水支干管接入主干管的汇合点或者主要特征点。污水主干管流量计主要布置于污水支干管接入污水主干管的上游位置，以对污水支干管的服务范围的污水收集情况进行监测；各污水主干管汇合处；污水处理厂进水干管处。

（2）排口、溢流口监测

排口、溢流口监测主要是为监控污染入河情况，对河道排口处设置水质检测设备，可以及时分辨排口出流为地下渗水还是污水偷排，如是污水偷排，可结合排水管网其他监测设备的数据，缩小排查范围，相关数据亦可作为水政执法取证依据，除此之外，排口溢流监测数据还可为排水管网模型和河道模型提供率定验证数据。根据业务需求，对截污溢流口做水质、流量的在线监测，实现排水口从静态到动态监管的转变，为排水口监管、正本清源、涉水溯源等提供可靠数据。在排口前检查井、截流井中设置液位、SS 和氨氮监测设备，即可对溢流发生情况、污水偷排、工地黄泥水偷排等情况进行监控。

主要排口、溢流口监测点优先选择排水分区情况复杂、排口位置敏感等排口、溢流口，相似排口、溢流口选取具有代表性点位，对于不同截污类型有不同的布点原则。

（3）污水处理厂站运行监控

厂站的关键运营指标是指进出口水质、进出口流量、能耗、药耗、设备运行效率、工艺运行关键数据、出泥量、运行成本，这些指标原始数据由 SCADA 系统统一收集入库，经过厂网一体化管理系统调用，通过核心算法的分析，输出绩效评估结果，实现绩效管理的目标。

通过对污水处理厂站的运行监测，可完善对排水运营单位的监督考核，实现排水管网漏损的智能检测诊断及排水监督，为排水日常管理、应急业务管理、监督考核提供有效支撑。

5. 河湖监测

（1）河道水质监测

河道水质监测是指通过设置前端水质监测设备，对河道的水质情况实时监测，数据采集、测量、分析及预警。建设河流水质自动监测站有利于主管单位实时掌握河流水质情况，提升治理水平和效率，为治水提质打下坚实基础。

监测断面在总体和宏观上须能反映水系或所在区域的水环境质量状况。各断面的具体位置须能反映所在区域环境的污染特征，尽可能以少的断面获取足够的有代表性的环境信息，同时还须考虑实际采样时的可行性和方便性。对流域或水系要设立背景断面、控制断面（若干）和入海口断面。对行政区域可设背景断面（对水系源头）或入境断面（对过境河流）或对照断面、控制断面（若干）和入海河口断面或出境断面。在各控制断面下游，如果河段有足够长度（至少10km），还应设消减断面。环境管理除需要上述断面外，还有许多特殊要求，如了解饮用水源地、水源丰富区、主要风景游览区、自然保护区、与水质有关的地方病发病区、严重水土流失区及地球化学异常区等水质的断面。

根据水体功能区设置控制监测断面，同一水体功能区至少要设置1个监测断面。断面位置应避开死水区、回水区、排污口处，尽量选择顺直河段、河床稳定、水流平稳，水面宽阔、无急流、无浅滩处。监测断面力求与水文测流断面一致，以便利用其水文参数，实现水质监测与水量监测的结合。监测断面的布设应考虑社会经济发展，监测工作的实际状况和需要，要具有相对的长远性。

流域同步监测中，根据流域规划和污染源限期达标目标确定监测断面，一般分为限期达标断面、责任考核断面和省（自治区、直辖市）界断面；流域监测以掌握流域水环境质量现状和污染趋势，为流域规划中限期达到目标的监督检查服务，并为流域管理和区域管理的水污染防治监督管理提供依据。河道局部整治中，监控整治效果的监测断面，由所在地区环境保护行政主管部门确定。入海河口断面要设置在能反映入海河水水质并临近入海的位置。

监测断面的设置数量，应根据掌握水环境质量状况的实际需要，考虑对污染物时空分布和变化规律的了解、优化的基础上，以最少的断面、垂线和测点取得代表性最好的监测数据。监测断面的水质监测项目应包括并不少于溶解氧（DO）、化学需氧量（COD）、氨氮（NH_4-N）、总磷（TP）、透明度。监测方法须满足中国环境监测总站关于河道水质断面监测的要求。

（2）河道水位监测

河道水位监测在城市水环境治理中，尤其是水污染治理方面，扮演着至关重要的角色。通过连续监测河道水位，可以了解水体的流动状态和水质变化情况。水位数据不仅反映了水流的动态特征，还能帮助预测和评估污染物扩散的路径和速度，从而为水污染治理提供有力的数据支撑。

在实施水污染治理时，河道水位监测的方法多种多样，其中自动化水位监测仪器，如超声波水位计、雷达水位计等，因其高精度和高稳定性而备受青睐。通过实时记录并传输水位数据，及时掌握河道水位的细微变化。此外，通过河道水位监测还能深入理解河道生态系统的运行规律，评估治理措施的有效性，并为后续的水环境治理策略提供优化建议。因此，在水污染治理领域，河道水位监测不仅是一项基础性的技术工作，更是提升治理效果、保障城市水环境健康的重要手段。

（3）河道视频监测

视频监控通过摄像头实时监控河道现状，可以实时监控是否有水质变黑、变黄，截污排口水流溢出，河道垃圾，偷排漏排，路人落水等情况。汛期可监控河道安全，水位过高、漫堤及岸堤坍塌等危险状况，并可及时发出预警，协调相关设施作出智慧化调度安排（图7-4）。

7.2.3 仪器设备

监测仪器设备主要包括雨量监测设备、水位监测设备、水流量监测设备和水质监测

图 7-4 河道视频监控

（图片来源：https：//slt.gansu.gov.cn/slt/c106687/c106689/202311/173800252.shtml）

设备。

1. 雨量监测设备

雨量监测设备有虹吸式、翻斗式和数字式三类。

（1）虹吸式雨量计

虹吸式雨量计是由承水器、浮子室、自记钟和外壳所组成。雨水由最上端的承水口进入承水器，经下部的漏斗汇集，导至浮子室。浮子室是由一个圆筒内装浮子组成，浮子随着注入雨水的增加而上升，并带动自记笔上升。自记钟固定在座板上，转筒由钟机推动作用回转运动，使记录笔在围绕在转筒上的记录纸上画出曲线。记录纸上纵坐标记录雨量，横坐标由自记钟驱动，表示时间。当雨量达到一定高度（比如 10mm）时，浮子室内水面上升到与浮子室连通的虹吸管处，导致虹吸开始，迅速将浮子室内的雨水排入储水瓶，同时自记笔在记录纸上垂直下跌至零线位置，并再次开始雨水的流入而上升，如此往返持续记录降雨过程。

虹吸式雨量计具有结构简单、安装使用方便的优点，但需要定时到现场去更换记录纸，操作繁琐，容易发生虹吸管易堵塞故障，存在虹吸误差。适合人工观测，不适合遥测。

（2）翻斗式雨量计

翻斗式雨量计是由感应器及信号记录器组成的遥测雨量仪器，感应器由承水器、上翻斗、计量翻斗、计数翻斗、干簧开关等构成；记录器由计数器、录笔、自记钟、控制线路板、信号输出端子等构成。工作原理为雨水由最上端的承水口进入承水器，落入接水漏斗，经漏斗口流入翻斗，当积水量达到一定高度（比如 0.1mm/0.2mm/0.5 mm）时，翻斗失去平衡翻倒。而每一次翻斗倾倒，都使开关接通电路，向记录器输送一个脉冲信号，记录器控制自记笔将雨量记录下来，如此往复即可将降雨过程测量下来。

翻斗式雨量计具有结构简单、安装方便、全自动记录的优点，但需要定期维护。

（3）数字式雨量计

数字式雨量计测量原理与虹吸式雨量计有相似之处，均是以计量液柱高度测量降雨量，液柱高度编码器的分辨率为0.05mm，每次虹吸量为10mm，属"电子自动控制虹吸排水"，无滴流和水气混杂现象，并且，虹吸排水期内，浮子室不进水，无漏记现象。同时保留了翻斗，但不作计量用，只用作降雨时自动唤醒数据采集器，无雨时，仪器处于休眠状态。用固态存储替代纸质记录，记录准确，调取方便。

数字式雨量计具有感雨灵敏度和准确度高、仪器安装调整校准方法简单、有脉冲量输出和实时累计降雨量输出、可实现高精度数据自动采集与传输的优点，但价格较高，受数据采集的环境影响较大（图7-5）。

图7-5　数字式雨量计

（图片来源：编者拍摄）

2. 水位监测设备

水位监测设备有接触式和非接触式两类。接触式水位传感器有浮子式传感器、电子水尺传感器、压力式传感器、气泡式传感器、液介式超声波传感器等；非接触式水位传感器有激光传感器、雷达传感器、气介式超声波传感器、声波式传感器等（表7-1）。

综合来看，不同水位监测设备存在不同的优缺点。在选择水位监测设备时应综合考虑功耗、安装方式、成本、精度、长期稳定性等因素。针对具体的监测场景，合理选择精度满足要求，稳定性较好，性价比高，全生命周期成本低的监测方法。为避免单一测量传感器的测量盲区和局限性，可通过双探头的合理搭配和组合使用，通过双探头的监测数据融合，提高监测和报警的可靠性和稳定性。在隧道、立交、下沉广场、地下公共空间等可能导致安全事故的区域，宜设置双备份。

水位监测设备类型　　　　　　　　　　　　　　　　　　　表 7-1

水位计类型	特点	适用范围
浮子式水位计	利用浮子跟踪水位升降，以机械方式直接传动记录	适用于江河、湖泊、水库、河口、渠道、船闸、地下水等各种水工建筑物的水位测量
电子水尺	采用电子技术自动进行水位测量	适用于江河、湖泊、水库、水电站、灌区、输水等水利工程以及自来水、污水处理、城市道路积水等市政工程的液位监测
压力式水位计	利用压力传感器感应水体静水压力	适用于各种条件的水位监测，但小量程条件下精度不高，需要固定探头
气泡式水位计	利用气泡引压装置转换水体静水压力，并用压力传感器感应和处理	适用于中小河流水位、大坝上下游水位、海洋、地下水水位、污水处理厂等水位测量
超声波水位计	利用超声波测定传播时间来测量水位	适用于地面径流、中小河流水位监测、大坝上下游水位等的测量
激光水位计	利用激光测距技术原理进行水位测量	适用于地势偏僻、雷电多发地区的水位监测，特别适用于城市道路积水水位监测
雷达水位计	利用电磁波探测目标，记录传播时间来得出液/物面位置	适用于水位变化平稳、水位不满管或溢流、悬浮物和气泡少、不产生旋流的监测，应用于河流、明渠、水库、潮位自动监测系统等
气介式超声波水位计	利用空气作为超声波传播介质，适用于温度变化较小、水面平稳的场合	适用于水位变化平稳、水位不满管或溢流、悬浮物和气泡少、不产生旋流的监测，特别适用于温度变化较小、水面平稳的场合
声波水位计	利用导波管进行水位测量，适用于中小型水利工程的水位测量	适用于水库、坝等中小型水利工程的水位测量，在城市用于非车行道管网水位监测
水尺图像/视频识别水位计	利用图像/视频识别技术对水位进行识别	适用于水库、河道、湖泊等水体的水位监测，在城市用于内涝积水监测

3. 水流量监测设备

水流量监测设备根据工作原理的不同包括电磁、时差法超声波、巴歇尔槽、多普勒超声波、雷达波等（表 7-2）。

水流量监测设备类型   表 7-2

流量计类型	特点	适用范围
电磁流量计	应用电磁感应原理，根据导电流体通过外加磁场时感应的电动势来测量流量	适用于满管流的监测，在排水系统中主要应用于泵站、调蓄池等出水压力管的流量测量
时差法超声波流量计	利用超声波在流体中顺、逆流传播速度变化来测量流量	适用于满管流的监测，广泛应用于给水排水等领域，但对管道要求严格，不能有异响，水中气泡与杂质不能过多
巴歇尔槽流量计	利用明渠堰槽流量计的原理，通过测量标准量水堰槽的水位来确定流量	适用于测量明渠内水的流量，应用于城市供水引水渠、火电厂冷却水引水和排水渠、污水治理流入和排放渠、工矿企业废水排放以及水利工程和农业灌溉用渠道。特别适用于污水处理厂出水排口流量监测
多普勒超声波流量计	利用超声波多普勒效应，通过测量回波与发射波频率差进行流速测定	适合测量含固体颗粒或气泡的流体，广泛应用于工业、水利、灌溉等行业，适用于排水管道实际工况
雷达波流量计	利用雷达波受水流波纹反射而获得流速信息，通过测量水位获得水流面积，进一步算得过流流量	适用于非满管标准断面的流量测量，如管道、矩形渠、梯形渠等多种管渠的流量测量，可应用于水文监测、防洪防涝、环保排污监测等领域，适用于河道、灌渠、潮汐、水库闸口、地下排水管网、防汛预警等场合进行非接触式流速、水位、流量测量

综合来看，在进行流量监测时，需要根据实际监测工况条件进行合理的选择，避免监测条件和监测原理不匹配，确保能获得有效的监测数据，同时综合考虑功耗、安装方式、成本、精度、长期稳定性等因素，针对具体的监测场景，合理选择精度满足要求，稳定性较好，性价比高，全生命周期成本低的监测方法。为避免单一测量传感器的局限性，可通过双探头的合理搭配和组合使用，保证非满管、满管条件下监测数据的准确性，增加可靠性，降低维护的工作量。

4. 水质监测设备

水质监测根据监测指标的不同，水质在线监测设备的原理和适用范围各不相同。

（1）酸碱度/温度（pH/T）在线监测

在线 pH 分析仪可用来检测样本中酸碱度（pH）的仪器，并能够监测溶液的温度，温度变化引起差异直接用仪器温度补偿调节，实现酸碱度/温度（pH/T）同步测量。

（2）悬浮物（SS）

悬浮物（Suspended Solids）指悬浮在水中的固体物质，包括不溶于水中的无机物、有机物及泥砂、黏土、微生物等。水中悬浮物含量是衡量水污染程度的指标之一。悬浮物在线监测一般采用分光光度法，通过测量悬浮于水（或透明液体）中不溶性颗粒物质所产生的光的衰减程度，从而定量表征这些悬浮颗粒物质的含量。悬浮物的在线监测适用于污水处理厂进出口水质监测、污水管网、雨水管网水质监测。

（3）化学需氧量（COD）

化学需氧量 COD（Chemical Oxygen Demand）是以化学方法测量水样中需要被氧化的还原性物质的量。是一个重要的而且能较快测定的有机物污染参数，常以符号 COD 表示。

水样在一定条件下，以氧化 1L 水样中还原性物质所消耗的氧化剂的量为指标，折算成每升水样全部被氧化后，需要的氧的毫克数，以 mg/L 表示。适用于水质在线自动测定 COD 的常用方法有快速消解分光光度法和紫外（UV）吸收法两种。

快速消解分光光度法方法需进行高温消解，测量时间较长，数据频率不高，运行成本高，功耗较大，需采用市电供电，并需配置 UPS 设备，维护工作量较大。紫外（UV）吸收法无需经任何的化学预处理、分析速度快、传感器维护工作量小、无需取样设备，能够实现高频在线实时监测。但该方法不符合国标要求，检测数据环保部门不认可，仅可用于趋势监测。

（4）氨氮（NH_4-N）

氨氮是指水中以游离氨（NH_3）和铵离子（NH_4^+）形式存在的氮。适用于水质在线自动测定氨氮的常用方法有离子选择电极法、氨气敏电极法和分光光度法。离子选择电极法适用于市政污水处理厂硝化处理池（曝气池）监测。该方法样品无需预处理、成本低、内置矩阵校准可自动补偿干扰离子的影响。但该方法精度差，不符合国标要求，仅可用于趋势监测。

氨气敏电极法适用于饮用水、地表水、工业生产过程用水、污水处理工艺过程以及废水排放口的氨氮快速测定。该方法操作简单、无须对样品进行预处理、抗干扰性强、响应速度快、对于高浓度废水测定具有优越性。但该方法不符合国标要求，仅可用于趋势监测。

分光光度法适用于市政污水、饮用水、地表水及工业等领域的在线氨氮测定，用于污水处理厂进出水在线氨氮检测。该方法符合氨氮水质自动分析仪产品技术要求的行业标准。但该方法检测需要化学试剂、成本高、运行功耗较大、需采用市电供电并需配置 UPS 设备、维护工作量较大。

（5）总氮（TN）

总氮（Total Nitrogen）指水中溶解态氮及悬浮物中氮的总和，包括水中亚硝酸氮、硝酸盐氮、无机铵盐、溶解态氨以及大部分有机含氮化合物中的氮。适用于水质在线自动测定总氮的常用方法为碱性过硫酸钾消解紫外分光光度法。该方法适用于地表水、地下水、工业废水和生活污水中总氮的自动监测。该方法符合总氮水质自动分析仪产品技术要求的行业标准。但该方法检测需要化学试剂、成本高、运行成本高、功耗较大、需采用市电供电并需配置 UPS 设备、维护工作量较大。

（6）总磷（TP）

总磷（Total Phosphorus）是水中各种形态磷的总和，水中磷可以元素磷、正磷酸盐、缩合磷酸盐、焦磷酸盐、偏磷酸盐和有机团结合的磷酸盐等形式存在。适用于水质在线自动测定总磷的常用方法为钼酸铵分光光度法。适用于地表水、地下水、工业废水和市政污水中总磷的自动监测。

（7）溶解氧（DO）

溶解氧（Dissolved Oxygen）指溶解在水中的分子态氧，用每升水中氧的毫克数和饱和百分率表示。适用于水质在线自动测定溶解氧的常用方法有电化学探头法和荧光法。电化学探头法适用于地表水、地下水、生活污水、工业废水和盐水中溶解氧的测定。该方法符合国标要求，参考电极在使用寿命内能保持长期极化稳定，具有较高精度和稳定性。

荧光法适用于污水、工业用水、饮用水等行业溶解氧的测定。该方法溶解氧传感器不使用膜和电解液，维护率低，操作简便，无需更换膜片，无需补充电解质溶液，测定时对水样流速和搅拌没有要求，也不受硫化物等物质的干扰。

（8）电导率

适用于水质在线自动测定电导率的常用方法有电极法和感应电流法。电极法适用于地表水、工业废水、市政污水等电导率的在线监测。该方法符合国标要求，但接触式测量，维护量较大。感应电流法适用于成分复杂、浓度较高的废水处理领域。

综合来看，水质监测设备的选择需要根据监测指标、实际监测工况条件等进行合理的选择，避免监测条件和监测原理不匹配，确保能获得有效的监测数据，同时需综合考虑功耗、安装方式、成本、精度、长期稳定性等因素，针对具体的监测场景，合理选择精度满足要求，稳定性较好，性价比高，全生命周期成本低的监测方法。

7.2.4 数据管理

智慧水务数据管理是城市智慧水务系统的核心组成部分，旨在实现对监测数据的全面加工、管理和展示，以支持水质监测与分析工作的有效开展。其主要功能包括实时数据查询、历史数据查询、综合查询功能、数据统计、数据加工、监测阈值管理和监测预警管理。通过这些功能，系统能够提供对水环境状况的全面监测和分析，为城市水务管理部门提供决策支持和应急响应能力，从而有效保障城市水环境的安全与健康。综上，"厂网河城"一体化流域治理数据管理系统总体思路及框架如图 7-6 所示。

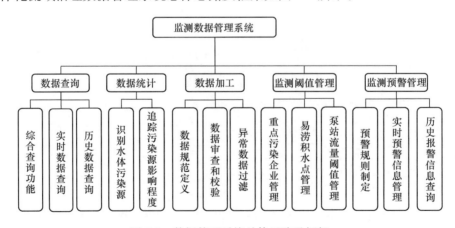

图 7-6　数据管理系统总体思路及框架

1. 数据查询

数据管理系统是城市智慧水务系统的核心组成部分，负责对监测数据进行加工、管理和展示，以支持水质监测与分析工作的开展。其主要功能包括：

（1）实时数据查询：用户可通过系统实时查询各个数据采集设备的监测数据，如水位、流量、水质等数据，并及时了解当前水环境状况。

（2）历史数据查询：系统支持用户查询历史监测数据列表，帮助用户了解数据变化趋势和历史情况。

（3）综合查询功能：用户可根据需要综合查询不同时间段的实时和历史数据，从而更全面地分析数据状态。

2. 数据统计

数据统计功能旨在通过对多维感知数据的统计分析，提供对水环境状况的综合研判。通过物联网平台提供多维感知数据，使其可以进行数据管理的综合研判，提升整体治理水平。物联网平台对水务相关事件进行多维研判，对流域管理提供决策支持，其中包括排水综合治理、排水事务应急管理、排水多维事件联动、河湖水质联合调度等。多维感知数据按照年、月、日、周、小时、分钟等单位进行定时统计，并按照不同类型进行联动和对比分析。

3. 数据加工

数据加工功能是确保监测数据质量和统一管理的关键环节，具体包括：

（1）数据规范定义：系统对接入的监测数据进行统一的管理规范和数据结构定义，确保数据标准化和一致性。

（2）数据审查和校验：系统对监测数据进行审查和校验，删除重复信息、纠正错误，并提供数据一致性。

（3）异常数据过滤：系统实现对异常数据的自动过滤，并提供自定义加工算法和规则，以确保数据准确性和可靠性。

4. 监测阈值管理

监测阈值管理包括排水户、管渠、易涝点、泵闸、污水处理厂进出水口的监测数据的阈值进行自定义管理。具体阈值定义如下：

（1）重点污染企业及排水系统的溢流口的水质、水量进行阈值定义；

（2）易涝点积水深度按照轻度、中度、严重级别进行阈值定义；

（3）泵站水位、抽排水量进行阈值定义；

（4）闸门开合度进行阈值定义；

（5）管渠水位、流量进行阈值定义；

（6）污水处理厂进出水量、水质进行阈值定义。

5. 监测预警管理

监测预警管理功能是对监测数据进行实时监测和预警分析，具体功能包括：

（1）自定义预警规则：系统支持用户根据实际情况对监测数据设置预警规则，当监测数据超出指定阈值时进行预警提示。

（2）实时报警信息管理：系统实现对实时报警信息的实时显示和管理，帮助用户及时了解水环境异常情况并采取相应措施。

（3）历史报警信息查询：系统提供对历史报警信息的查询功能，包括情报详情查询、警报类型统计、报警频次统计等，为管理决策提供参考依据。

7.3 流域治理核心问题诊断

7.3.1 管网问题分析

1. 污水系统入流入渗诊断方法研究

污水系统的入流入渗问题主要包括偷排漏排、地下水渗漏、管网破损、管道错接等问题，建立污水系统问题的数学模型是诊断的基础。管网上、下游节点流量监测，是确定污水管网中雨水混接位置及其水量的直接手段。相关研究利用实测数据区分和量化排水系统内的不同入流源。王丽娜在常州市老城区和上海市排水系统的研究中[112]，探讨了基于管道节点流量差值比较、n分法逐级溯源的水量调查技术。但是，要在雨天定量污水管道中雨水来源，需在污水管网中同步安装很多管道流量计，极其费时费力且难以做到。总结污水系统入流入渗诊断分析方法，主要包括：

（1）污水管网中总体雨水混接量解析

雨天污水管网系统整体的化学质量平衡关系可表达为：

$$(Q_d + Q_r)C_w = Q_d C_d + Q_r C_r \tag{7-1}$$

式中：Q_d，Q_r分别为整个污水管网系统的旱天进水量和雨天雨水入流量；

C_d、C_w和C_r分别为污水处理厂旱天进水水质浓度、雨天进水水质浓度和雨水径流水质浓度。

由式7-1得出雨天污水管网系统总的雨水混接量为：

$$Q_r = \frac{(Q_d C_d - Q_d C_w)}{(C_w - C_r)} \tag{7-2}$$

该方法可推广至任一污水管段雨水混接量解析。

（2）污水管网雨水混接来源解析

参照式7-2，第k个污水管段上游的雨水混接量可表示为：

$$Q_{kr} = \frac{(Q_{kd} C_{kd} - Q_{kd} C_{kw})}{(C_{kw} - C_r)} \tag{7-3}$$

式中：Q_{kr}为第k个污水管段以上管网的雨水混接量；

Q_{kd}为第k个污水管段以上管网的旱天水量；

C_{kd}为k个污水管段出流节点的旱天水质特征因子浓度；

C_{kw}为k个污水管段出流节点的雨天水质特征因子浓度。

同理，第$k+1$个污水管段上游的雨水混接量可表示为：

$$Q_{k+1,r} = \frac{(Q_{k+1,d} C_{k+1,d} - Q_{k+1,d} C_{k+1,w})}{(C_{k+1,w} - C_r)} \tag{7-4}$$

式中：$Q_{k+1,r}$为第$k+1$个污水管段以上管网的雨水混接量；

$Q_{k+1,d}$为第$k+1$个污水管段以上管网的旱天水量；

$C_{k+1,d}$为$k+1$个污水管段出流节点的旱天水质特征因子浓度；

$C_{k+1,w}$为$k+1$个污水管段出流节点的雨天水质特征因子浓度（图7-7）。

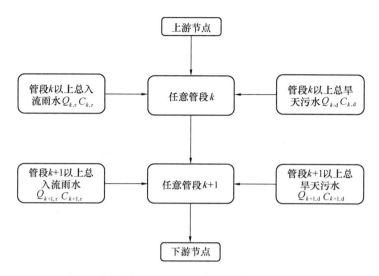

图 7-7　污水管网中雨水混接点位诊断模型示意图

据此得出第 $k+1$ 个污水管段雨天混接雨水量为：

$$Q_{k+1,\Delta r} = Q_{k+1,r} - Q_{k,r} \tag{7-5}$$

式中，$Q_{k+1,\Delta r}$ 为第 $k+1$ 个污水管段雨天混接的雨水量。

根据式 7-3～式 7-5，要确定每一个污水管段混接雨水量，还需要确定每一个污水管段旱天输送的水量，包括生活污水量和地下水水量。其中，各污水管段接纳的污水量可通过污染源与污染管网 GIS 系统，基于污水排放去向与污水管段的对应关系确定；而对于各污水管段接纳的地下水入渗水量，则需要基于旱天污水管网沿程节点水质特征因子调查，建立旱天各污水管段的化学质量平衡方程解析确定，即：

$$Q_{kd}C_{kd} = Q_{ku}C_{ku} + Q_{\Delta ks}C_s + Q_{\Delta kg}C_g \tag{7-6}$$

式中：Q_{ku}，Q_{kd} 分别表示污水管段 k 旱天上游来水水量和下游出流水量；

C_{ku}，C_{kd} 为污水管段 k 上游和下游监测节点的旱天水质浓度；

$Q_{\Delta ks}$ 为污水管段 k 接纳的污水量，通过 GIS 系统确定；

$Q_{\Delta kg}$ 为污水管段 k 接纳的入渗地下水水量；

C_s 和 C_g 分别为生活污水和地下水的水质浓度。

由于 $Q'_{kd} = Q'_{ku} + Q_{\Delta ks} + Q_{\Delta kg}$，代入式 7-6 得到任一污水管段 k 的地下水入渗量为：

$$Q_{\Delta kg} = \frac{Q'_{ku}(C'_{ku} - C'_{kd}) + C_{\Delta ks}(C_{ks} - C'_{kd})}{C'_{kd} - C_g} \tag{7-7}$$

综上，污水管网系统中雨水入流诊断技术路线所示。具体实施时，首先通过划分若干管段，解析雨水接入污水管网的区域；对存在问题的重点管段，根据管网 GIS 系统并结合污水管段加密采样监测，确定雨水接入污水管网的具体位置（图 7-8）。

2. 雨水系统外来水诊断方法研究

当前，我国分流制排水系统普遍存在雨污混接问题，旱天排放水量接入雨水管网，并经由雨水管网直排河道，严重影响了排水系统的效能，污染了受纳水体。因此，诊断混接雨水管网潜在的旱流来源，为后续的混接改造工程提供科学指导至关重要。建立雨水系统

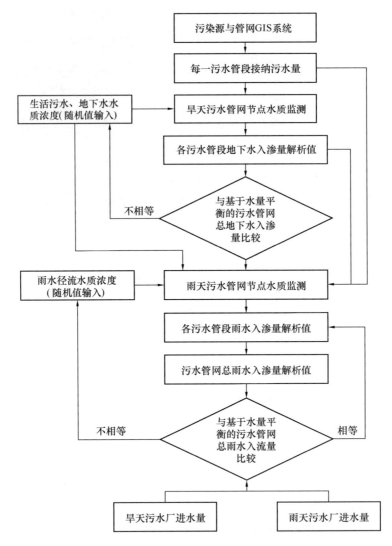

图7-8　污水管网系统中雨水混接诊断技术路线图

问题的外来水特征因子和特性是诊断方法的基础。

（1）特征因子的选取

针对雨污混接问题，国外较早地开展了相关研究工作。美国国家环境保护局提出采用水质特征因子法诊断雨水管网旱流污染来源。其核心是管网入流和出流的化学质量平衡，即采用表征不同混接类型（如生活污水、工业废水、地下水等）的水质特征因子，通过旱天混接源以及雨水管网末端水质监测，利用流程图法或化学质量平衡模型法定性、定量判定雨水管网旱天水量来源及不同混接来源的比例。在此基础上，国外还开展了生活污水水质特征因子调查研究，将氨氮、表面活性剂、钾，以及微生物指示菌、总氮、甜味剂、咖啡因、药物及化妆品类指标等应用于生活污水的识别[113]。

我国自"十一五"开始，开展了相关的调查研究工作，采用氨氮、表面活性剂、钾、微生物指示菌等指标，定性与定量判断上海市典型雨水系统的混接来源。特征因子法定量判断雨水管网旱天水量来源的核心是化学质量平衡模型（CMBM）。目前采用的是确定性算法，即将某一混接类型的水质特征因子质量浓度数据直接以均值的形式代入 CMBM 公式。然而，同一类混接源的多个混接点水质不可避免在空间上存在差异性，例如生活居住区的水质特征因子质量浓度与居民生活水平、居住区建成年代等因素有关；地下水水质特征因子质量浓度也受到不同区域的含水层物理化学性质影响。这些因素将不可避免地导致计算结果的偏差和解析结果不闭合。例如，在针对上海市典型混接分流制系统混接解析的研究中[114]，直接利用不同混接类型水质特征因子质量浓度实测均值数据建立 CMBM 方程，计算得到的旱流来源水量贡献率之和约为 80%，计算结果不闭合。因此，采用化学质量平衡模型法定量分析雨污混接来源时，有必要考虑水质特征因子数据的不确定性，提高计算结果的准确性。

① 生活污水水质特征因子。根据美国国家环境保护局（EPA）的相关技术指南，氨氮是传统的用来表征生活污水的水质特征因子指标。然而，雨水管网旱天充满度相对较低，管道易处于好氧状态，导致管道中氨氮会发生硝化反应，故而可以考虑采用总氮（TN）作为表征生活污水的水质特征因子指标。此外，近年来国外学者的研究指出，甜味剂是一种可用来表征生活污水的新型水质特征因子指标；其中，甜味剂中的安塞密被认为是一种稳定性的物质，可以考虑同时采用甜味剂安塞密作为表征生活污水的水质特征因子，对混接诊断结果进行对比验证分析。

② 工业废水水质特征因子。根据对典型工业企业的水质特征因子调查，企业在工艺中广泛使用氢氟酸作为主要化学溶剂，导致企业排放废水的氟化物质量浓度远高于生活污水，因此将氟化物作为指示工业废水混接的水质特征因子。

③ 地下水水质特征因子。在高地下水位地区，地下水补给与雨水下渗有关。由于雨水在渗透过程中溶解石灰岩，导致地下水的硬度较高。因此，硬度可作为表征地下水的水质特征因子指标。

（2）诊断分析方法研究

雨天异常排放诊断分析方法：通过收集管网、入河排口等在线监测数据，对数据进行清洗筛选出节点雨天和非雨天的流量、液位、COD、氨氮、悬浮物、降雨量等数据，通过分析历史初期雨水的水质，根据箱线图计算不同水质监测指标的初雨水质阈值范围。若某节点初期雨水的水质超出该阈值范围，则判断该节点在雨天存在偷排现象。另外通过判断降雨量与水质峰值位置，若水质在初期雨水面源污染后期仍存在其他峰，则判断可能存在雨天偷排，通过水环境在线监测信息化平台设置雨天偷排的报警规则，可实时掌握雨天是否存在偷排事件，为流域水环境监管提供报警信息，从而有效避免雨天偷排事件发生，为流域水环境长效达标提供监管保障。

雨污混接诊断分析方法通过分析管网节点雨天和非雨天的流量、COD、氨氮、悬浮物、降雨量各指标相关性状况及变化趋势，判断该节点是否存在雨污混接，另外分析雨天、非雨天不同监测指标的比值数据，判断该节点的雨污混接程度，为雨污混接整改治理工程的效果评估提供方法，同时为后续城市雨污混接整改工作提供建议。

3. 典型水质水量问题诊断与分类

基于各种类型排水体制的诊断监测所得到有效数据的分析与研究，建立基于"厂网河城"的关键节点典型问题识别与上溯分析研究技术体系。主要包括明确典型问题对应的监测数据规律与特征；基于监测数据诊断问题管道或者问题区域的方法；建立"排水体制-监测数据-诊断问题"的菜单式速查表，提供排水系统产生问题的快速判断方法；提供上溯监测的具体布点建议；提出针对各类型问题的处置建议。以基于监测的部分管网问题诊断案例为例进行如下说明。

（1）案例1：管网问题诊断——管道淤积

管道淤积阻碍了水流的顺畅输送，影响污水的转输排放，在合流制区域极端天气条件下可能引发城市内涝，对市民生活和城市交通构成严重影响。因此，对管道淤积问题的准确诊断和及时处理至关重要。通过实时监测水流量的波动和监测点的液位变化来判断管道是否出现淤积现象。一旦在特定时段内发现水流流量波动异常平稳或几乎无变化，同时监测点液位持续保持高位不降，这就可能是管道淤积的明确信号（图7-9）。采取综合性的治理措施有效解决管道淤积问题。定期清淤，有效去除管道内的沉积物，恢复水流的通畅。同时，对上游管网进行全面的污水混流溯源排查，能够及时发现潜在的污染源，并从根本上减少污染物进入管道网络。最后，及时采取截污措施，防止污染物继续进入管道。

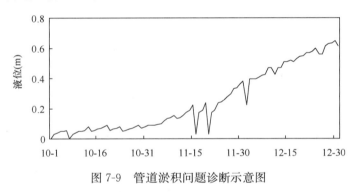

图 7-9　管道淤积问题诊断示意图

（2）案例2：管网问题诊断——雨污混接

雨污混接是城市水环境治理中需要重点关注的问题之一，特别是那些源于规律性生活污水的混接情况。雨污混接导致污水处理设施的超负荷运行，还可能对周边环境造成潜在的污染风险。为了准确识别这一问题，需要密切关注旱天雨水管道中的流量和液位变化。如果在旱季时期，雨水管道中的流量和液位出现持续且有规律的波动，这往往就是雨污混接的一个明显特征（图7-10）。如果诊断发现雨污混接现象，应采取积极的措施进行整治。首先，必须向上游进行详细的溯源排查，以确定污水混接的具体位置和原因。其次，针对排查出的混接点，应及时采取封堵和截污措施，防止污水继续混入雨水管道。

（3）案例3：管网问题诊断——不定时偷排

不定时偷排行为通常源于上游商户、农场等私自排放污水。这种行为不仅对城市水环境构成威胁，也加大了污水处理和管网的管理难度。为了识别这种偷排行为，需要密切关注旱天雨水管道中的流量和液位数据。如果流量和液位出现不固定时间、大幅度的波动，

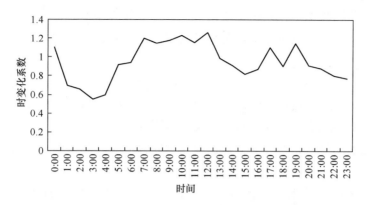

图 7-10　雨污混接问题诊断示意图

且这些波动没有明显的规律性和连续性，那么这很可能是不定时偷排的信号（图 7-11）。

　　为了应对这一问题，除了加强技术监测手段外，更重要的是对上游区域加强宣传教育和监管。通过宣传教育，提高商户和农场主的环保意识，让他们了解偷排行为对城市环境和公共设施的危害。同时，加强监管力度，定期对上游区域进行检查，对发现的偷排行为进行严厉打击，从而保护城市管网和水环境的健康与安全。

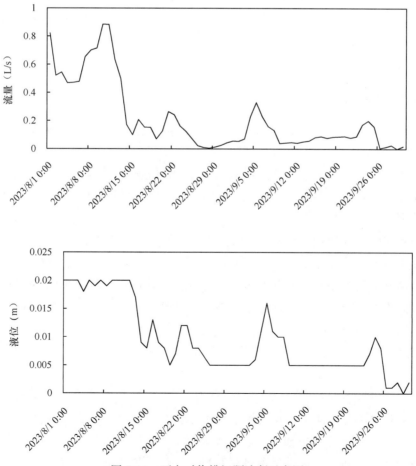

图 7-11　不定时偷排问题诊断示意图

综上所述，监测数据不仅是精测数据，而且可以作为排水系统健康评价的关键，进行管网问题诊断发现规律并提炼总结，为片区的排水系统智慧管理建立数据支撑。

7.3.2 溢流污染分析

合流制系统溢流与分流制系统雨水排水造成环境污染的风险均为溢流污染风险。随着传统点源污染逐渐得到有效控制，溢流污染已成为影响城市水环境质量改善的重要问题。溢流污染现象反映出排水系统无法同时满足排水防汛安全和环境保护的双重需求，是排水系统问题的集中体现。造成溢流污染的原因复杂主要包括三个方面：

（1）排水系统自身不完善。例如，分流制系统存在大量雨污混接造成"无效"的分流，合流制系统污水处理厂处理能力与截流干管截流能力不匹配形成厂前溢流，溢流污水调蓄及就地处理设施不完善等。

（2）管道清淤养护不及时。部分排水管道失养或养护不到位，导致管道内沉积污染物不能及时清除，雨天沉积物因雨水冲刷混入雨污水中，随溢流污染或者雨水排放至水体。

（3）地表径流污染影响。城市屋顶、街道等不透水表面上蓄积的各类污染物在降雨和地表径流的冲刷下进入排水管网，随着溢流污水或雨水排放进入水体。

溢流污染诊断分析主要通过排口水质监测实现。其中分流制系统雨水排水造成的溢流污染监测诊断分析方法可参照雨水系统外来水诊断分析方法执行。合流制系统溢流污染诊断分析通过选取生活污水水质特征因子，对比特征因子浓度阈值与监测值的大小，由此判断溢流污染问题。

7.3.3 厂站运行分析

综合污水处理厂和雨污水泵站的数据分析，通过进厂浓度、流量、水量负荷、污染物去除效率等关键指标，系统性评估整体问题。对污水处理厂而言，重点在于了解进厂水质的变化情况、评估处理负荷和污染物去除效率；对雨污水泵站则着重监测流量和水质，在不同季节下评估负荷率变化以及系统运行稳定性，通过综合分析发现问题并提出改进建议。

1. 污水处理厂

为了全面评估污水处理厂的运行情况，首先需要收集和分析进厂水的浓度和流量数据，以了解原水水质的变化情况和厂的处理负荷。通过进厂水量水质分析可以评估厂的水量负荷，包括日均负荷率以及季节性负荷率变化。然后通过进厂和出厂水量水质进行对比，计算污染物去除效率，以评估污水处理厂的处理效果。综合以上数据，系统性地评估污水处理厂的整体运行情况，包括负荷率的变化趋势和污染物去除效率的稳定性，找出实际运行与设计工况之间的差异，识别处理能力不足或设备运行不稳定等潜在问题（图7-12）。

（1）进厂浓度和流量：收集污水处理厂的进厂水浓度和流量数据，以了解原水水质的变化情况。通过监测进厂水的污染物浓度和流量，可以评估厂的水质处理负荷。

（2）净水厂水量负荷：根据进厂水的流量数据和水质要求，计算厂的水量负荷，即每日需要处理的水量。通过与设计工况进行对比，评估厂的负荷率情况，包括日均负荷率和

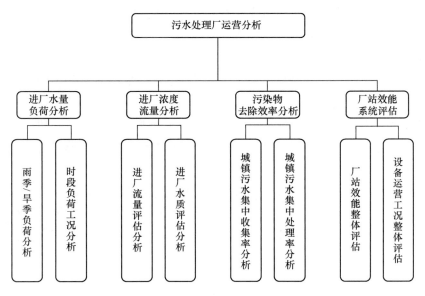

图 7-12　污水处理厂运营分析思路图

雨季、旱季的负荷率变化。

（3）污染物去除效率：监测出厂水的污染物浓度，与进厂水进行对比，计算污染物的去除效率。通过分析污染物去除效率，可以评估污水处理厂的处理效果，发现可能存在的问题。

（4）系统性评估：综合以上数据，系统性地评估污水处理厂的整体运行情况。特别关注负荷率的变化趋势，以及污染物去除效率的稳定性。通过比较实际运行情况与设计工况，发现可能存在的问题类型，如处理能力不足、设备运行不稳定等。

2. 雨污水泵站

可以评估雨污水泵站的运行状况，发现存在的问题，并提出改进建议，以提高泵站的运行效率和处理能力，确保水环境的净化和保护工作能够有效开展（图 7-13）。

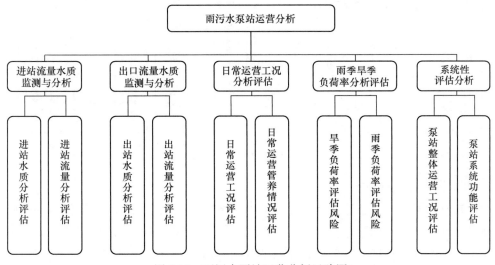

图 7-13　雨污水泵站运营分析思路图

（1）进站流量和水质：记录雨污水泵站的进口流量和水质数据，特别是在降雨期间，需要监测雨水和污水的混合流量和水质变化情况。通过对比实际数据与设计工况，评估泵站的处理能力和水质要求的符合程度。

（2）出口流量和水质：监测泵站的出口流量和水质，包括排放水中的污染物浓度等参数。对比进口和出口水质数据，计算泵站的污染物去除效率，以评估泵站的处理效果。

（3）日常运营工况：根据进口流量数据，计算泵站的日均负荷率，即每日需要处理的水量。通过与设计工况对比，评估泵站在日常运行中的负荷情况，发现潜在的运行问题。

（4）雨季旱季负荷率：特别关注雨季和旱季期间泵站的负荷率变化情况。在降雨量增加或减少的情况下，评估泵站的负荷能力和运行稳定性，发现可能存在的季节性问题。

（5）系统性评估：综合以上数据，系统性地评估雨污水泵站的整体运行情况。特别关注负荷率的变化趋势和污染物去除效率的稳定性，发现可能存在的问题类型，如处理能力不足、设备故障等。

7.3.4 河湖水质分析

河湖水质监测分析主要包括水质指标监测与分析、污染源识别与追踪、水质变化趋势分析、生物指标监测与生态评估、水环境治理效果评估与风险预警五个方面（图7-14）。通过连续监测水体中的关键指标，识别污染源、分析水质变化趋势、评估生态状况以及验证治理效果，实现对城市水体的全面监测和科学管理，以确保水环境的健康与可持续发展。

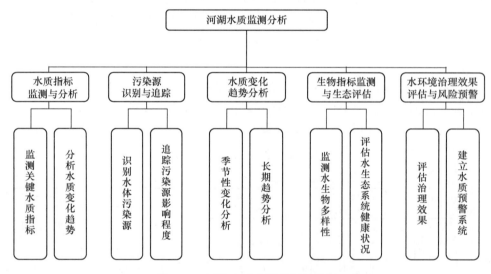

图7-14 河湖水质监测分析思路图

1. 水质指标监测与分析

水质指标监测是城市智慧水务河湖水质监测分析的基础，通过连续监测水体中的各项关键指标，如溶解氧、浊度、pH值、氨氮、总磷、总氮、COD等，可以全面了解水质的综合状况。这些指标反映了水体中污染物的种类和浓度，以及水体的生态环境状态。通过分析监测数据，可以发现水体中存在的污染物浓度及其变化趋势，为制定针对性的水质管理和保护策略提供了重要依据。

2. 污染源识别与追踪

水质监测数据不仅能够反映水体的整体水质状况，还能够帮助识别和追踪水体中的具体污染源。通过分析监测数据中的特定污染物成分及其时空分布规律，可以准确确定水体受到的污染源类型和影响程度。工业废水、农业污染、城市生活污水等各种污染源的贡献情况，从而为制定有针对性的污染防治措施提供科学依据。

3. 水质变化趋势分析

水质监测数据是了解水体水质状况的重要数据来源，通过长期连续的监测数据，可以揭示水质的季节性变化、长期趋势等规律。水质的季节性变化往往受气候、季节等因素的影响，而长期趋势则反映了水体受到人类活动影响的积累效应。水质变化趋势分析有助于及时发现水质问题的发展趋势，为未来的水质管理和保护提供科学依据，以实现水环境的可持续发展。

4. 生物指标监测与生态评估

在水质监测的基础上，通过监测水体中的生物指标，如浮游生物、底栖生物、水生植物等，可以评估水体的生态系统健康状况和生物多样性。生物指标是水体健康状况的重要指示器，对水生态系统的评估提供了重要依据。不仅如此，生物指标还可以反映出水体中有机物、氮、磷等营养物质的含量，以及水体中是否存在毒性物质等问题，为保护水生态环境提供科学依据。

5. 水环境治理效果评估与风险预警

利用实时监测数据，可以评估水环境治理项目的效果，验证治理措施的实施效果。通过对比治理前后的监测数据，可以客观地评价治理效果，发现存在的问题和不足之处，并及时调整治理方向和策略。同时，建立水质预警系统，利用监测数据实时监测水质状况，及时发现水质异常，采取紧急应对措施，最大限度地保障公众健康和生态安全。水环境治理效果评估与风险预警是智慧水务系统的重要功能之一，对于保障城市水环境的安全和稳定起着至关重要的作用。

7.4　智慧决策支持

7.4.1　决策支持模型

决策支持模型是以大数据中心的基本数据库、监测数据库、专业数据库和空间数据库等的数据为模型数据输入，可提供一个集模拟、预测、调度、控制和评估等为一体的、全方位的、多尺度的、可协调自然-社会二元水循环及其伴生过程所有服务请求的环境，结合应用支撑服务中的专题图层服务、预警服务、模拟仿真服务、报表服务及调度工具服务等，为流域管理系统相关部门在规划、设计、建设和运行管理中提供智慧化决策支撑，全面提升流域管理决策智慧化能力与水平。

7.4.2 排水系统运行风险预警决策

排水系统运行调度模型以排水系统模型为决策支撑，服务于排水管网及附属排水设施等的调度，旨在提高排水系统运行管理效率，降低管网运行风险，提升排水系统运营水平（图 7-15）。

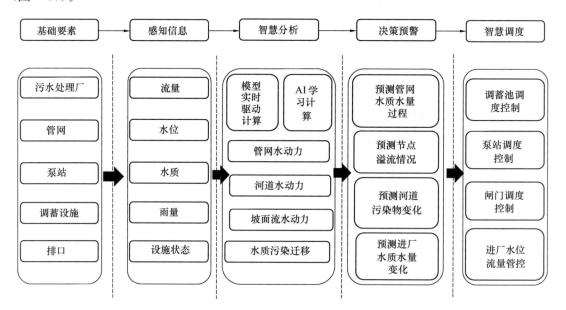

图 7-15 排水系统运行风险预警决策机制

1. 排水系统风险调度对象

排水系统运行调度模型是以排水设施为调度对象，主要包括雨污水管网、泵站设施、调蓄设施、沿河截污设施、厂站设施等。

2. 排水系统风险优化算法模型

排水系统运行调度模型是以水务管理部门的详细排水地理信息数据为基础框架，并结合实时的排水系统运行需求，构建出的一个全面、动态的计算体系。这一体系不仅用于调度排水管网附属设施和厂站设施，还能够模拟多种排水系统运行工况，进而服务于排水设施的精准调度。优化调度算法在污水处理系统的运行管理中发挥着关键作用。通过开发和应用复杂的算法，如模拟优化模式，寻找到最佳的控制方案，从而实现污水在管网中的最优分配和处理。这些算法能够精确地模拟污水管网的运行状态，预测不同调度策略下的效果，并找出最优的污水分配和处理方案。

此外，利用这些优化调度算法对泵站、污水处理厂等关键设施进行综合调度管理，通过精确地计算和控制各个设施的运行状态，以确保整个排水系统的安全、稳定和高效运行，有效提高污水处理的效率，降低能耗和减少环境污染。通过系统性调度算法的应用，可实现污水处理系统的智能化管理，为城市的可持续发展作出重要贡献。

3. 决策支持系统

在各种排水量预测模拟工况下，可全面感知排水设施的基础要素，实时收集和分析关键的水情信息，如雨量、水位、流量和水质等。通过集成的水文模型和数据处理技术，决策支持系统能够精确模拟排水系统的水量和水质变化过程，为决策者提供关键的运行状态预测。在功能层面，决策支持系统首先通过遍布排水系统的传感器网络实时收集数据，这些数据经过处理和分析后，被输入到实时水文模型中。模型随后会预测未来一段时间内的水量和水质变化，从而判断污水处理厂的处理能力、泵站的运行能力以及管网的排水能力是否能够满足即将到来的水情挑战。

同时，通过决策系统风险评估功能对历史数据和实时数据的综合分析，系统能够预测并评估各种潜在风险，如污水处理厂的处理能力是否会被突破，泵站是否会出现过载情况，以及管网是否存在堵塞或泄漏的风险。这些风险评估结果不仅有助于提前识别和解决潜在问题，还能为决策者提供科学的预警和应对策略。

最后，决策支持系统与排水系统的实时监控系统紧密集成。在达到潜在风险的阈值后，系统能够立即触发预警机制，并通过调整泵站的运行策略、优化污水处理厂的工艺流程或调度管网中的水流等方式，进行实时的风险应对和排水调度。

通过决策支持系统的数据收集、处理和分析能力，结合先进的水文模型和风险评估机制，为排水系统的稳定运行提供全方位的保障。通过实时预警和智能调度，系统能够大大降低排水系统的运行风险，提升其整体运营效率和可靠性。

4. 持续改进与优化

通过模拟污水分配策略、泵站和污水处理厂的运行模式等不同的运行场景和条件，预测并评估各种改进措施可能带来的效果，有助于了解系统在不同情况下的反应，为后续的管网优化和改造提供科学的决策依据。同时，为了确保模型的准确性和实用性，可根据实际运行情况和模拟结果，对模型参数进行不断的调整和完善，持续密切关注系统的实时运行数据，及时发现并解决模型与实际运行之间的差异。通过这种持续的改进和优化，确保模型始终能够真实地反映污水处理系统的运行情况，为决策者提供更为可靠的支持。提高污水处理系统的运行效率，提升排水系统在城市水环境提升和生态提升的效用。

7.4.3　河湖水质污染风险预警决策

河湖水质污染调度模型以流域整体模型为决策支撑，服务于河湖水环境管理调度，旨在提升河湖水环境质量、保障河湖水质，实现河湖水质稳定达标、提升水环境质量，降低河湖水质污染风险（图 7-16）。

1. 河湖水质污染风险调度对象

河湖水质调度模型是以河湖水质相关的设施为调度对象，主要包括河湖水闸、泵站、补水设施、调蓄设施、截排闸等。

2. 河湖水质污染风险计算模型

河湖水质调度模型是水质管理的核心技术工具，它以整个流域为计算基础，精准模拟河湖水质的变化情况。该模型综合了流域内的排水水质数据、城市排水系统的联合调度策略以及突发污染事件的应对策略，旨在优化整个流域的排水调度，确保水质安全，并为远程自动化调度提供决策支持。

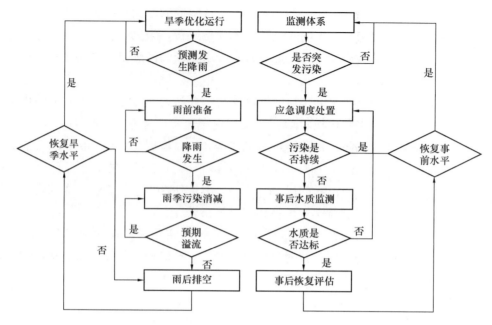

图 7-16　河湖水质污染风险预警决策

（1）河湖水质污染控制模型

为了更有效地控制流域内的污染，可构建从源头到末端的全方位的污染控制模型，对流域污染控制的各个环节，包括源头的海绵设施、过程中的管道截留和CSO调蓄池，以及末端的净化设施，都可建立详细的污染物削减效果模型。这些模型能够精确地模拟河道水质的变化，量化分析各污染控制设施对污染物的削减效果，为流域的污染治理提供科学依据。

（2）旱季雨季河湖水质风险决策模型

在旱季和雨季，河湖水质面临着不同的风险和挑战。因此，基于污水调度模型的计算成果，构建调蓄池、泵站、排水管网、净水厂等联合调度模型，同时建立基于水动力学的管网水力学模型，以实现对污水实时调度方案的正向模拟计算。这些模型不仅帮助复核工程运行条件，还能形成可行的闸泵站排水流量过程、泵站流量过程和闸门的开度过程，从而确保在旱季和雨季都能有效地保障河湖水质的安全。

（3）突发污染事件决策模型

为了应对可能的突发污染事件，构建河道纳污范围内的各种潜在污染源评估系统。通过构建河湖水动力水质模型，模拟分析污染物在河道中的扩散过程以及相应的控制措施。通过模型构建应对突发污染事件的决策支持机制，辅助制定更加科学、有效的应急预案，从而最大限度地减少突发污染事件对河湖水质的影响。

3. 河湖水质污染风险决策

河湖水质风险预警决策机制包含两个层级，一种是针对旱季雨季污染进行决策预警，另一种是针对突发污染事件进行决策预警。通过实时监测、实时调度、实时预测的方法，降低河湖水体污染风险。

（1）旱季雨季河湖水质风险决策机制

在旱季，通过精准预测降雨事件，从而为雨前的调度工作做好充分准备，提升排水系统优化调度运营方式，提前调整或腾空相关的排水设施，以确保其处于最佳状态来应对即将到来的降雨。当降雨发生时，通过实时调度的策略进行干预，最大限度地减少雨季时的溢流污染，从而有效地保障河湖水质的安全。

（2）突发污染事件河湖水质风险决策机制

通过构建完善的监测体系，能够及时发现突发的污染事件，并迅速启动应急响应。通过调整闸门、调蓄设施和泵站等关键设备的工况，以有效控制污染的扩散。同时，持续对河湖水体进行动态监测，确保水质能够恢复到事故发生前的水平，减轻突发污染事件对环境和公众的影响。

第 8 章 水 城 融 合

　　"厂网河城"一体化流域治理不仅需完成水环境质量不断提升的工作目标，还应强调在城市发展过程中将水体系统与城市结构紧密结合，实现自然生态与城市功能的和谐共生，用高品质生态环境支撑高品质发展。在提升城市生态环境质量同时，创造美观宜人的公共空间，促进旅游业和地方经济的发展。

　　本章围绕"厂网河城"一体化治理中的水城融合核心内涵，重点整理了生态环境导向的开发模式、碧道建设模式等，通过解析概念，提出各种建设开发模式的实施方式，并列举相关案例，为实现人、城市与自然水环境之间的和谐关系，追求可持续发展和生态文明建设的目标，提供新发展模式。

8.1 生态环境导向的开发（EOD）模式

8.1.1 概念解析

1. 基本概念

　　生态环境导向的开发（Eco-environment-oriented，EOD）模式（以下简称"EOD 模式"）是一种开发建设实施理念，更是一种创新型项目组织实施模式。其理念源于 1999 年美国学者霍纳蔡夫斯基提出的利用生态引导区域开发"生态导向"思想[115]。在我国官方文件定义为：以习近平生态文明思想为引领，以可持续发展为目标，以生态保护和环境治理为基础，以特色产业运营为支撑，以区域综合开发为载体，采取产业链延伸、联合经营、组合开发等方式，将公益性较强、收益性差的生态环境治理项目与收益较好的关联产业有效融合，统筹推进，一体化实施的创新性项目组织实施方式[116]。该模式将生态环境治理带来的经济价值内部化，有效解决当前生态环境治理缺乏资金来源渠道、总体投入不足、环境效益难以转化为经济收益等瓶颈问题，推动建立产业收益补贴生态环境治理投入的良性机制，实现生态环境治理与产业经济发展的充分融合。

　　根据生态环境部 EOD 模式与试点实践经验总结，EOD 定义包含三项核心要点。

　　一是"融合"：即关联性融合。将流域综合整治、生态保护修复等公益性较强、收益性差的生态环境治理项目与收益较好的关联产业项目有效融合，"肥瘦搭配"，打破生态环境保护与经济发展对立僵局；同时强调产业开发项目与生态环境治理项目的关联性，因生态环境治理项目的开展实现环境质量的改善能显著提升关联产业开发的价值，真正将"受益者负担"原则在项目实施层面落实[117]。

　　二是"一体"：即一体化实施。由一个市场主体统筹实施生态环境治理与关联产业项目，并将生态环境治理作为整体项目的投入要素一体化推进，建设运营维护一体化实施。

三是"反哺"：即效益内部平衡。在项目边界范围内建立产业收益补贴生态环境治理投入良性机制，赋予生态环境治理项目稳定的收益和可融资性，为社会资本和金融机构参与生态环境治理创造条件，力争实现项目整体收益与成本平衡，减少政府资金投入。

随着气候变化与高强度的人类活动，我国水资源、水安全和水生态环境问题愈发凸显，彼此密切交织的流域资源生态环境问题进而影响到社会经济领域。党的二十大报告提出"统筹水资源、水环境、水生态治理，推动重要江河湖库生态保护治理"。以流域为单元对水资源、水环境、水生态进行综合统一治理，已成为国计民生的重要课题，是各地政府购买或提供公共产品与服务的重要内容之一。由于流域治理项目的公益性以及生态价值转化机制不健全，现行此类项目建设和运维主要依赖政府财政资金支出，给地方政府带来较大的财政压力和债务负担。自 2020 年开展 EOD 模式试点项目申报以来，已发布的两批试点项目中流域综合治理类项目占比最大[118]。EOD 模式提出不仅为流域综合治理提供一种全新的可持续发展路径，同时为促进水城融合发展提供了一种新思路（图 8-1）。

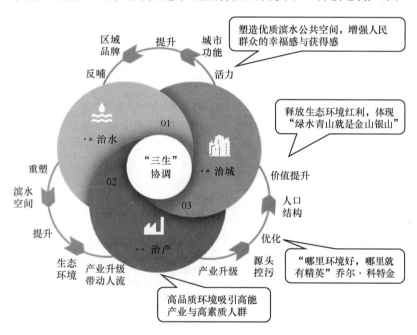

图 8-1　EOD 模式下水城融合发展路径示意图

2. 发展历程

我国 EOD 模式发展主要由国家政策引领，其发展历程可以分为前期探讨阶段、中期试点阶段、后期加速推进阶段三个阶段（表 8-1）。

前期探讨阶段：党的十八大以来，我国生态环境保护发生历史性、转折性、全局性变化，"绿水青山就是金山银山"理念的提出，转变以往以牺牲环境换取经济增长粗放式发展方式，转向追求发展与保护内在统一、有机融合、良性互动[119]。EOD 模式应运而生，通过统筹生态环境治理和产业开发，建立生态环境保护和经济发展的平衡点，将生态优势转化成经济发展优势。2016 年 11 月，国务院印发的《"十三五"生态环境保护规划》明确提出，探索环境治理项目与经营开发项目组合开发模式，即 EOD 模式的雏形。2018 年 8 月，生态环境部出台的《关于生态环境领域进一步深化"放管服"改革，推动经济高质量发展的指导意见》明确提出探索开展 EOD 模式，这也是 EOD 模式首次正式出现在官方文件中。同步出台多项政策文件为民营经济及社会资本参与生态环境治理营造良好政策环境。

中期试点阶段：2020 年 9 月，《关于推荐生态环境导向的开发模式试点项目的通知》文件的出台，标志我国 EOD 模式前期研究探索进入试点实践阶段。目前，我国已由生态环境部、国家发改委、国家开发银行三家单位发起开展了两批 EOD 试点征集工作。根据公布名单统计两批试点项目数量共 94 个，第一批试点项目期限为 2021—2023 年，第二批为期限为 2022—2024 年，试点范围遍及全国各个省份。在此期间，也重点针对实践过程融资难、收益渠道来源少等问题完善相关政策。

后期加速推进阶段：2022 年 3 月，生态环境部印发《生态环保金融支持项目储备库入库指南（试行）》明确了入库项目的范围、要求和所需材料，开始实施 EOD 项目入库管理制度，标志我国 EOD 模式探索已经基本成熟，EOD 模式由试点转为常规的项目入库制。

我国 EOD 模式相关政策文件及发展历程　　　　　　　　　　表 8-1

发展阶段	序号	发布时间	发布机构	政策文件	相关内容
前期探讨阶段	1	2016 年 11 月	国务院	《"十三五"生态环境保护规划》	完善使用者付费制度，支持经营类环境保护项目。积极推行政府和社会资本合作，探索以资源开发项目、资源综合利用等收益弥补污染防治项目投入和社会资本回报，吸引社会资本参与准公益性和公益性环境保护项目。在加快培育环境治理市场主体中首次提出"探索环境治理项目与经营开发项目组合开发模式"
	2	2018 年 6 月	中共中央、国务院	《关于全面加强生态环境保护 坚决打好污染防治攻坚战的意见》	综合运用土地、规划、金融、税收、价格等政策，引导和鼓励更多社会资本投入生态环境领域
	3	2018 年 8 月	生态环境部	《关于生态环境领域进一步深化"放管服"改革，推动经济高质量发展的指导意见》	首次提出通过探索生态环境导向的城市开发（EOD）模式，推进生态环境治理与生态旅游、城镇开发等产业融合
	4	2019 年 1 月	生态环境部、中华全国工商业联合会	《关于支持服务民营企业绿色发展的意见》	通过探索开展生态环境导向的城市开发（EOD）模式，创新环境治理模式，培育新业态，促进环保产业发展
	5	2020 年 3 月	中共中央办公厅、国务院办公厅	《关于构建现代环境治理体系的指导意见》	针对工业污染地块，鼓励采用"环境修复＋开发建设"创新性环境治理模式
	6	2020 年 5 月	国家发展改革委、科技部、工业和信息化部、生态环境部、银保监会、全国工商联	《关于营造更好发展环境 支持民营节能环保企业健康发展的实施意见》	推进商业模式创新，积极支持民营企业开展环境综合治理托管服务，参与生态环境导向开发模式创新

发展阶段	序号	发布时间	发布机构	政策文件	相关内容
中期试点阶段	7	2020 年 9 月	生态环境部办公厅、发展改革委办公厅、国家开发银行办公室	《关于推荐生态环境导向的开发模式试点项目的通知》	向全国各地区征集 EOD 模式备选项目，并明确 EOD 内涵定义
	8	2020 年 9 月	国家发展改革委、科技部、工业和信息化部、财政部	《关于扩大战略性新兴产业投资培育壮大新增长点增长极的指导意见》	探索开展环境综合治理托管、EOD 模式等环境治理模式创新，提升环境治理服务水平，推动环保产业持续发展
	9	2020 年 4 月、2020 年 10 月、2021 年 12 月	自然资源部	《生态产品价值实现典型案例》第一、二、三批	明确生态修复及价值提升是生态产品价值实现重要模式之一，并对相关案例经验进行推广
	10	2021 年 4 月	中共中央办公厅、国务院办公厅	《关于建立健全生态产品价值实现机制的意见》	鼓励盘活废弃矿山、工业遗址、古旧村落等存量资源，推进相关资源权益集中流转经营，通过统筹实施生态环境系统整治和配套设施建设，提升教育文化旅游开发价值。鼓励将生态环境保护修复与生态产品经营开发权益挂钩，对开展荒山荒地、黑臭水体、石漠化等综合整治的社会主体，在保障生态效益和依法依规前提下，允许利用一定比例的土地发展生态农业、生态旅游获取收益
	11	2021 年 4 月	生态环境部办公厅、发展改革委办公厅、国家开发银行办公室	《关于同意开展生态环境导向的开发（EOD）模式试点的通知》	公布第一批 EOD 模式试点项目名单
	12	2021 年 4 月	生态环境部办公厅、国家开发银行办公室	《关于深入打好污染防治攻坚战共同推进生态环保重大工程项目融资的通知》	在中央项目库中补充建立金融支持生态环保项目储备库，加强 EOD 模式等试点项目的储备与支持
	13	2021 年 9 月	中共中央办公厅、国务院办公厅	《关于深化生态保护补偿制度改革的意见》	推进 EOD 模式项目试点，通过市场化、多元化方式，促进生态保护和环境治理
	14	2021 年 10 月	生态环境部办公厅、发展改革委办公厅、国家开发银行办公室	《关于推荐第二批生态环境导向的开发模式试点项目的通知》	开展第二批 EOD 模式试点项目征集，并明确 EOD 模式项目成立的核心条件为生态治理与产业开发一体化实施和项目自平衡

续表

发展阶段	序号	发布时间	发布机构	政策文件	相关内容
中期试点阶段	15	2021年10月	国务院办公厅	《关于鼓励和支持社会资本参与生态保护修复的意见》	鼓励和支持社会资本参与生态保护修复项目投资、设计、修复、管护等全过程，围绕生态保护修复开展生态产品开发、产业发展、科技创新、技术服务等活动，对区域生态保护修复进行全生命周期运营管护
	16	2021年10月	财政部	《重点生态保护修复治理资金管理办法》	对山水林田湖草沙一体化保护和修复、历史遗留废弃工矿土地整治等生态保护修复工作给予中央预算内资金奖补
	17	2022年1月	国家发展改革委、生态环境部、住房城乡建设部、国家卫生健康委	《关于加快推进城镇环境基础设施建设的指导意见》	在探索开展环境综合治理托管服务中，继续开展生态环境导向的开发模式项目试点
后期加速推进阶段	18	2022年3月	生态环境部办公厅	《生态环保金融支持项目储备库入库指南（试行）》	规范入库项目范围和申报条件等，按照"成熟一个，申报一个"的原则，由县级及以上生态环境部门通过生态环保金融支持项目管理系统线上申报
	19	2022年4月	生态环境部办公厅、发展改革委办公厅、国家开发银行办公室	《关于同意开展第二批生态环境导向的开发（EOD）模式试点的通知》	公布第二批EOD模式试点项目名单
	20	2022年6月	生态环境部	《生态环境部贯彻落实扎实稳住经济一揽子政策措施实施细则》	推进生态环保金融支持项目储备库建设，提高资金对接项目精准度
	21	2023年8月	国家发展改革委、生态环境部、住房城乡建设部	《环境基础设施建设水平提升行动（2023—2025年）》	鼓励结合地方实际，深入推行环境污染第三方治理，探索开展环境综合治理托管服务和生态环境导向的开发（EOD）模式。积极引导社会资本按照市场化原则参与环境基础设施项目建设运营
	22	2023年11月	国务院办公厅	《关于规范实施政府和社会资本合作新机制的指导意见》	明确政府和社会资本合作应聚焦使用者付费项目、全部采取特许经营模式、限定于有经营性收益的项目
	23	2023年12月	生态环境部办公厅、国家发展和改革委员会办公厅、中国人民银行办公厅、国家金融监督管理总局办公厅	《生态环境导向的开发（EOD）项目实施导则（试行）》	指导和规范EOD项目谋划、设计、实施、评估、监督等活动

8.1.2　实施模式

根据国内 EOD 模式与试点实践经验总结，按照政企合作方式、收益来源的不同，流域治理 EOD 项目可分为 PPP（政府和社会资本合作，Public-Private-Partnership）、ABO（授权-建设-运营，Authorize-Build-Operate）、"流域治理＋片区开发"三大实施模式[120]。

其中，PPP 模式是指政府与社会资本方建立利益共享、风险分担的合作关系共同推进项目运作模式。根据《关于推荐生态环境导向的开发模式试点项目的通知》（环办科财函〔2020〕489 号），以 PPP 模式推进 EOD 试点项目实施，需纳入国家发展改革委或财政部 PPP 项目库（图 8-2）。适用于政府财政支出额度较大，但支出额度未超过财政部规定的上限，且项目实施不紧迫的区域。在该模式下，EOD 项目实施一般由政府引入投资建设人作为投资建设主体，与政府指定的平台公司依法成立项目公司负责项目的具体实施和对接融资工作，项目分生态环境治理和产业开发建设两部分实施。收益构成主要包括政府付费和使用者付费部分，政府付费即可行性缺口补助，受一般公共预算收入 10% 的限制；使用者付费即产业运营项目或盘活经营性资产收益。近期，国务院办公厅转发国家发展改革委、财政部的《关于规范实施政府和社会资本合作新机制的指导意见》，明确提出政府和社会资本合作应聚焦使用者付费项目、全部采取特许经营模式、限定于有经营性收益的项目。

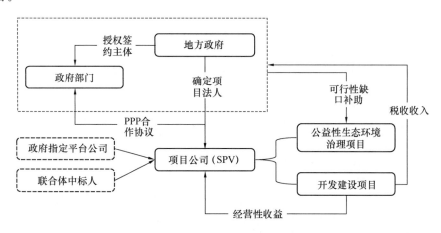

图 8-2　PPP 模式运作结构示意图

ABO 模式是公共服务"公建公营"模式的拓展，由地方政府通过竞争性程序或直接签署协议等"委托代理"方式授权相关企业（一般为属地国有企业）作为项目业主，并由其依约提供所需公共产品及服务，政府履行规则制定、绩效考核等职责，同时支付授权运营费用等，需要项目业主单位自主投融资并实施建设，适用于政府财政支出额度较大，但支出额度未超过财政部规定的上限，且项目实施紧迫的区域（图 8-3）。

"流域治理＋片区开发"模式适合土地市场较为活跃且政府财政支出额度超过财政部规定的上限、项目实施紧迫区域。一般由政府和社会资本共同组建片区经营开发公司，通过土地开发平衡生态修复支出（图 8-4）。

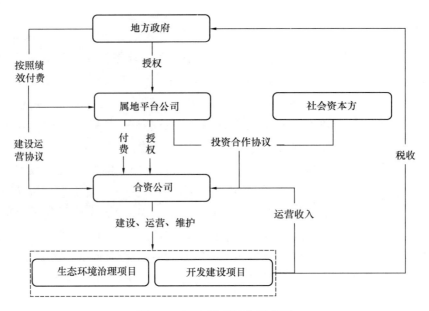

图 8-3　ABO 模式运作示意图

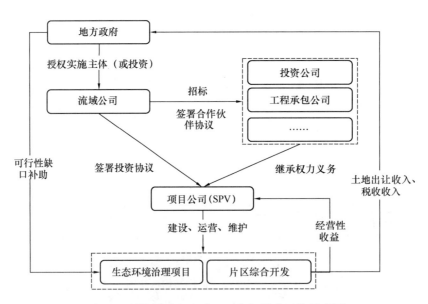

图 8-4　"流域治理+片区开发"模式运作示意图

同时,在项目具体实施过程,为获得更大的可融资性及收益性,一方面可将其他有较好市场价值的项目按照特许经营模式进行打包,一方面可以根据项目的具体情况将土地整治等有较好政策性支撑项目进行叠加,采取混合模式提升项目的落实性和可持续性。

此外,在以上三大实施模式框架下,结合平台公司组建形式、工程建设运营方式衍生出 EPC(Engineering- Procurement-Construction)、特许经营+EPC、EPC+O(Engineering-Procurement-Construction,Operation)、投资人+EPC 等运作方式(图 8-5)。

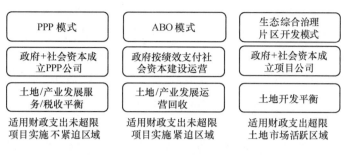

图8-5 EOD项目三种实施模式对比

8.1.3 案例经验

根据我国EOD试点情况分析，第一批36个试点项目涉及生态环境治理内容主要包括：水环境综合治理、农村人居环境整治、土壤修复及矿山修复、荒漠化治理、固体废物处理处置、城市环境综合治理等领域的内容。其中水环境综合治理类项目占试点项目的45%。第二批58个试点项目在原有生态环境治理涉及领域扩大到生态农业、乡村振兴及农村人居环境综合整治等领域。其中，关联产业包括旅游产业、现代农业、节能环保和循环经济、产业园区、健康产业、新能源、高端制造、数字经济。本章节对照以上三种实施模式，重点对厂网河（湖）岸治理与城市开发建设融合实施EOD项目类型案例进行介绍，以期为更好促进水城融合发展提供可借鉴经验。

1. 蓟运河（蓟州段）全域水系治理、生态修复、环境提升及产业综合开发EOD项目

蓟运河（蓟州段）全域水系治理、生态修复、环境提升及产业综合开发EOD项目是我国首次将EOD模式应用到整个流域生态环境治理中的项目。该项目由天津市蓟州区人民政府采用公开招标投标方式引入投资建设人，与政府指定平台公司依法成立流域投资公司，作为项目投融资、建设和运营一体化实施市场主体。流域投资公司根据项目实施需另行组建专业化公司，开展项目建设、运营管理及产业开发等具体工作。项目实施通过政府审批，项目预算经政府审定，并纳入地方财政予以统筹考虑，以确保建设项目可控，资金风险可控。

根据项目公开招标投标情况，建设工期为20年，中标额约为65亿元，分流域综合整治和片区产业综合开发两步实施。其中，流域综合整治涵盖蓟州区全域水系综合治理和重点矿山修复等建设内容，主要包括以一湖一库一河一洼（环秀湖湿地公园、于桥水库、州河湿地公园、青甸洼）为重点的蓟州全域水系综合治理项目，以小龙扒等为重点的矿山修复项目。重点实施包括水污染防治工程、水资源配置工程、河库水系综合整治与生态修复工程、饮用水源地保护工程、山区水土流失保护工程、蓄滞洪区综合整治工程、流域智慧化工程七大工程。片区产业综合开发部分主要指生态修复后，项目公司获取一定比例的土地空间进行产业开发，导入高端产业、现代农业、文旅项目、博物馆、培训中心等环境友好型产业开发项目，实现环境＋社会＋经济效益的结合。

根据《蓟运河（蓟州段）全域水系治理、生态修复、环境提升及产业综合开发EOD项目总体方案和市场化实施方案》，项目共设计了六项回款通道，可分为三种类型。一是政府付费部分，即针对流域综合整治部分政府购买服务，根据提供建设运营养护服务并按照绩效获得政府付费；二是使用者付费部分，即盘活经营性资产获得相关经营性收益，包括参与区域内供水、垃圾处理、污水处理、旅游资源等项目的投资建设和经营管理；三是政府方提供的额外收益，包括水系综合治理专项资金、用活土地资源收益以及股权转让等。

蓟运河 EOD 项目本质是以政府为主导、市场化运作的 PPP 项目类型。在项目前期阶段，蓟州区人民政府根据污染防治攻坚战，以及中央环保督察与市级考核任务的要求制定水系治理和矿山修复的规划，对项目的开展进行了总体部署及具体规定。在政府资金短缺的现状下，积极引入有实力的社会资本方合作建设，加速项目落地实施。同时为社会资本方的利益提供了一定程度的保障，包括积极争取中央、市级环保、水利、林业等方面专项资金支持，山水林田湖草、现代农业产业园、"绿水青山就是金山银山"实践创新基地等示范项目资金，提高项目资本金比例；争取政府债券资金，寻求保险资金支持，实现多渠道筹资，减轻银行融资压力。

项目实施基于蓟州区生态涵养区的发展定位，通过实施蓟运河（蓟州段）全流域的水系治理、生态修复、环境提升等工程，全面改善蓟运河（蓟州段）全流域的生态环境，提升环境承载力，并结合全域规划提升和产业策划，导入符合地方发展定位产业类型，建设蓟运河流域（蓟州段）绿色生态河流廊道，打造绿色经济发展带，以环境改善引导蓟州区经济结构调整和产业结构升级，将环境资源转化为发展资源、生态优势转化为经济优势，实现水城产高质量融合发展（图 8-6）。

2. 光谷生态大走廊片区生态产业开发 EOD 项目

光谷生态大走廊片区生态产业开发 EOD 项目由武汉市东湖高新区管委会通过生态产业招商方式，引入长江生态环保集团有限公司，与政府指定平台公司成立合资公司，签订投资合作协议，并按约定股权比例对项目公司注资，并以项目公司为项目建设及运营实施主体，统筹实施各经营板块内容。项目以区域水安全保障为核心，统筹解决水污染问题同时，构建城市、水系、植被、动物与人和谐稳定的生态体系，打造东湖高新区生态旅游新高地。

项目实施范围生态大走廊全长约 9.3km，宽约 200～550m，包含旅游专线投资、生态旅游项目开发、城市公园运营养护、350 亩土地资源整治等子项目内容。在规划建设上，充分尊重水系、山体、林地等自然现状，以片区内排污整治、入湖水质提升、海绵化改造等建设内容为基础，构筑生态环境基底；按照"水道、绿道、空中旅游专线"的"三道融合"总体布局和规划设计思路，依托两山两湖（九峰山、龙泉山、严东湖、牛山湖）及沿线 6 大城市公园，打造生态、交通、科技、景观、人文"五轴一体"，发展全区域旅游产业，并以光谷旅游品牌的塑造提升城市美誉度和影响力。其中，"水道"是指豹子溪河道，通过河道清淤疏浚、扩挖、护砌工程、水环境提升工程，修复豹子溪河道断面，恢复其防洪排涝功能；"绿道"是指豹子溪沿岸绿廊，通过景观绿化、河口湿地建设等，打造为"最节约、最生态、最自然"的生态大廊道；"空中旅游专线"是指贯穿生态大走廊全线的云轨工程，从北到南串联山、水、文化区等特色区域，市民、游客可以从空中俯瞰美丽光谷，打卡创新地标，游览山水风景。同时结合片区水环境综合整治和管理调控需求

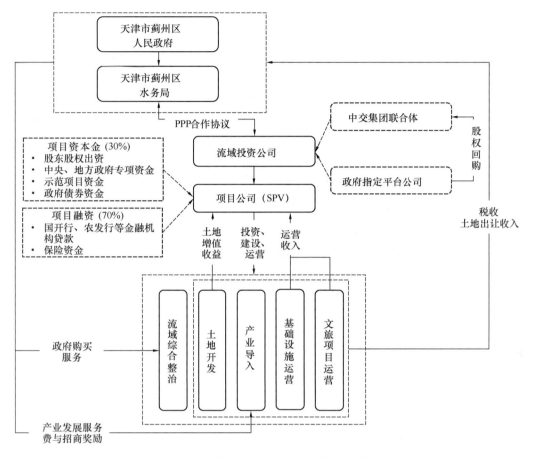

图 8-6 蓟运河 EOD 项目实施路径图

配套建设智慧水务系统，为区域生态产业的导入引进奠定良好的基础。在回款渠道上，主要通过旅游专线、旅游开发等运营收益，专项基金，产业招商政府补助，以及配置商住用地出让收入实现项目投入产出平衡（图 8-7）。

光谷生态大走廊 EOD 项目在建设上整体按照"厂网河（湖）岸＋生态产业"一体化思路，开展区域流域防洪排涝、水系连通、水环境治理、水生态修复及水景观打造、智慧水务建设等环境综合治理工程；在全面改善区域生态环境基础上，整合生态大走廊沿线自然资源导入生态旅游产业，推进沿线土地商业开发，利用生态旅游产业和土地开发收益反哺环境治理投入，有效融合环境治理和生态产业打造，是从"水生态"向"水经济"迈进重要探索。

3. 长沙市望城区滨水新城核心区综合开发项目

长沙市望城区滨水新城核心区综合开发项目位于长沙主城区北翼，自然资源优越，坐拥 20km 湘江黄金水岸，临近月亮岛，是长沙最后一片临江自然生态宝地。为了在开发的同时尽可能地保护当地生态环境，并对已有破损环境进行修复改善，规划以 EOD 生态导向发展模式，采用"水生态环境保护＋片区综合开发"实施方式，以生态环境改善为核心，以产业策划为支撑，推进区域融合战略，构建"岛城互动，一江两岸协调发展"的滨

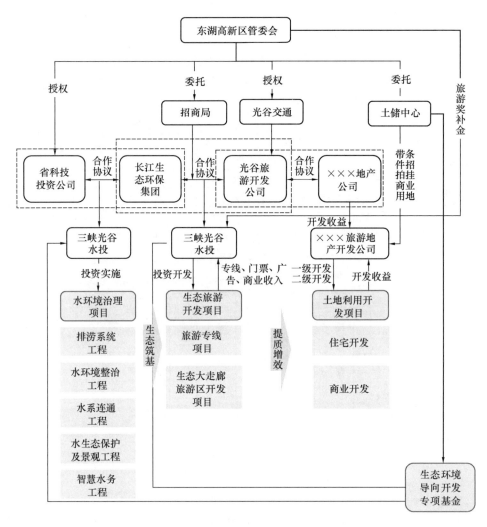

图 8-7　光谷生态大走廊 EOD 项目实施路径图

水新城，已成功申报我国第一批 EOD 模式项目试点。

　　根据《长沙市望城区滨水新城核心区综合开发 EOD 模式试点实施方案》，项目包含黄金河流域生态环境整治和大泽湖生态智慧城镇建设两大模块建设内容。其中，黄金河流域生态环境整治通过黄金河水系河湖连通、黄金河水环境综合治理、岳麓污水处理厂尾水排放等工程的实施，串联滨水新城核心区内众多湖垸湿地自然生态资源，衔接区内外大型生态空间，构建"大海绵＋小海绵"的城市海绵体系，打造以水为主题的"中部最美滨江生态公园群"。大泽湖生态智慧城镇建设通过完善城市配套服务，开发清洁能源，推进基础设施向绿色低碳、高质量、可持续发展。并结合城市功能定位规划建设健康乐活、创新商务、生态智慧和文旅乐游四大发展片区，打造地区生态发展示范区和重要创新型产业高地。规划近期构建由电子商务、信息技术服务、研发设计、金融服务和健康养生、旅游休闲、会议、商贸流通组成的"4＋4"产业体系，远期形成大生态、大休闲、大健康和商务商业、创新创业的"3＋2"产业体系。项目中流域生态环境整治与产业开发投资比例约为

47：53，总投资中 20％为企业自筹资金，80％来源银行贷款，收益主要为房屋租金、广告位租金、停车费、充电桩租金、地热开供冷（热）营业收入、户接入费、污水处理费以及土地环境溢价补助等（图 8-8）。

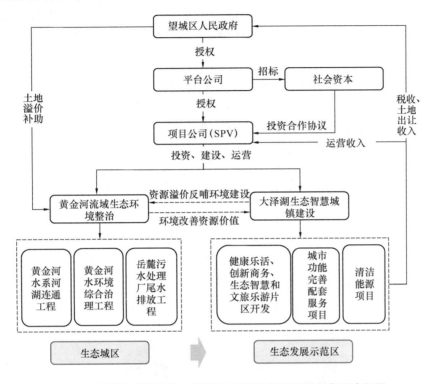

图 8-8　长沙市望城区滨水新城核心区综合开发项目实施路径图

项目以"生态创谷、幸福水城"为规划目标，在黄金河流域综合整治的基础上，构建"水城相融、人水相依"的生态水系和资源与生态结合环境友好型产业体系，以生态环境改善助推产业升级融合，产业升级融合助推区域经济发展，并且在边界范围建立区域经济发展反哺生态环境改善长效机制，实现城市发展过程中生产、生活与生态融合协调发展。

4. 茅洲河流域综合治理与城市发展

茅洲河流域综合治理是流域治理与城市发展有机融合的典型项目。全长 41km 的茅洲河是深莞两市界河，属于珠江口水系，早期工业化和城镇化发展导致河道水体污染严重，河岸大量建筑垃圾和生活垃圾倾倒造成河道生态功能严重受损。其中，茅洲河流域深圳片区感潮河段占总河长约 50％，地势低洼叠加潮位顶托，导致河流水动力交换能力弱，河水、海水交叉感染使得茅洲河被"黑"，成深圳市污染最严重的河流。

2015 年，中国电建集团华东勘测设计研究院进驻茅洲河谋划治理方案，提出了"流域统筹，系统治理"思路，将全流域治理统筹为一个项目管理，按照行政单元分为宝安、光明、东莞（长安镇）三个 EPC 工程包协同实施。同时，深圳和东莞两市以茅洲河流域综合整治为契机，推进茅洲河治水和产业治理、城市升级融合，实现"水、产、城"一体联动发展。

茅洲河流域综合治理项目坚持水环境、水安全、水资源、水生态和水文化"五位一体"理念，流域上下游协同，从水质提升、生态恢复、基础设施完善、功能重组、产业转型等角度，实施河道综合整治、片区排水防涝、污水处理厂及雨污分流管网建设、水生态保护和修复、河道补水和水文化景观营造等，实现全流域水环境质量稳步提升。

其中，治水治产治城融合具体实施内容为：一是以治水为先导，重构生态网络，创造生态本底，塑造优美环境。开展"正本清源"的雨污分流改造、以污水管网系统为核心完善污水管网建设、建立底泥处理厂，通过清淤、截污、泥水并治、补水等实现水质提升，通过营造生态岸线恢复河流自净能力。二是以生态优先为原则优化城市功能布局，助推景观优化、产业转型和城市升级。其中，茅洲河流域深圳片区以将茅洲河干流及沿线打造为健康的生态廊道、绿色的产业链道为目标，建成 13km 碧道、6 个公园、6 处湿地；茅洲河流域东莞片区以打造融智造体验和生态观光为一体的"绿道之城"为目标，建成 11.88km 碧道和 9 座主题公园，并对碧道沿线旧厂房进行整体改建。三是通过产业升级、人才引进等实现城市提质增效。目前，两市城市空间功能优化和经济结构重塑，倒逼"腾笼换鸟"、产业升级，释放出 15km² 土地，为重大产业项目、重要基础设施的布局拓展了空间。计划引进机器人、智能装备、高新技术产业等高附加值环境友好型企业，同时为创新创业高层次人才提供优惠政策。四是以治产、治城反哺治水。转变生产与生活方式，从源头上杜绝污染，巩固治水成效，实现标本兼治，长治久清（图 8-9）。

图 8-9　茅洲河流域综合治理与城市发展融合发展思路

茅洲河流域综合治理项目主要资金来源是政府财政资金投入，未严格在项目层面实现"效益内部平衡"，不是严格意义上"流域治理＋片区开发"EOD 项目类型，但是通过在实施过程将治水与治产、治城紧密联动，深度结合，提升城市服务功能，促进流域土地与空间价值激发，释放环境红利，不仅在源头控污上以治产、治城反哺治水，还在新增土地出让和片区产业提质增效新增税收等方面，在一定程度上实现对治水投入进行反哺。

8.2　碧道建设模式

8.2.1　概念解析

2018 年 10 月，习近平总书记视察广东时指出，广东水污染问题比较突出，要下决心治理好；要全面消除城市黑臭水体，给老百姓营造水清岸绿、鱼翔浅底的自然生态。2018 年 6 月，广东省委十二届四次全会作出高质量建设万里碧道的重大决策部署，加快推进万里碧道建设，打造广大人民群众喜游乐到的美好生态空间。

1. 基本概念

碧道是以水为纽带、以江河湖库及河口岸边带为载体，统筹生态、安全、文化、景观和休闲功能建立的复合型廊道。通过优化廊道的生态、生活、生产空间格局，系统构建集安全行洪通道、自然生态廊道、文化休闲漫道和生态活力滨水经济带，形成"三道一带"的总体空间范围。

碧道建设，通过生态、安全、文化、景观和休闲功能的复合利用，充分挖掘江河湖库的生态、景观、人文等方面的多元价值，促进水、产、城融合发展，构建河流水系生态-经济-社会耦合的复合系统。

2. 碧道分类

根据所处河段的周边环境，碧道分为以下四种类型：

（1）都市型碧道，流经大城市城区；

（2）城镇型碧道，流经中小城市城区及镇区；

（3）乡野型碧道，流经乡村聚落及城市郊野地区；

（4）自然生态型碧道，流经自然保护区、风景名胜区、森林公园、湿地等生态价值较高地区（图 8-10）。

3. 重点建设任务

碧道建设包含"5＋1"重点建设任务，即水资源保障、水安全提升、水环境改善、水生态保护与修复、景观与游憩系统构建五大建设任务和共建生态活力滨水经济带一项提升任务，并依托大江大河打造十条特色廊道及其特色碧道段（图 8-11）。

4. 主要特点

碧道建设不仅致力于系统解决水资源、水安全、水环境、水生态等水问题，更在引领城市空间发展、促进水城深度融合等方面发挥着重要作用，为城市的可持续发展注入了新的活力，主要体现在：

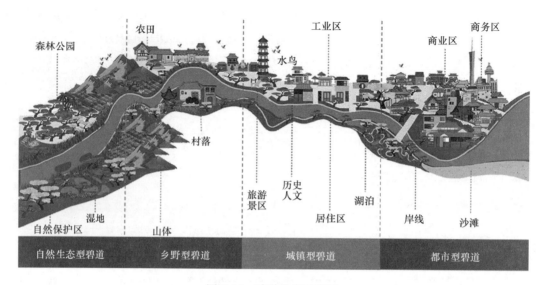

图 8-10 碧道分类示意图

（图片来源：广东省水利厅网站）

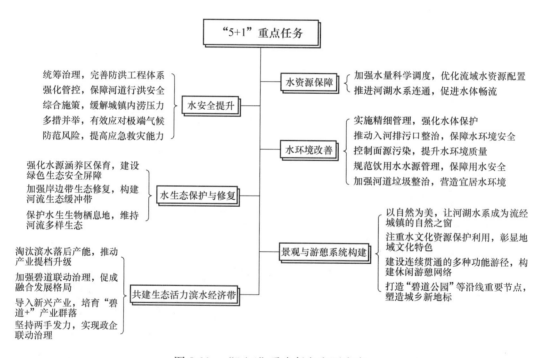

图 8-11 "5＋1" 重点任务主要内容

（1）利用河滩地、堤顶等空间，打造户外运动场所，设置多样化的漫步径、跑步径和骑行径，满足公众亲近自然、强身健体以及社会交往的多元需求，更实现了城乡景观与生活空间的自然衔接；

（2）结合碧道建设改造提升便民设施、公园景观等，有效地整合了区域内的生态、安全、文化、休闲等各类资源要素，使城市水体与周边的景观、公园、旅游景区等开敞空间以及重要人文节点相互融合；

（3）水利、自然资源、住建、城市管理等部门协同推进，充分衔接城市更新、"三旧"改造、公园建设等，推动水岸联动治理，打造"碧道＋"产业群落，推动沿线产业提档升级，形成"水—道—产—城"和谐互促的生态活力滨水经济带[121]。

8.2.2 实施模式

2018年12月，广东省河长制办公室发布《关于开展万里碧道建设试点工作的通知》。该通知明确指出，万里碧道的建设应坚持高标准，努力打造一个水清岸绿、鱼翔浅底、水草丰美、白鹭成群的生态空间，使之成为广大人民群众休闲娱乐的理想去处；同时，要求各地结合实际情况，积极开展万里碧道试点工作，为全面推广提供有力支撑。

广东省依托河长制，在《中共广东省委 广东省人民政府关于高质量建设万里碧道的意见》（以下简称《意见》）的指导下，开展配套政策、规划编制、技术标准三个方面的顶层设计，为碧道建设提供制度保障。《意见》是广东省万里碧道建设的总部署，对碧道规划建设工作提出总体要求。在配套政策方面，广东省人民政府于2020年10月转发了省河长办《关于支持万里碧道建设的政策措施的通知》，该通知从用地支持保障、优化项目审查审批程序、统筹碧道建设与河道管理保护、加大财政金融支持力度等方面提出工作要求。在规划编制方面，在省级总体规划规划的基础上，各地制定本地区碧道建设专项规划和实施计划，以指导本地区开展碧道建设。在技术标准方面，省河长办制定规划、试点建设、设计、验收评价等技术指引，指导万里碧道规划、设计、建设和实施管理（图8-12）。

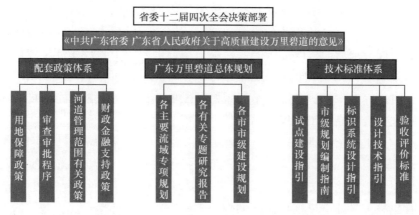

图 8-12 广东省万里碧道建设顶层设计框架

（图片来源：马向明，赵嘉新，魏冀明，等 . 万里碧道：生态文明背景下广东河湖水系水-岸协同治理的探索与实践［J］. 南方建筑，2021〈6〉：10-21.）

在建设实施层面，广东省构建了政府主导、分级负责、社会参与的碧道建设模式，全面推进碧道建设。省市各级政府充分发挥政府投资在碧道建设中的主要作用，将碧道作为公共财政投入的重点领域，由政府财政投资实施。在省级层面，通过奖励资金对碧道建设成效明显的县市予以激励，2022年广东省河长办对2020年、2021年碧道建设成效明显的24个县（市、区、镇）予以2亿元的资金奖励。在市级层面，以深圳市为例，深圳市级财政加大对碧道项目财政转移支付，《深圳市碧道建设分工实施方案》提出依托市管河道、水库并以碧道名义由区政府立项建设的项目，河流型和湖库型碧道按一定标准予以市财政支持。在社会层面，各地政府积极引导社会资本参与碧道建设，探索碧道建设的市场化、产业化运营模式。通过"政企共建、共建共治""EPC＋O"模式、碧道建设与城市更新（旧改）项目统筹实施等建设模式，推动碧道建设这类水城融合的公益性项目落地实施，同时有利于城市功能总体布局和统筹建设。

（1）"政企共建、共建共治"模式。"政企共建、共建共治"模式是政府和社会企业共同投资建设、运营维护的碧道建设模式。以广州从化区鸭洞河碧道为例，鸭洞河碧道流经从化区良口镇的生态设计小镇，建设长度约11km。区政府主导实施了鸭洞河治理工程，通过河道疏浚、堤岸加固和新建跌水堰等手段，有效解决河道行洪不畅、功能衰退等基础性难题。生态设计小镇的运营企业负责实施河道景观的细微改造工程，通过"嵌入式"建设方式，打造了亲水驳岸、湿地栈桥、文化长廊等一系列景观亮点，使鸭洞河碧道成为生态设计小镇的"会客厅"。另外，生态设计小镇的运营企业还负责碧道的维护管理，并为当地创造了百余个就业机会，形成"企业维护、村民参与"的共治共享模式。

（2）"EPC＋O"模式。"EPC＋O"是设计、采购、施工及运营维护一体化的总承包模式。这种模式衔接了碧道建设的各个阶段，提高了项目的建设运营效率，并在一定程度上保障了建设标准和工程质量。以江门市为例，江门市对全市29段260公里的碧道建设工程，采用了整体打包、统一推进的"EPC＋O"模式，以推动碧道建设工程尽快落地实施。

（3）碧道建设与城市更新（旧改）项目统筹实施模式。南湾支涌碧道位于广州市黄埔区的穗东街，是黄埔区"三脉一湾"碧道网络中"碧湾古港碧道"的关键组成部分。南湾支涌碧道建设工程与南湾旧村改造统筹实施，由南湾旧村改造建设主体单位负责。项目通过碧道建设，串联起南湾村内的古民居、古街巷、古塔（阁）、古庙、古旧坪、古海涯、古堤、古祠、古井等九大古迹，实现水产城协同发展，推动了区域水系治理、城市更新和文创旅游的深度融合与高质量发展。

如今，广东万里碧道建设已取得了显著成效，2023年全省新建成碧道1064km，累计建成6278km；茅洲河获评"全国十大美丽河湖提名案例"，茅洲河、大沙河入选"广东省第二届国土空间生态修复十大范例"。万里碧道建设不仅可以倒逼水污染防治，提升碧道沿线污水收集处理效能，增加生态缓冲带，有效改善了水环境；还提升了河湖环境景观品质和河流两岸土地价值，引导沿线产业转型升级，为当地经济注入了新的活力，实现绿色发展。

8.2.3 案例经验

1. 深圳市碧道规划与建设

深圳市碧道规划以"水产城共治"的理念，创新了"安全的行洪通道、健康的生态廊道、秀美的休闲漫道、独特的文化驿道、绿色的产业链道"的"五道合一"碧道内涵，同时在全面梳理"水-岸-城"关系和"山-水-城-海"空间格局的基础上，提出构建江河安澜的安全系统、蓝绿交融的生态系统、公共开放的休闲系统、缤纷荟萃的文化系统、水城融合的产业系统，形成"一带两湾四脉八廊"的碧道空间结构。

深圳市通过河湖水系的综合治理，促进区域生态环境优化、水岸空间复合利用、产业结构转型以及城市品质提升，探索形成"河湖＋产业＋城市"综合治理开发新模式。截至2022 年 12 月底，深圳全市已建成碧道共计 605.4km，打造茅洲河碧道、西丽湖碧道示范段、龙岗河干流碧道示范段、大沙河碧道、盐田海滨栈道碧道等多条碧道示范段。以茅洲河碧道、龙岗河干流示范段碧道为例介绍如下。

（1）茅洲河碧道

茅洲河是深圳的第一大河，发源于深圳羊台山北麓，干流全长 41.61km。茅洲河碧道试点段全长 12.9km，其中宝安段（塘下涌-白沙坑水）试点段长度为 6.1km，光明段（白沙坑水-周家大道）长度为 6.8km。

茅洲河碧道宝安段的建设范围自塘下涌至白沙坑水，主要建设内容包括：①湿地主题景观节点、碧道之环、亲水活力公园等多个重要节点的建设，以茅洲河展示馆、碧道之环、洋涌河水闸为核心亮点，将治水成果展示、水文化教育科普、水生态景观营造、科研办公园区等功能融于一体，打造生态、文化及产业廊道的示范点；②水环境提升工程，建设龙门湿地公园、梯田湿地，改善了茅洲河的水质，修复了河道生态系统，营造生物栖息地和宜居宜游的生态空间；③推动了建设桥梁、道路等基础设施建设和照明工程提升，使得碧道与周边区域的联系更加紧密，为市民游览碧道提供了便利和安全保障。

茅洲河碧道光明段的建设范围自周家大道至白沙坑水，总长度约 6.8km，并向河道两侧各延伸 500～1000m。光明段统筹水污染治理、河岸景观提升、产业街区建设，构建点线结合的空间格局，重点打造大围沙河工业园滨水商业提升、滨海明珠工业园区产城提升、左岸科技公园景观节点、上村生态公园景观打造、李松蒗历史文化街区、南光绿境景观节点等六大节点，形成河道生态修复、生态河岸景观（25 万 ㎡）、箱涵路（14km）、滨水市政路（8km）、堤顶路（11km）和沿线建筑立面改造（84 栋）等线性水岸空间。以滨海明珠科创园为例，通过原来包含多家污染大、产值低的工业企业的科创园改造为中科院深圳理工大学过渡校区，并将校园环境与河道生态融合，设置林荫道、滨水台阶和亲水平台，形成开放的滨水校园，实现了产业结构的转型升级[122]（图 8-13）。

茅洲河碧道以水环境治理、防洪提升为触媒，统筹景观节点建设、水文化展示、基础设施完善等多个方面，将生态与高品质生活紧密相连，更将文化展示与产业升级完美融合，从而构建出一个集生态涵养、安全保障、文化传承和休闲体验于一体的碧道"水产城共治"典范。

（2）龙岗河干流示范段碧道

龙岗河干流碧道，西起荷康路，东至龙岗区界，全长 20.77km，总面积约为 317ha，是深圳都市型骨干碧道。项目分示范段及非示范段两段建设，其中，示范段建设范围自吉祥南路桥至龙园福宁桥，全长 4.6km。

河道治理和水生态修复是龙岗河干流碧道示范段建设的重要内容。通过改善现状硬质化河道水岸、恢复水生植物群落和鱼类洄游系统、建设近自然护岸等措施，重塑丰富的河

图 8-13 茅洲河碧道试点光明段

（图片来源：茅洲河碧道试点段建设项目〈光明段〉［Online Image］．［2020-11-17］．https：//www.sz.gov.cn/cn/xxgk/zfxxgj/tpxw/content/post _ 8272708. html）

道水生生境，改善河道生态环境。

示范段以打造高品质的公共空间为目标，规划建设 U 梦绿谷、宜居生活、龙园水岸三大主题段落，包含造梦坞、常青崖、珍珠滩、跃鳞湾、碧新园、龙鳞水岸、九龙广场、碧道馆等重要节点，满足不同市民休闲娱乐的需求和喜好。此外，建设文化碧道馆、公共艺术等工程，传承水岸人文，展示客韵文化，为市民提供高品质的公共服务与特色化的人文体验，提升了城市的文化品位（图 8-14）。

龙岗河干流示范段碧道还设计了"碧道小径"，结合堤岸改造、多层级步道贯通滨水，特色人行桥连接两岸贯通慢行路径，连接城市与水岸，开放滨水界面，为市民提供了丰富多样的休闲活动空间。

龙岗河干流示范段碧道不仅是生态治理的重要一环，更是水城融合理念的重要体现。通过整合生态环境治理、水岸景观提升、文化历史融合以及休闲娱乐设施的建设，使得碧道沿线不仅拥有优美的自然生态，还兼具浓郁的人文气息，提升了城市的文化品位和生态价值，实现了水与城的和谐共生。

2. 广州市碧道规划与建设

广州市碧道规划以功能复合为特色亮点，提出"八道三带"空间结构，即"水道、风道、鱼道、鸟道、游道、漫步道、缓跑道、骑行道"八道合一以及"滨水经济带、文化带、景观带"三带并行。加强对 42 片水源保护区的保护，利用 59 座江心岛塑造珠江生态岛链，建设"5 主 6 次"的碧道风廊、22 条"多廊＋多点"的水鸟走廊，串联全市传统村落、文物古迹、特色名城小镇等 6 类 220 处空间资源以及大型绿地斑块 34 片，营造四片多条碧道主题游径，打造 373km 珠江碧道水上运动产业带，推动 85 片产业片区和 48 片

图 8-14 龙岗河干流碧道（示范段）

（图片来源：龙岗河干流碧道〈示范段〉［Online Image］．［2023-1-17］．https：//www.sz.
gov.cn/cn/xxgk/zfxxgj/tpxw/content/post_10386759.html）

价值地区高质量发展（图 8-15）。

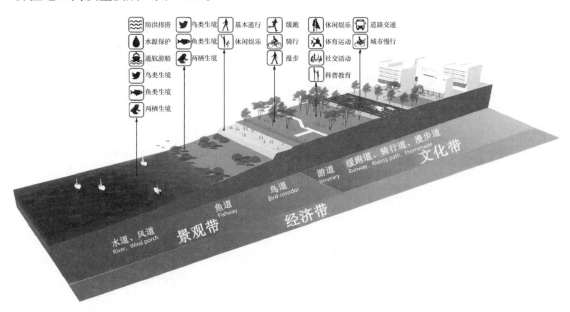

图 8-15 广州市碧道"八道三带"空间结构示意图

（图片来源：《广州市碧道建设总体规划〈2019-2035 年〉》）

目前，广州全市已建成阅江路、流溪河、东山湖、车陂涌、海珠湿地等多条碧道试点
段或示范段，初步形成了以"两高点""两聚焦""两注重"为主要内容的可复制可推广的
碧道建设"广州经验"。以广州阅江路碧道、广州流溪河碧道为例介绍如下。

（1）广州阅江路碧道

广州阅江路位于广州人工智能与数字经济试验区琶洲核心片区内，西临广州塔、珠江琶醍文化创意区，南接国际会展中心、互联网高新企业办公区等城市标志性建筑物群，全长 2.6km，滨江腹地宽 50～70m（图 8-16）。

广州阅江路碧道与海绵城市深度融合，通过改造地形营造一系列雨水花园，建设透水骑行道和缓跑道，打造出独特的碧道海绵系统，同时从生态完整性和流域系统性出发，加大野生鸟类、特有鱼类的栖息地保护力度。碧道示范段还打造了讲述珠江水系、珠江治理历史以及珠江文化生活等内容的景观墙，为游客和市民领略广州的珠水文化和海丝文化提供了全新的窗口；并以 800m 的服务半径设置一处新时代便民服务驿站，为市民提供图书借阅、健康检测、自动售卖、母婴室、洗手间和 VR 体验等 15 项综合便民服务功能，打造真正契合群众需求的地标式驿站。同时，阅江路沿线汇聚了以广交会为代表的高端会展区、以琶醍为代表的休闲娱乐区以及高端酒店区、互联网总部企业、人工智能与数字经济广东省实验室等产业区，碧道建设构建完整的游憩体系，串联产业片区，带动产业经济，吸引企业、人才、游客集聚。

图 8-16　广州阅江路碧道
（图片来源：阅江路碧道［Online Image］.
https://www.gz.gov.cn/xw/jrgz/content/
post_7936416.html）

广州阅江路碧道探索"碧道＋"模式，形成"碧道＋海绵""碧道＋文化""碧道＋产业"模式，将生态、文化和产业等元素有机结合，成功打造产城融合、人文休闲、生态韧性的城央风景游憩带，不仅提升了碧道的综合功能，也实现了治水治产治城协调统一。

（2）广州流溪河碧道

广州流溪河发源于从化吕田的桂峰山，经珠江三角洲河网排入大海，干流全长 157km 流域面积 2290km²，是广州重要的饮用水源保护区和生态保护区。流溪河碧道示范段位于流溪河中游段，由太平镇至温泉镇，长度约 43.4km（图 8-17）。

通过生态滨岸本底修复、激活休闲滨水空间、挖掘区域文化特色，打造"溪源生态""溪源生活""溪源文化"兼容的碧道示范，生态涵养价值与区域社会价值突出。在"溪源生态"方面，保护和修复岸线、岛洲动植物栖息地，清除有害入侵植物，恢复鸟鱼虫兽完整生态链，建成夏湾拿湿地公园，打造符合本地气候特征的生态滨岸。在"溪源生活"方面，以慢行系统贯通、串联城市公园、景观节点以及活动设施，营造活力、休闲、高质量的滨水游憩空间。在"溪源文化"方面，将水文化嵌入特色小镇建设，串联流溪河沿岸的乡镇、古村、古渡口、古祠堂，充分挖掘区域历史文化和生态科普文化。

通过系统治理以及碧道建设，流溪河治水取得显著成效，流溪河流域从化段的 3 个国省考断面水质长期稳定在地表水 Ⅱ 类以上，温泉镇以上 30 条一级支流基本达到 Ⅱ 类以上水质，流溪河流域沿线形成"水清岸绿、鱼翔浅底、水草丰美、白鹭成群"的生态廊道。

图 8-17 广州流溪河碧道

（图片来源：碧道流溪河示范段〈太平—温泉〉[Online Image]. https://www.gz.gov.cn/zlgz/wlzx/content/post_8172644.html）

3. 珠海市碧道规划与建设

珠海市依托山水林田湖海生态格局，设定了碧道建设近、中、远三个时期的碧道建设任务目标，形成"五脉通海，九湾一岸，两翼协同，碧秀珠海"的碧道总体空间布局，规划东部都市海岸、刀门、鸡啼门及虎跳门等四大主要水系碧道，形成珠海市碧道建设"主碧道＋支碧道"的空间梯次结构。

立足城市治水成效，打造"碧道＋治水"的建设模式，全市共有 11 条黑臭水体纳入碧道规划建设范围，共计 33.85km，并通过芒洲湿地、香山湖公园、黄杨河湿地公园、大门口湿地公园等，统筹生态修复和环境治理，重塑人水共生的滨水空间。融入珠海特色水文化，打造水文化水经济旅游精品和生态科普教育示范，如在横琴新区天沐河举办的"名校赛艇邀请赛"，在芒洲湿地公园为学生团体提供鸟类观察与水质净化学习场所。以碧道为抓手推动"美丽乡村"建设，重点统筹推进全市示范乡村地区 19 条碧道建设，形成总长度达 189km 的"乡村碧道"。

（1）珠海野狸岛碧道

珠海野狸岛碧道位于香洲区东部的情侣路边，是广东省碧道总体规划中的环湾滨海碧道的重要节点之一，已建碧道长度为 4km（图 8-18）。

野狸岛碧道以水安全为保障，防洪标准为 100 年一遇；以生态为优先，采用海绵城市建设理念，通过低冲击的生态开发模式进行岸线生态修复，构建了独具魅力的山海城市栖息地；以功能多元为特色，植入滨水休闲娱乐、综合服务、特色商业及海岛休闲等功能，配置游客服务中心、综合服务中心、风雨廊、休闲驿站节点服务设施，综合提升了野狸岛地区的综合服务功能和产业活力。

图 8-18　珠海野狸岛碧道

（图片来源：野狸岛碧道［Online Image］. https：//sswj. zhuhai. gov. cn/
zwgk/zhyw/content/post _ 3660256. html）

（2）珠海黄杨河碧道

珠海黄杨河碧道位于斗门区，起于井岸镇南江路排洪渠，止于井岸镇五福涌，建设长度约
7.2km，为城镇型碧道。黄杨河碧道统筹水污染治理、防灾减灾基础建设、生态修复与保护、
滨水景观建设和水文化建设，结合"生态＋水文""文化＋历史"、优质生活环境、智能经济、
游览体验等功能，改造提升水岸生态和景观，获选广东省"最生态碧道"之一（图 8-19）。

图 8-19　珠海黄杨河碧道

（图片来源：黄杨河碧道［Online Image］. https：//sswj. zhuhai. gov. cn/
zwgk/zhyw/content/post _ 3660256. html）

黄杨河碧道以水为脉，通过十里滨水长廊和交通轴线串联西堤公园、斗门体育馆、黄杨河
湿地公园、市民公园、尖峰山公园等独特景点和城市公园，成为集生态观光、科普教育、健身
休闲等综合配套于一体的湿地特色生态休闲区，形成实现人与自然和谐共处的生态环境。

218

4. 佛山市碧道规划与建设

佛山市统筹城市水道、绿地、古驿道、通风廊道等多道共建，融入自然生态、历史文化、乡村振兴、特色小镇等多样化的要素，构建"三环六带"的碧道空间结构，串联佛山各类自然人文要素，辐射主要城乡建设区，规划全市打造碧道共 1019.63km。

佛山从水环境、水生态、水安全、滨水景观、游憩空间和智慧建设等六方面统筹推进碧道建设，主要包括全面推进河湖水环境治理，实现河湖碧水清流；全面推进河湖生态保护与修复，构筑河湖生态廊道；全面推进防灾减灾体系建设，构建韧性安全水系；全面突显河湖水系景观与特色，助推转型协调发展；全面提升滨水游憩体验，打造通达性好、服务性强的游憩水岸；全面利用国内外相关先进技术，打造智慧碧道。

（1）佛山潭洲水道碧道

潭洲水道省级试点碧道位于佛山市顺德区，全长 15km，为都市型碧道。堤防标准已达到 50 年一遇，水质类别稳定达到Ⅱ类水标准。主要建设项目为佛山新城滨河景观带及潭洲水道生态景观绿化提升项目（图 8-20）。

图 8-20　佛山潭洲水道碧道

（图片来源：佛山市潭洲水道［Online Image］. http://slt. gd. gov. cn/
gdwlbdjxsztgzjz/content/post _ 2577784. html）

潭洲水道碧道以"水绿香"为理念，以提升人居环境为目的，运用"生态轴、景观轴、文化轴"三轴融合的手段，建设高品质滨水公共空间和滨水亮点。推进"碧道＋治水"模式，在佛山新城滨河景观带打造全市最大的城市中心湿地公园，种植水生和陆生植物 330 多种，系统修复水生态环境功能。挖掘文史资源，打造"文化主题鲜明、岭南特色突出"的城市公园，将木版年画、陶瓷、剪纸、武术、龙舟等岭南文化元素融入碧道建设中，与岭南水乡文化和园林文化充分融合，打造富有本土文化特色的景观节点。

（2）佛山思贤滘碧道（三水区段）

佛山思贤滘位于西江、北江、绥江，三江汇流之处，有千年历史，是当地重要的文化地标。思贤滘碧道是三水区"一环两翼三芯"特色碧道线路"两翼"中南翼的起点，建设长度约4km，属于自然生态型碧道。碧道建设以水工程为依托，以水文化为主线，以水景观为载体，重点推进江根村云从公园工程、昆都山森林公园建设项目（含思贤滘提升工程）、昆都山景观工程（一期），实现自然生态、人文景观和文旅休闲有机融合（图8-21）。

图 8-21　佛山思贤滘碧道

（图片来源：思贤滘［Online Image］. https：//dfz. gd. gov. cn/
index/dqyj/content/post＿4247504. html）

以昆都山森林公园建设项目为例，防洪安全为重、自然生态优先，将外江堤防、城市碧道、公园绿地融合建设，在保证河道防洪标准的前提下，利用现有堤岸结构或平台设施，修复平整岸线，提升周边景观环境品质；同时打通碧道"断点"，完善碧道慢行系统、游憩设施、文化宣传设施等，设立云从公园、何维柏读书堂等重要景观节点，将碧道建设与历史人文、乡村振兴相结合。

8.3　其他创新模式

8.3.1　概念解析

1. 水务设施空间功能复合与更新转变模式

随着城市化纵深发展进入存量更新阶段，大量既有灰色人工水务基础设施与人们在城市开放空间中丰富多元的功能使用、公共开放的品质均相去甚远，在日常生产生活中惨遭大量闲置，造成大面积空间浪费、土地使用效率不高等问题。由于水务设施空间一味筑高行洪的"重效率、轻人本"工程导向，且在行政机制上土地性质和管理运营存在水务、规划等多部门的权属壁垒矛盾，造成水务设施空间类型形态上呈现出性能老旧而功能单一、占地形态尺度巨大、空间网络孤立、封闭性极强等实态问题。随着存量时代到来，对中小型水务工程基础设施与公共空间的一体化更新，已成为水城融合高质量发展的重要内容，通过功能复合与更新转变，将进一步强化在地的水务设施空间的景观化、公共日常化，实现水务设施空间功能的多样复合、界面柔性消融，推动存量基础设施建筑化更新以及新增基础设施综合设计，为韧性城市与高质量发展作出贡献。

2. 水经济高质量融合发展模式

水经济是指贯彻落实新发展理念，在节约优先、保护优先的前提下，把水资源作为重要生产要素，创造、转化与实现水资源的量、质、温、能的潜在价值。从水经济的内涵来看，水经济的出发点是以人民为中心的发展思想，以水资源的可持续利用为前提，以实现经济效益的最大化为目标，以绿色高质量发展为实现路径。水经济高质量融合发展，即围绕水的属性体系建立的可持续发展的经济系统。它主要强调发展旅游产业、水文化、水环保等亲水产业。其特点主要包括：

(1) 经济、环境、生态价值并重，保证可持续发展；

(2) 直接与间接兼顾，效益与费用并重，保证全面协调；

(3) 开发、节约与利用并重，科学使用水资源；

(4) 自然资源和环境资源产权并重，充分发挥水的系统属性作用；

(5) 在水资源配置中政府和市场的作用并重，做到平衡统一；

(6) 形成生产生活中使用自然资源、环境资源以及生态资源的优化配置机制；

(7) 形成水资源价值评价体系；

(8) 充分发挥水资产的保值增值能力，形成良性循环机制；

(9) 建立水资源价值核算体系。

3. 多元水文化软实力提升发展模式

随着我国对文化软实力的开发和对文化遗产保护的重视，水文化传承和发展得到前所未有的关注与支持，城市滨水空间作为水文化的重要载体也面临着前所未有的发展机遇。而目前很多城市的滨水空间在建设过程中由于对水文化的传承与诠释不足，存在水文化遗址受损、文化特色消退、滨水景观辨识度低等问题。多元水文化软实力提升，即基于当地水文化内涵及当地水文化特征，通过规划主题分区与空间结构，创造文化节点与文化小品，并通过开展活动与景观事件策划，生成融入水文化的滨水空间系统，形成特色再生景观，为滨水空间注入新的活力与生命，为水城文化融合提供新思路、新途径。

8.3.2　实施模式

1. 水务设施空间改造方法

水务设施空间功能复合与更新转变往往触及两个层面：老旧且不达标的水务基本功用的升级，以及单一且封闭的水务基本功用叠加丰富多元的日常公共功能。前者涉及城市安全韧性而往往成为更新项目的契机，后者则需结合对场地现状的诊断，将水务基础设施视为公共空间的关键要素之一，作为活动触发容器，协同复合不同功能[123]。

水务设施空间功能复合与更新转变通常需充分利用特定的水务基本功用的空间特征，挖掘其在垂直、水平方向上的富余空间。通过归纳，水务设施空间改造方法可分为垂直叠加、水平并置、垂直与水平共现、完全重叠等 4 种典型的功能空间类型。

（1）垂直叠加

以水务基础设施构筑物为主，如水闸、调蓄池等，其或与水位线标高平齐，或以地下、地上构筑物为主，并配备管理用房、设备用房。因此，最为常见的空间复合类型，便是在保障其公共卫生、安全的前提下，借助技术优化，挖掘设施垂直方向上可供复合叠加的空间价值，并结合周边产业开发与服务功能，将新的功能区域与水务既有功能进行垂直叠加，实现高效、清晰的功能分区（图 8-22）。

图 8-22 洋涌河水闸

（图片来源：深圳市茅洲河省级水利风景区——洋涌河水闸

[Online Image]．http：//slt. gd. gov. cn/img/1/1266/1266439/4417991.jpg）

（2）水平并置

部分水务基础设施因其滞蓄、调蓄功能等往往需在降雨期发挥功能，其余时期多以空置为主，多以调蓄湖（塘）、雨水塘为主。故针对此类水务基础设施，可水平在其周边借助充裕的公共空间进行功能更新，通过植入新的多元功能，通过构建水广场等可淹没的公共活动空间，从而丰富其原有服务功能，提高空间利用率，形成多功能复合的公共活动场所（图 8-23）。

（3）垂直与水平共现

此类水务基础设施多兼具地上地下的设施用地、水平方向的控制用地等，具备较为完整的用地空间（如给水厂、污水处理厂等）。由于此类水务基础设施多因安全、卫生等因素，常年以封闭管理为主，且与城市服务相匹配，往往占地面积大、开放性差。故在实际空间开发中，需首先规避其运维工作带来的邻避效应，并保障其公共卫生的安全性，在此基础上，运用垂直空间开放与水平空间开发相复合的形式，可以进一步并置多元新功能，实现水务设施空间的开放与升级（图 8-24）。

图 8-23　成都麓湖穿水公园

（图片来源：Lab D＋H SH 景观与城市设计事务所．唤醒城市空间下的滨水记忆：

成都麓湖穿水公园设计［J］．风景园林，2022，29〈9〉：62-66．）

图 8-24　固戍水质净化厂二期

（图片来源：深圳固戍水质净化厂二期工程项目正式竣工验收

［Online Image］．https：//www.sz.gov.cn/img/2/2292/2292916/9888679.png）

（4）完全重叠

对于面对中小初雨的中小型水务基本功用空间，其用地属性多以公共绿地为主，兼具海绵调蓄功能等。此类设施往往有机会以近自然的方式实现调蓄型湿地公园、渗透性自然地表等绿色基础设施，塑造成"你中有我、我中有你"人与水重叠共享的活动场所，更有挖掘与水相关的场地留存记忆、气候地域文化的潜力，往往受到设计师和市民的共同喜爱（图 8-25）。

图 8-25　深圳市大鹏新区葵涌河景观提升工程

（图片来源：编者拍摄）

2. 基于水经济与水文化的高质量融合发展策略

水经济和水文化的发展与流域治理之间存在着密切的关联性。流域治理不仅涉及水资源的合理配置与利用，更关乎生态、环境、社会、经济等多个维度的综合管理。而水经济的发展则是基于对水资源的有效开发和可持续利用，推动相关产业的繁荣和社会经济的进步；水文化则体现了人类在长期与水共生过程中形成的价值观、行为规范以及与水相关的物质与非物质文化遗产。一方面，流域治理是实现水经济发展的基础和保障。科学合理的流域治理能够改善水资源质量，提高水资源供给能力，为农业灌溉、工业生产、生活用水等提供稳定可靠的水源，从而推动水经济产业链的形成与发展。同时，良好的流域生态环境也是发展生态旅游、休闲渔业等绿色水经济的重要条件。另一方面，水文化的发展能够引导流域治理的理念创新和方式转变。通过弘扬节水、爱水、护水的水文化，倡导人与自然和谐共生的生态文明理念，可以增强全社会的水资源保护意识，促使人们积极参与到流域治理中来，推动形成更加科学、人文、和谐的流域治理体系。

（1）激励与繁荣水产业

引智借力，促进生产要素的合理流动和优化配置，提高水科技研发能力和水务行业核心竞争力，积极培育和孵化水务环保新兴产业和未来产业，形成绿色、多元的水经济发展形态；继续推进健康休闲水生态旅游、文化创意等绿色低碳产业的经济发展；坚持陆海统筹，整体谋划海洋经济发展和海洋产业布局，重点发展高端制造业、金融服务业、滨海和远洋旅游、港口物流等蓝色经济产业，并促进产业集聚。

（2）开发与强化水市场

以供给侧结构性改革为契机，加快耗水行业的升级与改造，推动企业的绿色认证制度建设；提升水务市场化程度，并借助治水提质的契机，激发市场活力，引进国内外知名水务环境公司进驻或成立合资企业，加大鼓励本地企业做强做大，建设治水产业高地和产业高地；健全和完善水市场体系，培育和规范水要素市场，强化水市场管理。

（3）建设水景观与亲水空间

加快建设湿地公园、都市河流旅游观光带和滨海旅游带，建设和完善亲水平台和服务设施建设，提高亲水（海）空间的可达性；实施水务工程与周边环境相协调的人文景观改造工程，推进水系廊道和湿地水体景观的整体提升；开拓生态休闲空间和亲水区域，不断改善宜居环境，提高生活品质，在展现当地特色自然风貌和人文风情的同时，带动特色商圈和生态经济产业链，催生新的经济增长点。

（4）培育与提升水文化

梳理和挖掘城市水文化，保护和传承优秀的传统水文化，创新和丰富水文化内涵和表现形式，加强水生态文明意识的传播和培育，积极建设水文化宣传和教育的载体，不断扩大和深化公众在水文化建设的参与程度，构建公众共建共享格局，举办特色的水文化节日和活动，促进水生态旅游等文化产业，加强和提高城市居民绿色消费和节水观念等生态文明意识。

（5）深化水务管理与改革

实施水价改革，推行城市节水的经济手段和激励政策，促进绿色消费理念和生活方式；完善实施生态环境损害赔偿和经济补偿机制，健全水生态补偿制度；完善水公共财政制度，形成水务投入和奖惩的长效机制，建设城市水基金等金融制度；鼓励水资本市场运营，加强产业监管和服务，促进政府和企事业联系；坚持陆海统筹，完善行政职能；提升科技信息化管理能力，加大公众广泛参与。

8.3.3 案例经验

1. 水务设施空间改造案例——深圳洪湖水质净化厂[124]

为解决城市突出的水环境问题，《深圳市治水提质工作计划（2015-2020 年）》提出新建洪湖水质净化厂的工作任务，作为深圳市水污染治理工作的重点工程，洪湖水质净化厂总规模 10 万 m³/d，主要服务罗湖区金稻田二线插花地片区、笋岗片区、清水河片区（南部）、泥岗片区（东部）、八卦岭片区（北部）等区域，项目于 2018 年 4 月 18 日开工，2019 年 12 月 21 日实现一期通水，2020 年 9 月 11 日投入管理运行，不仅有效缓解了清水河—笋岗片区城市更新发展带来的污水增量问题，同时为洪湖公园和布吉河提供生态景观补水。

由于该水质净化厂所毗邻的洪湖公园，不仅坐拥莲花群落、落羽杉林和白鹭群，同时承担着片区公共休闲及滞洪等多重功能，是深圳特区成立后最早建设的一批公园，也是深圳市民心目中最重要的城市公园之一，故针对洪湖水质净化厂的水务设施空间规划建设，一方面需满足净水厂工艺及防洪排涝的工程要求，同时需结合公共文化属性，建构符合空间美学、社区友好的公共空间场所。

（1）设计挑战

① 水处理需求

洪湖水质净化厂占地面积为 1.67ha，一期处理量 5 万 m³/d，净化后出水作为洪湖公园和布吉河的生态景观补水，可达地表水环境质量准Ⅳ类标准的要求。考虑到对上盖空间的释放，洪湖水质净化厂水处理部分采用全地下式双层框架结构，但仍然存在风井、消防疏散等地上设施，是地面景观恢复设计最重要的挑战之一（图 8-26）。

图 8-26　洪湖公园北端地块鸟瞰

（图片来源：刘珩，杨志奇. 从"单一"到"多元"赋能水利基础设施公
共化——深圳荷水文化基地：洪湖公园水质净化厂上部景观设计〔J〕.
世界建筑导报，2023〈1〉.）

② 水安全挑战

深圳雨季台风暴雨频发，洪湖公园作为布吉河流域重要的蓄洪区，对缓解城市内涝具有举足轻重的作用。洪湖水质净化厂位于洪湖公园内，根据项目最终防洪安全评估标高，明确百年一遇的防洪标为 12.4m，200 年一遇的为 13.4m。故水质净化厂场地一方面需要景观提升，同时作为行洪的缓冲区，要满足行洪通道的要求，需谨慎处理现状场地标高和设计标高是保证水安全的基本要求。

③ 多方诉求

除上述与水有关的设计挑战，由于洪湖公园在城市的重要地位和关注度，不仅需满足地面恢复绿地率达 86%，符合湿地规划，还需处理好原生态鸟岛与景观的关系，并要结合海绵城市进行设计；公园方要求地面景观须让出近 7000m² 作为荷花苗圃培育基地，恢复自然的湖岸线及水体近 5000m²；运营方则要求打造"去工业化"的野趣景观，结合公共科普参观，转化公众对"水质净化厂"的刻板印象等。

（2）设计策略

① 水务设施构筑物：基础设施的艺术装置和公共化

通过对岭南园林的"塔、亭、榭、廊"空间原型进行适度的设计研究和元素提取，用当代设计语言及材料去作转化及表达，同时结合景观及植被特点，将文化和自然特点有效结合起来，尝试化解洪湖水质净化厂在消防、排水、排气等方面过于工程化的死板形象。以除臭风井改造为例，通过融合公园方反复强调的主题植物——荷花的元素，以公共艺术装置作为设计切入点进行三维抽象，同时设置观鸟观景平台，消解了必要存在、但形象上突兀的风井和疏散楼梯，使之成为"有用"的体验和洪湖公园重要的"荷花"地标（图 8-27）。

图 8-27　洪湖水质净化厂水工构筑物

（图片来源：刘珩，杨志奇 . 从"单一"到"多元"赋能水利基础设
施公共化——深圳荷水文化基地：洪湖公园水质净化厂上部景观
设计［J］. 世界建筑导报，2023（1）.）

② 水务设施配套建筑：园林的显性与隐性呈现

北端地下配套建筑整体主要功能为办公空间，因其位于洪湖公园的末端，位置较偏。如何创造足够的吸引力，引导公众发现并步行而至，这是个关键的设计问题。在此，该方案采取了"软硬兼施"的设计策略：一方面是在办公功能之外，增加公共教育及科普功能，例如结合地下开放花园，设置一个可对公众开放的净水科普展厅；另一方面，在地面层，尝试做出一个有特色的公共空间及园林作为景观亮点及展厅的暖场区域，以吸引人流。以亭廊作为基本的、显性的空间要素，围绕地下开放花园，连接通往地下公共展厅及办公空间的流线，既致敬经典，又适当创新，形成一个曲径通幽、静谧又稍带神秘感的上盖花园。

2. 水经济高质量融合发展模式——北京亮马河滨水景观廊道[125]

北京亮马河滨水景观廊道位于朝阳区，西起香河园路，东接朝阳公园，毗邻重要外交使馆区、三里屯、燕莎友谊商城、凯宾斯基饭店、启皓大厦、蓝色港湾国际商区等人群汇聚的区域，是朝阳区重要的公共滨水区域。针对亮马河的治理始于 20 世纪 80 年代，经过长年的治理，亮马河的水体变得更清澈，但滨水景观却被忽视，出现了市民近水但不能亲水、沿线企业背河发展等情况，与城市的发展格格不入，也与市民心中所期背离。为进一步提升滨水文化活力、创新水经济发展模式，北京于 2019 年启动亮马河滨水景观廊道建设，旨在整合亮马河的水、城、景、文、游五个系统，改善水质，增加绿化，提升周边环境，将其打造为一个集生态、文化、休闲于一体的高品质公共空间（图 8-28）。

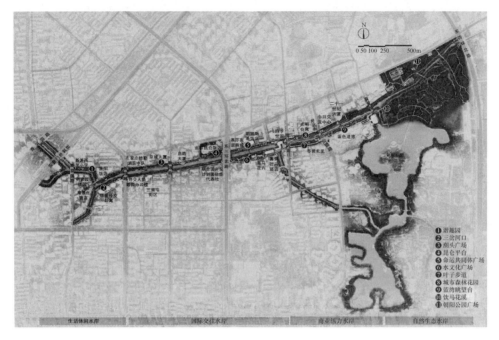

图 8-28　亮马河景观设计平面图

（图片来源：李彦军，冯杰. 城市新画卷，市民幸福河——北京亮马河滨

水景观廊道设计［J］. 风景园林，2022，29〔12〕：50-54.）

设计策略："六共模式"统领下的"无缝衔接"

项目以"六共模式"（共商、共治、共建、共管、共享、共赢）为统领，实现一河两岸建筑、绿地、水的"无缝衔接"，从"国际视野、国家战略、北京印象、创新朝阳"4个维度，重建城市与自然的对话，衔接城市记忆，实现水城共融、水绿同构、还河于城、还河于民。

① 一条无界的"蓝绿水岸"

改造前，亮马河沿线直立的围墙、高高的绿篱、坚硬的堤岸分割了城市与河道，阻隔了人与自然的交流，也隔开了历史与现在。为实现自然渗透在城市中，突破空间、文化等界限，滨河景观空间应该实现与文化、商业、建筑的无间融合，柔化每一条边界，建立起人与自然的对话，回应人们对美好环境的期待。

项目以周边企业及市民的需求为切入点，提出建筑、绿地、水"无缝衔接"的创新理念，使亮马河沿线多元的空间使用功能可以延伸至水岸空间，也使得水岸景观延展"生长"。通过重新整合两岸沿线的公共空间，将特色多元的滨水慢行系统、多样丰富的驳岸形式以及沿途完善的公共服务设施串联成一条长约 5.5km 的景观廊道。

② 一片共享的"绿意空间"

针对亮马河沿线大量公共绿地被侵占以及沿线企业密布业态多元的现状，如何实现违建区域的腾退共建以及景观与周边业态的高效衔接，是项目面临的挑战，也是机遇所在。

　　项目通过践行"六共模式"的治理理念，对全线用地功能及违建腾退内容进行了全面梳理，并与沿线 22 家企业、4 个街道及相关属地单位共同商讨方案，发动公众参与，通过走访、书面、电话等方式，广泛倾听各方意见，掌握公众建设需求，并在探索中达成了共识，实现了与周边企业的共建。

　　此举使亮马河的提升不再局限于河道"线"的梳理，而是拓展到城市片区"面"的整合，实现了违建的腾退利用与周边企业的共建共享，扩展了河道的沿岸空间使用界面，政府、企业、街道、社区共同建设了一个共享的绿意空间（图 8-29）。

图 8-29　亮马河两岸绿地空间

（图片来源：李彦军，冯杰．城市新画卷，市民幸福河——北京亮马河滨
水景观廊道设计［J］．风景园林，2022，29〈12〉：50-54.）

　　③ 一处和谐的"美好生境"

　　自然是一条环环相扣的循环再生链。利用自然的力量恢复自然，用生态的办法解决生态的问题，正是亮马河生态景观理水的策略。

　　项目综合考虑了水资源、水安全、水生态、水景观、水文化、水经济 6 个方面的系统融合，将部分段落两侧退地还河，恢复滨水空间。结合补水工程、水生态及水科技工程的建设，以及景观水利一体化的措施，如融入曝气、引水上岸等，促进水生态系统的修复及河道系统生物链的构建，形成水体自净的丰产河道。加之智慧水务、生态监测、闸坝集成管理系统等科学治水模式的应用，实现智慧城市的先行探索。

　　现在的亮马河，葱郁的水岸植物柔化了水陆的边界，河岸坡脚处的生态鱼巢砖为鱼虾提供了生产空间，更多的生物群落得以安家。暖阳初升，流水潺潺，一片自然和谐的景象油然而生（图 8-30）。

　　④ 一段传承的"城市记忆"

　　曾经的亮马河畔往来客商如织，车马在此踏水渡河洗净尘埃。今天，亮马河处于北京市对外交流、文化交融的前沿地带，承载的不仅是浓厚的历史文化、乡愁记忆，还包容了国际文化。

图 8-30　亮马河湿地现状景观
（图片来源：李彦军，冯杰．城市新画卷，市民幸福河——北京亮马河滨
水景观廊道设计［J］．风景园林，2022，29（12）：50-54．）

项目通过深入挖掘"北京古驿"的新时代意义，实现传统文化与国际文化的融合，展现亮马河的历史文化风情。将"一带一路"友好林、各国国花元素与雕塑巧妙融合，实现了国际文化在景观场景及植物意境中的表达，加上"一桥一景一故事"的打造，既连接了两岸靓丽的风景，又展现了其独有的城市特质场景，使人们真正感受到场地文化和历史的更迭。

⑤ 一份乐享的"生态红利"

过去被遗忘的亮马河如今成为朝阳区靓丽的风景线，充分展现出滨水景观的重要作用。提供给市民一个多元、包容的场所空间，这里没有时间界限、空间界限、文化种族界限、年龄职业界限（图 8-31）。

图 8-31　亮马河游船
（图片来源：李彦军，冯杰．城市新画卷，市民幸福河——北京亮马河滨水景
观廊道设计［J］．风景园林，2022，29（12）：50-54．）

项目因地制宜地结合场地环境特色设置空间场地，但尽量不限制场地的使用功能，使之具有弹性，为市民的使用留下足够的空间。居民可以进行看书、钓鱼、游泳、划桨板、划皮划艇、野餐、拉琴、滑滑板、唱歌、跳舞、遛狗、跑步等活动，沿线商圈的活力和人气也随之日益高涨，人人都成为这里的空间使用法则"设计师"，人与人、人与空间、空间与空间的对话，就在亮马河河畔自然而多样地发生着。

第 3 篇

实践篇

　　为落实新时期新理念新思想新战略对治水工作提出的要求，遵循新时期治水思路，流域治理规划需实现全要素统筹、全过程治理、全周期管控、全流域融合、智慧化赋能，以解决当前治水工作中存在的目标单一、要素割裂、效能低下、不可持续的问题，持续提升水安全保障和生态环境质量，以良好生态环境支撑高质量发展，不断满足人民群众日益增长的美好生活需求。

　　本篇基于编写组实际开展的项目实践，分别从不同的侧重方面介绍了"厂网河城"一体化流域治理规划方法与实践，其中，流域水质稳定达标方案及跟踪评价侧重介绍全要素统筹的规划方法，流域水环境创优示范监测研究侧重介绍全过程治理和智慧化赋能的规划方法，排水系统建设完善与提质增效案例侧重介绍全周期管控的规划方法，碧道建设规划侧重介绍全流域融合的规划方法；各案例均包括项目概况、项目内容、探索创新等内容。

第9章 深圳河湾流域水质稳定达标方案及跟踪评价

为彻底解决深圳河流域的水污染问题，实现深圳河河口断面水质稳定达到地表水Ⅴ类标准，对深圳河流域"厂网河城"系统要素进行全面的现状分析和技术研究。针对流域内存在的雨季污染治理困难等问题，提出全方位、多层次的全要素治理策略与措施，旨在系统性地解决雨季水质不达标的核心问题，强化薄弱环节。

本章从项目概况、项目内容、探索创新三个方面介绍了深圳河流域水质稳定达标方案及跟踪评价项目，从全要素统筹的视角阐述了深圳河流域水环境问题现状分析、污染负荷、解决对策及措施、实施效果跟踪评价，并总结凝练了该项目的主要创新点，包括评估方法创新、关键技术创新和实施管控创新。

9.1 项目概况

水环境问题突出、黑臭水体数量多、基础设施历史欠账多是深圳市高质量全面建成小康社会必须解决的问题，同时制约了深圳的可持续发展。在相当长的时期内，国内的治水模式仍局限在"头痛医头、脚痛医脚"的技术思路和"九龙治水"的管理分工上，取得的效果不尽理想，水质的反复成为常态。水污染治理是一个长期、复杂、系统的工程，水污染问题不仅仅是发生在水体本身，更多的问题在于岸上和城市中，流域污染治理的技术思路也不断在进行调整、修正和优化。"厂网河城"各要素是流域污染治理中的关键节点和重要组成，探索"厂网河城"一体化、流域全要素治理与管理的治水模式，按照水体自然循环，打破现有分块、分级的传统水务治理方式，从而形成以流域为单元、系统化的治水方案，在现阶段治水工作中，是十分必要的。

本项目以深圳河流域为研究范围，从"厂、网、河、站、池、源"排水系统全要素的角度，通过现状梳理和调研、数据剖析、根源总结等方式，以系统思路研究和总结本底问题；将全流域进行分区，根据现状情况量化各片区的污染负荷，从而确定重点整治区域；从全要素角度，提出系统、长期治水的策略和方向，提出关键环节的指标控制建议和需要增加的相关工程、管理举措。工作技术路线如图9-1所示。

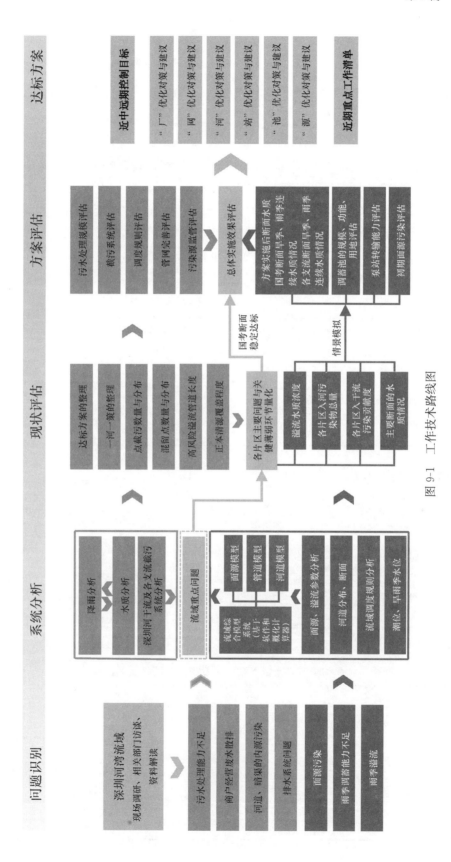

图 9-1 工作技术路线图

9.2 项目内容

9.2.1 流域概况

深圳河是深圳市和香港特别行政区界河，发源于梧桐山牛尾岭，由东北向西南流入深圳湾，流域面积 312.5km²，其中深圳市一侧（右岸）187.5km²，香港一侧（左岸）125.0km²，河长 37.6km，河道比降 1.1‰。水系分布呈扇形。流域内有大小河流 36 条，一级支流有 5 条，分别为莲塘河、沙湾河、布吉河、福田河、皇岗渠。深圳河中上游（三岔河口以上）流经台地和低丘陵区，坡度较陡，河床比降为 2‰～4‰，三岔河口以下为平坦的冲积海积平原，比降较缓，河床纵比降仅为 0.2‰～0.5‰，深圳河下游河段为感潮河段，潮流界可达三岔河口（表 9-1）。

深圳河流域河流概况表 表 9-1

支流名称	流域面积（km²）	河道长度（km）	上游水库
莲塘河	10.10	13.24	—
沙湾河	68.52	14.08	深圳水库
布吉河	63.41	10.00	笋岗滞洪区、三联水库
福田河	14.68	6.77	—
皇岗渠	4.65	1.79	—

9.2.2 全要素现状分析

对深圳河湾流域内组成排水系统的"厂、网、河、站、池、源"等各个要素进行现状分析。

（1）污水处理厂

深圳河流域已建成罗芳、滨河、洪湖、布吉（一期和二期）、埔地吓（一期和二期）共 6 座水质净化厂，现状总规模达 110 万 m³/d；在建的有 3 座，为洪湖二期、布吉三期和埔地吓三期水质净化厂，建成后总处理能力达 135 万 m³/d。目前正在运行的丹竹头、沙湾、深圳水库闸前、大望共 4 座分散式污水处理设施，现状总规模为 5.6 万 m³/d（表 9-2）。

深圳河流域水质净化设施情况汇总表 表 9-2

分类	序号	名称		设计规模（万 m³/d）	出水标准
水质净化厂	1	布吉水质净化厂	（一期）	20	准 V 类
			（二期）	5	准 IV 类
	2	埔地吓水质净化厂	（一期）	5	准 V 类
			（二期）	5	准 IV 类
	3	罗芳水质净化厂		40	准 IV 类
	4	洪湖水质净化厂		5	准 IV 类
	5	滨河水质净化厂		30	准 V 类

分类	序号	名称	设计规模（万 m³/d）	出水标准
分散式污水 处理设施	1	丹竹头处理站	1	一级 B
	2	沙湾处理站	2	一级 B
	3	深圳水库闸前处理站	0.6	一级 B
	4	大望处理站	2	准Ⅲ类

（2）管网

① 污水管网

深圳河流域以建成区为主，现状已建污水管渠总长度达 700km，除局部区域管网缺失外，污水管网系统基本完善，管网覆盖度相比于国内外大城市较高。

② 截污系统

深圳河流域建设沿河截流管的水系有 19 条。沿河截流管总长度约 94.9km，主要以截流管或截流箱涵为主，部分是截流槽形式。建设有截流箱涵的河道为布吉河（罗湖段）、福田河、大芬水、水径水（表 9-3）。

深圳河流域截污系统情况（km）　　　　　　　　　　表 9-3

名称	尺寸（mm）	长度（m）	名称	尺寸（mm）	长度（m）
布吉河 （龙岗段）	400～1000	2834	福田河	暗：400～500 明：2400 5000×2500 3000×2500 3000×3000	3942 5032
布吉河 （罗湖段）	2050×1500～ 4000×2500	12310			
莲花水	600	680	大坑水	600	左岸：1400 右岸：1400
大芬水	300～600 1000×1000	3966	皇岗渠	500～600	左岸：1730 右岸：1752
蕉坑水	600～800	2185	罗雨干渠	500	左岸：2154 右岸：1888
水径水	400～500 1000×1000	6317	塘径水	400～500	2091
沙湾河	400～1500	7262	深圳河	1200	3165
李朗河	300～800	2689	东深供水渠	600	8894
简坑河	500～800	3532	鸭麻窝排洪沟	400	1955
白泥坑水	400～1000	3368	笔架山河	600×1000	左岸：5706 右岸：5527
莲塘河	400～1200	3157			

（3）污水泵站

深圳河流域现状共有泵站 28 座（26 座已投入运行，2 座在建），现状总规模为 132 万 m³/d，建成后总规模可达 136 万 m³/d。其中，污水泵站 15 座，规模约 95 万 m³/d；截污泵站 11 座，规模约 37 万 m³/d；在建泵站 2 座，规模为 4 万 m³/d。

（4）调蓄池

深圳河流域内目前现状 2 座调蓄池，位于龙岗区和福田区，为福田河调蓄池和南岭泵站调蓄池，调蓄规模均为 2 万 m³。但是福田河调蓄池未能发挥调蓄功能，必须完善后才能使用。另外，流域内在建 6 座，规模为 15.5 万 m³。其中深圳河龙岗片区 5 座，总规模为 6.5 万 m³；罗湖 1 座，为鹿丹村调蓄池，规模为 9 万 m³。

（5）河道

深圳河流域名录内河流共 29 条，一级支流 5 条，总长度约 144km。深圳河流域共 18 处暗涵段，总长约 34.56km，占河道总长度的 51%。其中，布吉河流域暗涵比例高，清淤难度大（表 9-4）。

深圳河流域河道暗涵占比情况　　　　　　　　　　　　表 9-4

流域名称	河流名称	河道长度（km）	暗涵长度（km）	暗涵占比（%）
布吉河	布吉河干流	9.80	3.40	34.69
	大坑水库排洪河	1.70	1.30	76.47
	清水河	2.80	1.30	46.43
	笔架山河	5.82	5.29	90.89
	水径水	4.44	1.92	43.24
	塘径水	4.03	0.4	9.93
	蕉坑水	2.1	0.67	31.90
	大芬水	4.56	4.16	91.23
	莲花水	1.8	0.82	45.56
	水径水左支沟	1.01	0.25	24.75
	高涧河	1.10	1.10	100.00
沙湾河	简坑河	4.52	0.55	12.17
	李朗河	4.06	1.85	45.57
	东深供水渠	4.08	0.65	15.93
深圳河	金塘街渠	0.99	0.99	100.00
	红岭渠	2.54	2.54	100.00
	罗雨干渠	3.90	3.90	100.00
	福田河	8.52	3.47	40.73
合计		67.77	34.56	51.00

福田区 7 条河道明渠段排口总数为 227 个，其中混流排口数 74 个，并已全部完成排水口净口。龙岗区 13 条河明渠段排口总数为 662 个，存在 69 个污水直排口，34 个完全截流排口，15 个上游存在清洁基流的排口。深圳河北岸共有 84 个入河排水口，其中 15 个为混流排口，有污水流出。

（6）面源污染

根据调研，深圳河流域内面源污染主要来自以下几个方面：

① 初雨污染

道路、广场等的沉积垃圾在降雨初期会被冲入雨水管道，最终对河流造成污染。特别是城中村以及部分疏于卫生管理的工业区、商业区，初期雨水污染尤为严重，初雨COD可达1000mg/L以上。

② "三产"涉水污染源

主要包括餐饮、汽修（洗车）、农贸市场、畜禽养殖场、屠宰厂等废水、垃圾污染等。

③ "三池"污染

大量化粪池、隔油池、垃圾池未按规定定期清理和运维，堵塞后直接溢流至河道，造成严重污染。

④ 工业企业散乱排污

工业及"散乱污"企业（场所）存在偷排、漏排、超排等违法行为。

9.2.3　污染负荷评估

以深圳河流域为例，为量化评估深圳河流域内各汇水分区对深圳河干流的污染贡献度，将深圳河流域划分为27个子汇水片区。通过综合考虑各片区小区和市政排水管网的完善度、溢流风险、下垫面类型、面源污染程度、截流系统收运能力、支流调蓄等要素，结合已收集的溢流水质监测数据，估算27个片区溢流污染负荷，直观、量化地展示各分区的污染程度，从而确定重点治理片区。

溢流污染负荷为溢流量和溢流污染物浓度乘积。溢流量根据截污方式分为以下三种情况进行计算：

① 直排：溢流量＝漏排污水量＋径流量；

② 总口截污：溢流量＝漏排污水量＋径流量－总口河道调蓄量；

③ 沿河截污：溢流量＝漏排污水量＋径流量－截污管渠调蓄量。

其中，漏排污水量根据雨污分流系数计算，雨污分流系数根据片区城中村面积占比、单位建成区面积混流点个数和点截污个数等情况确定；径流量根据降雨量及下垫面综合径流系数计算；总口河道调蓄量按河道尺寸断面计算，年均排空次数取6次，截污管渠调蓄量按设计截流倍数计算，沿河截污不完善的进行折算降低截流倍数的取值。年均降雨天数按118天计算，得到各片区年污染负荷如表9-5所示。

深圳河流域各片区雨季年均污染负荷　　　　　　　　　　　　　　　表9-5

序号	区域-水系	COD（t/a）	氨氮（t/a）	TP（t/a）
W1-1	深圳河-1	65.1	15.9	2.8
W1-2	皇岗渠	722.3	92.3	11.6
W1-3	福田河	492.9	86.0	12.4
W1-4	深圳河-2	266.3	41.6	4.9
W1-5	荔枝湖	244.3	44.9	6.3
W2-1	深圳河-3	5.0	0.4	0.1

序号	区域-水系	COD (t/a)	氨氮 (t/a)	TP (t/a)
W2-2	罗雨干渠	1194.0	186.3	24.0
W2-3	笋岗滞洪区-1	72.5	8.6	2.6
W2-4	笋岗滞洪区-2	2.6	0.7	0.2
W2-5	笔架山河	1138.2	205.9	19.7
W2-6	清水河	55.4	4.4	3.0
W2-7	大坑水库排洪河	94.3	7.6	5.0
W2-8	布吉河干流	152.2	31.5	3.1
W2-9	高涧河	45.1	3.6	2.4
W2-10	莲花水	61.2	9.0	1.1
W2-11	大芬水	410.1	96.1	10.1
W2-12	水径水-1	597.4	104.1	10.7
W2-13	塘径水	390.6	82.1	10.0
W3-1	深圳水库排洪河	43.3	5.2	1.6
W3-2	莲塘河	55.7	3.6	0.8
W3-3	深圳水库-1	0.0	0.0	0.0
W3-4	深圳水库-2	45.4	5.4	1.7
W3-5	梧桐山河	53.2	1.7	1.0
W3-6	沙湾河干流龙岗段＋东深渠	378.1	92.8	17.0
W3-7	简坑河	129.6	31.8	5.8
W3-8	正坑水	31.5	0.9	0.4
W3-9	李朗河＋白泥坑河	352.3	86.4	15.8
合计	—	7098.6	1248.8	174.1

笔架山河、罗雨干渠等溢流污染浓度较高且片区面积较大的区域，污染负荷总量也较高，对深圳河污染贡献最为显著。为更直观地反映各片区对深圳河的污染贡献，且深圳河河口水质相比Ⅴ类水标准超标指标主要为氨氮（2018 年河口水质超标次数：COD 2 次，氨氮 41 次，总磷 32 次），故选取氨氮作为评价指标反应片区污染严重程度，各片区氨氮雨季年污染总量如图 9-2 所示。

根据 27 个片区氨氮的估算结果，雨季年污染负荷最高的三个片区依次为笔架山河片区、罗雨干渠片区和水径水片区，其次为布吉河龙岗段片区、沙湾河龙岗段片区、皇岗渠片区。这些片区为深圳河流域重点整治对象。

9.2.4　全要素对策与措施

1.厂

（1）"厂"要素问题评估

主要从污水处理厂布局与处理能力需求均衡度、沿河截流系统截流水量与污水处理厂

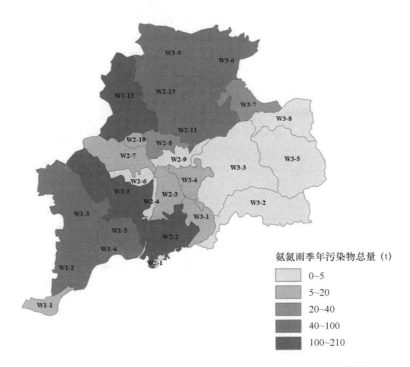

氨氮雨季年污染物总量（t）

	0~5
	5~20
	20~40
	40~100
	100~210

图 9-2 深圳河流域各子汇水分区雨季氨氮溢流污染量估算

处理能力匹配度、不同污水处理厂间调配能力合理度三个方面，科学、系统地开展"厂"要素评估。

① 处理能力需求评估

当前治水阶段，城市污水收集与处理格局基本形成，污水处理系统日趋完善，但是，因历史原因和国情发展阶段限制，部分污水处理厂仍处于超负荷运行，难以达到更严环境保护制度的要求。由于在污水处理厂规模预测时，忽视了旱季用水高峰期污水量大、沿河截流系统范围大使得初期雨水大量截流进厂、雨污分流无法 100％实现等典型问题，致使雨季污水处理规模不足，发生厂前溢流，污染河道。亟须结合初期雨水及污水和雨水同治的实际现状，优化确定污水处理厂 Kz 值（峰值系数），进行污水处理厂的处理能力提升。

② 降雨截流水量评估

污水处理厂的新增水量，一方面来自旱季污水量的增加，一方面来自降雨的截流水量。以深圳市污水处理厂为例，通过多轮污水处理系统改扩建的实施，统计数据显示，当前阶段大部分污水处理厂除旱季污水量外，如若仅需负责处理初雨截流量，污水处理厂的污水处理能力远远大于现状总设计规模，能够与现状进厂最大水量及规划水量相当；如若污水处理厂除旱季污水量外，还需负责处理所有的降雨截流水量，污水处理能力总需求，远远大于现状总设计规模，超出现状进厂最大水量和规划水量。因此，不能对降雨截流量进行合理预估，致使雨季污水处理厂超负荷运行和发生厂前溢流污染，成为阻碍流域水质雨季稳定达标的关键性问题之一。

③ 突发污染事件应急能力评估

流域内污水处理厂与污水处理厂间由于缺少横向与纵向的调配管网通道、污水泵站对污水的转输能力有限，导致厂间调配能力不足，难以很好地实现污水处理厂发生事故时的应急安全保障，进而发生河道污染。

（2）主要对策措施

① 拓能：根据各污水处理厂处理能力校核，合理确定污水处理厂规模，新建和扩建污水处理设施，预留初雨处理能力。针对布吉河龙岗片区，现状布吉水质净化厂规模 25 万 m³，在建规模 15 万 m³，布吉水质净化厂三期建成后有较大的富余能力。

② 调度：针对沙湾片区，埔地吓水质净化厂现状规模 10 万 m³，在建规模 5 万 m³，能够满足要求；但是未来沙湾片区的城市开发，污水排放量将有大幅增长，由于水源保护区的限制不能增加排污量，而片区难以再新增厂，建议沙湾片区污水调配至布吉厂和罗芳厂。

③ 增效：提高上游水质，逐步消除罗芳水质净化厂重复处理；完善垃圾填埋场污染治理，加快推进下坪垃圾填埋场生产废水净化站及受污染地表径流净化站；加快污泥深度脱水工程建设并提升污泥处理能力，降低污水处理厂污泥浓度；加强流域内污水系统之间调配能力建设。

2. 网

（1）"网"要素问题评估

针对流域水质无法稳定达标的问题，对"网"要素进行评估，主要存在以下三点问题。

① 小区（包括城中村）正本清源未全覆盖、返潮率高。部分城市雨污分流（正本清源）未全覆盖，甚至未启动雨污分流的工作。已完成雨污分流（正本清源）的流域，返潮率较高。

② 污水管涵或截污箱涵高水位运行，缺少箱涵排空设施。高水位运行的原因主要在于早期污水管网设计偏小；高峰期污水处理厂处理能力不足；泵站等设施提升转输调配能力不足；海、河、山、地、雨"五水"混入。

③ 管涵沉积严重，暴雨时冲出。雨污混流，旱季管涵水位高、水体流动性差、水质差等问题，导致污染物易于雨水管涵内沉积，雨天排水"零存整取"，河道受到冲击性污染。

（2）主要对策措施

① 补短板：消除污水管网盲区，补齐污水管网。重点推进原特区外（龙岗区）的李朗片区、东深供水渠上游片区、丹平南片区、三联片区、下水径片区、客运站片区、油画村片区、木棉湾片区、荣华路片区等片区以及特区内的清水河村片区、草埔片区、宝岗路片区、人民公园片区、海关大楼片区、华岳大厦片区、河西环路片区等区域的污水管网补短板工程。

② 改错接：制定阶段性提升实际分流率的工作方案，加强管网网格化管理，加快改造沙湾河片区、布吉河龙岗片区等区域已排查的混接错接点，彻底解决管网断头、大管接小管、管道倒坡等问题。点截污改造，采用精准截污的方式减少合流制管渠对分流制管渠的影响。

③ 控返潮：加强正本清源质量管控，落实绩效评价和监管，确保工程效果实现。

④ 腾空间：大力开展清污分离，加快取消总口截污、点截污等截流设施，查清流域内河水、雨水、山水、地下水来源，把外水从污水管网中剥离开来，实现清污分离；开展全面箱涵、暗渠、管网疏浚工作，市政排水管渠、沿河截污箱涵全面清源，还原管渠输送能力，减少内源污染释放；降低旱季污水管网和箱涵的水位，腾空容量，提高雨季污水输送能力。

3. 池

（1）"池"要素问题评估

针对流域水质无法稳定达标的问题，对"池"要素进行评估，主要存在以下四点问题：

① 初雨、溢流污染调蓄能力严重不足。目前，深圳市特区内只有一座正在运行的调蓄池。国内许多水环境恶劣的流域尚未建设调蓄池和截污系统。

② 用地难以落实。目前，大部分地区初雨、溢流污染调蓄池未纳入城市规划，未规划相应用地。而大城市普遍土地资源紧张，尤其是水环境恶劣的流域多位于高密度建成区，导致调蓄池的用地难以保证。

③ 调蓄池功能不明确，设计标准混乱。根据调研，国内已建设的调蓄池，无论合流制流域还是分流制流域，一般采用降雨深度作为规模控制指标。对于合流制（混流制）流域，其污染控制目标缺乏或不明确。

④ 配套设施缺乏。调蓄池的收水系统、出水系统和水处理系统等配套设施难以落实。调蓄池出水的处理方式、出水水质等尚未有明确的指导标准。

（2）主要对策措施

① 挖潜力。通过清淤、降水位等措施，充分发挥现有大型管涵调蓄能力，减少雨季溢流污染；近期考虑利用支流河道空间进行调蓄，实现国考断面水质的达标。

② 定标准。对降雨初期产生的溢流污染所需要的调蓄池设计标准进行细化研究，明确调蓄池设计的功能、标准和配套管网；针对因高峰期污水处理能力不足而增设的厂前污水调蓄池，应深入研究变化系数 K_z，合理确定污水调蓄池的设计标准和规模。

③ 控用地。加快推进流域内沙湾河李朗河口调蓄池、鹿丹村调蓄池等 15 座调蓄池建设；尽快明确每一座调蓄池的选址、用地规划、权属等信息，保障调蓄池的顺利落地。

④ 重配套。无条件建设调蓄池时，考虑采用临时设施对溢流污水进行在线处理，减少需要转输和集中处理的规模；调蓄池配套的泵站和管网应同步进行完善。

4. 河

（1）"河"要素问题评估

针对流域水质无法稳定达标的问题，对"河"要素进行评估，主要存在以下两点问题。

① 暗涵比例高，溢流污染严重。随着城市化进程的加剧，许多城市河道的空间不断被侵占、挤压，部分河道被改造为暗涵。暗涵长期处于黑暗、密闭的空间，极容易产生厌氧发臭，淤泥沉积，河道变成"死河"。以深圳河流域为例，暗涵比例高达 50% 以上。

② 河道生态功能缺失，呈"三面光"状态。不仅破坏了河岸植物赖以生存的基础，而且降低了河道的自净能力。

（2）主要对策措施

① 加快混流排口整治和挂管整治。开展布吉河两岸混流排口的整治，近期在上游不能完成完全雨污分流的排放口，可考虑设置快滤设施；远期在完善雨污分流、确保无污水进入截流管的情况下，封堵两岸溢流口。将李朗河暗涵内溢流风险大的截流槽改造为截流管或者截流箱涵，同时通过对截流系统排口的溯源整治，结合正本清源，剥离截流系统中的污水。

② 加强干流和暗渠清淤，减少内源污染；同时加大对河道生态补水、改善河道水动力及自净能力，不断提升水环境质量。

5. 城

（1）"城"要素问题评估

主要从厂站设施用地保障、初期雨水污染、城市面源污染等方面，系统地开展"城"要素评估。

① 厂站设施用地评估

随着城市的不断开发与发展，现状河道两侧用地常常被房屋、道路、市政设施、生产型企业占用。实际水污染治理工作开展中，常常缺少预留的厂站、闸站、管网、调蓄设施等建设用地、建设路由和施工迁改等空间用地，致使无法实现污水处理厂站的新建、改建和拓能增效，污水处理系统问题难以有效解决。

② 初期雨水污染评估

随着污水管网完善、雨污分流改造、沿河截污、CSO溢流污染控制等工程的实施，污水直排入河的问题已得到控制。因此，初期雨水污染成为制约大多数城市水环境质量提升的关键因素之一。雨水径流污染对河道水质的冲击显著，以深圳市深圳河湾流域为例，在暴雨期间深圳河的入河 COD 负荷中来自面源污染的比例达到 36%。道路、广场等的沉积垃圾在降雨初期会被冲入雨水管道，最终对河流造成污染。特别是城中村以及部分疏于卫生管理的工业区、商业区，初期雨水污染尤为严重，COD 可达 1000mg/L 以上。

③ "三产、三池、工业"面源污染评估

餐饮、汽修（洗车）、农贸市场、畜禽养殖场、屠宰厂等"三产"涉水污染源监管难度高；大量化粪池、隔油池、垃圾池"三池"未能及时进行清理和运维，堵塞后污水直接溢流至河道；工业及"散乱污"企业（场所）存在偷排漏排超排等违法行为。

（2）主要对策措施

① 强化污染源监管

对"三池"污染源、"三产"涉水污染源和工业污染源进行整治，建立长效监管机制。

② 防控面源污染

严控菜市场、路边摊和路边汽修等面源污染源，建立长效监管机制；全面实施排水许可，加大违规排水行为查处力度；全面推进落实海绵城市建设理念，新建小区、道路、公园、河流、湿地等满足海绵城市建设要求，结合采用"渗、滞、蓄、净、用、排"等措施，削减径流污染负荷。

③ 注重强化监管

推行"一厂一管一出口"模式，加强用水量和排放量复核；推进排污许可证管理，对未达到排污许可证规定的企业限产限排；持续开展专项环保执法行动，打击工业废水偷排漏排、超标排放违法行为。

9.2.5　跟踪评价

通过现场踏勘、重要河道断面降雨期间水质分析和沿河箱涵、截流泵站晴天水质水量分析等方式，评价深圳河湾流域水质改善情况、设施运行情况和工程实施效果（图 9-3）。具体跟踪评估思路与方法如下。

（1）深圳河口断面降雨期间水质分析

监测目的：评估深圳河湾流域应对降雨的能力；

监测断面：深圳河干流 6 个点位（含深圳河口）；

采样方式：降雨开始后每日一测，直至水质恢复至Ⅴ类；

检测指标：氨氮、总磷。

（2）暗涵出口水质分析

监测目的：评估暗涵整治成效；

监测断面：皇岗渠末端、大芬水木棉路总口出口；

采样方式：降雨开始后 1 个小时内每 15 分钟采样一次，1 个小时后每半小时采样 1 次，连续监测 3 个小时，掌握水质变化规律（共 8 次采样）；

检测指标：COD、氨氮、总磷和溶解氧。

（3）沿河系统晴天水位及水质监测

监测目的：评估流域正本清源及箱涵减水量工作成效；

监测对象：布吉河龙岗段截流管和沙湾河截流管；

监测时间：2021～2022 年每月一次，晴天，监测日前三天未下雨；

检测指标：水位、水质（COD、氨氮、总磷和 BOD）。

（4）截流泵站晴天水质

监测目的：评估流域正本清源及箱涵减水量工作成效；

监测对象：蔡屋围截污泵站、罗雨干渠污水泵站、福田河口泵站；

监测时间：2021～2022 年每月一次，晴天，监测日前三天未下雨；

检测指标：COD、氨氮、总磷和 BOD。

通过 2 年来的跟踪监测，水质监测与分析评估结果如下。

（1）深圳河湾流域水质跟踪评估

2020～2022 年，深圳河国考断面水质逐年提高，2022 年年均值达Ⅳ类，氨氮、溶解氧均可达Ⅲ类，雨季无劣Ⅴ类，流域应对降雨的水质稳定性提升；其他断面水质逐年提升，由 2020 年年均值劣Ⅴ类的断面 15 个提升为 2022 年劣Ⅴ类断面 1 个。可见，深圳河流域水污染治理措施取得较好的成效。

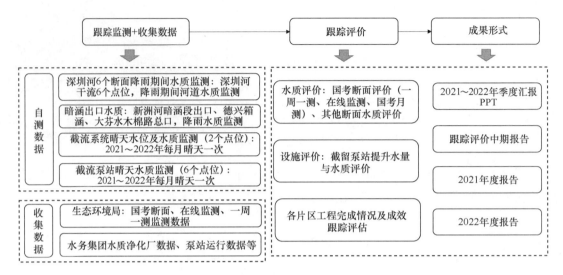

图 9-3 跟踪评价技术路线图

降雨对深圳河流域河道水质的影响仍然存在，雨天深圳河口仍有劣 V 类发生；目前，制约深圳河口达到水质 III 类目标的主要指标是总磷，部分晴天和雨天总磷仍未达到 III 类。

总体而言，根据两年的跟踪评价，深圳河湾流域稳定达标方案效果明晰、切实可行，基本实现流域长治久清，国考断面水质每月已经实现 2022 年达 V 类的目标，完成工程项目初期设定的绩效目标。

（2）深圳河湾流域设施运行跟踪评估

2020~2022 年，深圳河流域内除滨河水质净化厂外，其余污水处理厂旱季、雨季进厂浓度逐年上升，污水处理提质增效取得成效；2022 年，埔地吓（一期、三期）、洪湖水质净化厂雨水处理量增加，布吉一期、埔地吓一期、滨河水质净化厂雨天负荷高，不利于污水处理提质增效。

深圳河流域内发生降雨时，雨季溢流污染问题比较严峻。比如 2022 年 8 月 25 日发生 40mm 降雨时，布吉一期、罗芳、滨河水质净化厂的氨氮溢流贡献度最高，溢流量达 1 吨以上，布吉一期、滨河水质净化厂的总磷溢流量贡献度最高，溢流量达 0.1 吨以上。

深圳河流域内截流泵站提升量逐年降低，正本清源、箱涵减水量有一定成效。

（3）深圳河湾片区工程完成情况及成效跟踪评估

2021 年，深圳河流域稳定达标措施基本完成后，布吉河龙岗、沙湾河片区的调蓄池未运行；布吉河罗湖片区溢流点未完成整治，远期措施亟须持续实施。工程措施成效方面，深圳河流域片区内主要一级支流水质逐年提升，劣 V 类出现频率减少，应对降雨的稳定性增强。深圳河流域内已打开的暗涵排口在雨天仍然存在溢流严重的问题，造成雨天水质超标，需进一步结合正本清源实施整治工作。

9.3　探索创新

9.3.1　评估方法创新

（1）通过构建污染物分片量化评估方法，形成流域污染负荷度分布图。通过综合考虑点源、面源等多个要素，结合溢流水质监测数据，分污水直排、总口截污、沿河截污和雨污分流四种情况，估算流域内各汇水分区的入河污染量，形成流域污染负荷度分布图，直观清晰地看到污染负荷大的片区，从而确定需要重点治理的区域。

（2）制定沿海感潮地区水力模型优化方案。通过建立流域综合模型，以实测数据进行模型率定，以国考断面水质稳定达标为目标，研究关键指标，并模拟规划方案实施前后深圳河口的达标情况，从而不断优化水质稳定达标方案。

9.3.2　关键技术创新

通过理清厂、网、河、城在流域水质稳定达标体系中的功能定位及拓扑关系，明确各要素在转输和削减入河污染物、生态品质提升等方面应当承担和重点设计的功能，构建"厂网河城"全要素的流域水质稳定达标治理体系。对于"厂"要素，应拓能、调度、增效；对于"网"要素，应补短板、改错接、控返潮、腾空间；对于"池"要素，应挖潜力、定标准、控用地、重配套；对于"河"要素应整排口、常清淤、分清污、勤补水；对于"城"要素，应强监督、清"三池"、控面源。针对各对策提出具体方案和指标，充分发挥设施功能，实现设施统一调度和全流域全要素高效联动运行。

9.3.3　实施管控创新

对深圳河流域内干流、5 条一级支流、23 条二级和三级支流、3 个重点截污泵站以及暗涵进行晴天和雨天的监测，获取数据、照片形成跟踪评价报告，反馈实际水质改善情况和工程实施效果，优化调整下一步工作计划。

第 10 章　大沙河流域创优示范监测研究

随着我国治水工作达成阶段性进展，河道旱季水质已基本稳定，新时期是解决汛期水质不达标问题的关键时期，需要着力削减汛期雨水径流污染。现阶段，深圳水环境治理工作取得突出进展，已全面消除黑臭水体，基本消除劣Ⅴ类水质，但依然存在雨水径流污染治理不系统、不彻底，河道水质呈现"降雨期水质恶化，雨后逐步恢复"的特点，需要强化多目标、多污染物、区域协同，推动河道水质实现全天候达标。

本章从项目概况、项目内容、探索创新三个方面介绍了大沙河流域创优示范监测研究的主要内容，围绕"厂网河城"全链条工况调查、监测诊断、总量分配、方案谋划、目标可达性分析等关键环节，对上述流域治理方法进行实践，并形成了具有本地适宜性、系统性、创造性的技术方法，为推进我国同类型城市治水工作提供了典范案例。

10.1　项目概况

新时期，国家要求以更高标准打好碧水保卫战，提出精准治污、科学治污、依法治污的工作方针，用高品质生态环境支撑高质量发展。大沙河作为深圳市较早开展河道整治的重大河流之一，从控源截污、初雨箱涵到雨污分流、正本清源，现已全面覆盖源头-过程-末端，是全市整治最为全面、系统的流域之一，也是深圳市的一张治水名片。作为全市河道整治的标杆——"大沙河模式"承载了深圳市治水工作进阶的殷切期望，为实现深圳治水工作向全天候稳定达标、精细化管理转变，需要通过开展监测研究工作，为排水系统精细化、智慧化管理提供基础支撑，为高效、精准地开展排水系统完善工作夯实基础。

10.2　项目内容

本项目以大沙河流域为对象，以雨季水质达标为目标，提出协同治理、系统治理、精准治理、量化评估的规划策略，通过需求分析、本底调查、问题研判和模型情景分析的方式，分区施策、精细评估、精准调度，提出定量化的规划方案及管理提升措施，谋划源头海绵-过程管网-末端截流-调蓄调度的系统方案，同时结合创新"零直排区"理念对规划方案效果与工程实施效果进行量化评估，示范构建"厂网河城"相协同的全链条、精细化雨水径流污染系统化治理方案（图 10-1）。

基于对创优示范痛点难点的判定，本项目研究共包含 4 个部分，即排水系统运行工况调查、典型降雨径流污染监测分析、污染物总量统筹分配、"厂网河城"系统方案谋划及创优方案目标可达性分析。

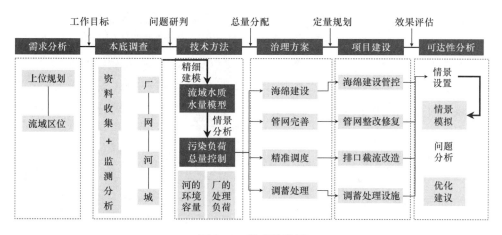

图 10-1   技术路线图

10.2.1   排水系统运行工况调查

本项目通过开展全链条监测分析，全面、深入地调查了覆盖大沙河干支流、排口、箱涵、管网、泵厂等设施在内的排水系统运行工况，对河道现状水质水量、排水设施实际运行状态进行了一揽子分析和研判（图 10-2）。

1. 河道水质水量监测

为掌握大沙河及其支流的水质水量晴雨天变化情况，本项目重点分析了大沙河河口、

图 10-2   大沙河干支流分布图

11 个河道断面、23 个支流（基流释放）口、20 个支流上游的监测数据。

其中，针对大沙河干流，河口水质优良率自 2021～2023 年不断提升，至 2023 年已实现全天候Ⅳ类水质，Ⅲ类优良率达到 88.24%，与 2022 年河道优良情况基本持平，但在强降雨天气下仍会出现超标问题（表 10-1）。水量的变化则充分体现其雨源型河流的特征，干流雨天水量与降雨量呈现指数变化关系，即 $y=10.216e^{0.01x}$（x 为降雨量，y 为松坪段流量）。

2021 年～2023 年大沙河河口优良率变化情况   表 10-1

年度	Ⅳ类水比例	Ⅲ类优良率	Ⅲ类超标天数		Ⅲ类超标次数			
			非降雨	降雨	溶解氧	COD	NH₃-N	TP
2021	87.76%	65.31%	7	10	5	12	6	5
2022	97.96%	89.80%	0	5	2	3	2	2
2023	100.00%	88.24%	1	5	0	3	3	1
总计	—	—	8	20	7	18	11	8

针对大沙河支流及上游基流释放排口，可通过流量统计获取各河流晴雨天的入汇水质水量，明确各支流的晴雨天水质，从而研判各支流的污染负荷量，进而明确其对大沙河河道水质的污染贡献。通过统计得出，大沙河流域各支流晴天生态基流量为 11973m³/d，直接汇入大沙河的基流量为 8019m³/d，其中以丽水河、燕清溪、老虎岩河、龙井河为主；被箱涵截流 3834m³/d，占比 33%，主要为白石涵生态基流；各支流水质晴天基本能满足Ⅲ类，雨天往往伴随 SS 陡升，出现氨氮超标、水土流失等问题（表 10-2）。

老虎岩河河口"一周一测"监测数据   表 10-2

天气	日期	SS	COD	NH₃-N	TP
晴天	2022/7/18	13	19	0.289	0.05
	2022/7/26	13	19	0.309	0.04
雨天	2023/3/27	50	44	1.29	0.04

通过综合分析，可以对大沙河晴雨天各断面水质优良情况进行排序，并针对水质较差河段进行上溯分析。在晴天，对各断面水质优良情况进行排序为：上游段——长岭陂水库＞笃学路段＞丽水路段，说明寄山沟等支流及上游基流释放排口水质较干流水质略差，中下游——北环大道段＞南坪快速段＞龙珠大道＞珠光桥＞西丽水库下段＞大学城段＞大冲桥段＞白石路段＞河口段，说明在珠光桥-南坪快速路段，水体自净能力增强，水质逐步向好；在雨天，水质出现大幅变差的河段主要为长岭陂水库-笃学路段、丽水路-九祥岭公园段、珠光桥-南坪快速路段、白石路-河口段，通过进一步明确各河段入河排口对河道水质的贡献度，可上溯调查其可能存在的截流工况不佳、排水运管不畅等问题（图 10-3、图 10-4）。

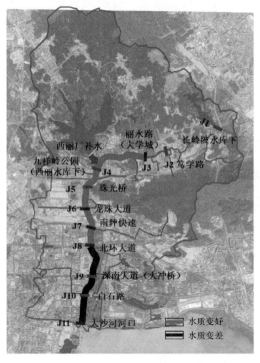

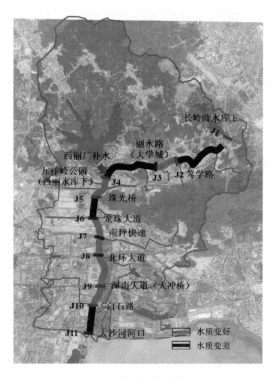

<table>
<tr><td>图 10-3　晴天分段水质分析</td><td>图 10-4　雨天分段水质分析</td></tr>
</table>

2. 厂站效能评估

在厂的方面，本项目重点评价了流域内所涉南山、西丽水质净化厂的晴雨天运行效能。以南山水质净化厂水质水量变化为例，其 2022 年雨天日处理量均值（80.24 万 m^3/d），较旱季晴天的日处理量均值（58.84 万 m^3/d）增加了 36.37%，以旱季晴天日处理量为基准，2022 年南山水质净化厂全年基准处理量应为 21475 万 m^3，全年实际处理量24283 万 m^3，较以旱季晴天基准值计算，实际年处理量增加了 2808 万 m^3，可视为雨天贡献的多余入厂水量；同理，通过统计 2022 年南山水质净化厂全年进厂 BOD 负荷总量为31243.24t，若以当年旱季晴天日均进厂 BOD 量（84.13t）为基准进行对照，得到基准处理负荷为 30706.40t，全年入厂 BOD 负荷增加了 536.84t，反映出截流系统对初雨的效能，降雨时将污染负荷截流入厂。按此方法，对南山水质净化厂、西丽水质净化厂 2022 年、2023 年的污水处理效能进行分析，发现南山水质净化厂 2022 年、2023 年较基准水量分别增加 2808 万 m^3、4069 万 m^3，BOD 负荷分别增加 734.19t、2200.83t，一方面说明南山水质净化厂降雨时能够将更多的污染负荷截流进入水质净化厂，另一方面印证了其初雨截流效果较 2022 年也更加突出，证明其对污染雨水的收集是有效的；西丽水质净化厂 2022 年、2023 年分别较当年基准水量增加 267.42 万 m^3、416.26 万 m^3，BOD 负荷分别增加88.53t、−63.91t，说明污染雨水截流效果较 2022 年有所下降，降雨时有污染负荷未被截流入厂，可能溢流进入河道。

3. 箱涵运行情况分析

另外，考虑到大沙河两岸建有初雨箱涵，为进一步评估箱涵各雨水口所涉排水分区的实际工况，本项目根据《城镇排水管道混接调查及治理技术规程》T/CECS 758—2020，利用电导率作为特征因子，明确了箱涵各段雨水口入汇水质基本情况，辅以箱涵降水位相关工作；在雨天，则可实时掌握箱涵内污染雨水变化情况，辅以精准截流与调蓄工作。

其中，大沙河箱涵 2023 年初晴天日均流量为 2.15 万 m^3/d，2023 年底提升至 3.39 万 m^3/d，左岸晴天流量有所增加，右岸保持稳定，与基流入汇有关。在水质方面，右岸箱涵污水、清水、混合水比例相当，在大学城段（J3-J4）、留仙大道-南坪快速路段（J5-J7）存在混流污水入汇的情况，对应流量分别为 6197m^3/d、6099m^3/d；左岸箱涵污水、混合水（清水＋海水）、混合水（清水＋污水）比例为 1∶7∶2，结合上游排水分区，需重点剥离珠光涵、龙井河、白石排洪涵等基流，并需关注高尔夫段可能存在的海水入渗问题（表 10-3）。

箱涵晴天电导率变化分析 表 10-3

监测点	箱涵水量（m^3）	电导率变化（$\mu s/cm$）	初步判断混入水质
J3 右	153	30（初始）	清水为主
J3 右-J4 右	6197	＋970	污水
J4 右-J5 右	1337	−500	混合水为主
J5 右-J6 右	576	＋420	污水
J6 右-J7 右	2806	＋340	污水
J7 右-J8 右	2717	−510	清水为主
J8 右-J9 右	4665	−100	清水为主
J9 右-J10 右	5249	＋650	污水、海水为主
J10 右-J11 右	4198	＋1000	污水、海水为主

雨天箱涵末端开闸、无满管情况下，最大液位位于末端，以 2023 年第一场大雨为例，箱涵末端充满度为 90.33％、87％，且液位恢复时间越往下游越长。箱涵内出现高污染物质被冲出（电导率最高值＞4000$\mu s/cm$）的情形多为雨前（＜10mm）降雨的天数在 7d 以上，降雨量多在 50mm 以上，箱涵流量突变至电导率值突变时间在 10～25min（图 10-5）。

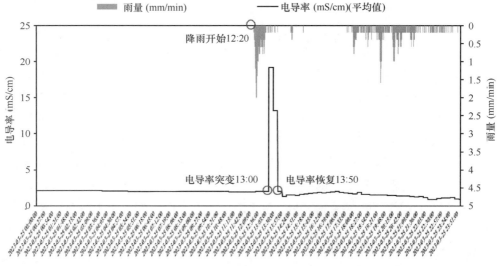

图 10-5　大沙河右侧箱涵电导率变化趋势图（2023 年第一场降雨）

10.2.2　典型降雨径流污染监测分析

为进一步对排水管网进行分析，本项目建立"排水户-接驳口-雨水口"的全链条监测网络，对排水分区所涉径流污染进行了溯源解析，通过监测、解析不同类型分区的雨水径流污染负荷，为科学制定系统方案、精细开展模型率定提供了支撑（图 10-6）。

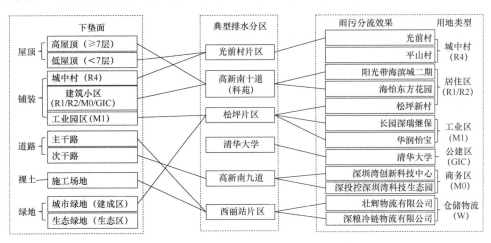

图 10-6　典型排水分区及监测点位选择示意图

经分析，在大沙河流域内，雨水径流污染负荷主要来自地表污染物累积冲刷、管道污染物淤积及混接污水。

1. 下垫面冲刷浓度变化趋势

通过分析 11 处下垫面在 20mm、31mm、53mm 降雨情景下的雨水冲刷水质连续变化情况发现，除裸土、绿地外，屋顶、道路、铺装均存在初期雨水效应，在降雨 15min 内水质出现波动，而后趋于平稳，且随着降雨强度的增加，初期雨水效应越明显。其中，次干路、铺装、城市绿地、高屋顶满足Ⅲ～Ⅳ类水质，干路、施工/物流场地、低屋顶与施工管理、屋顶使用、阳台水错接等相关（图 10-7、图 10-8）。

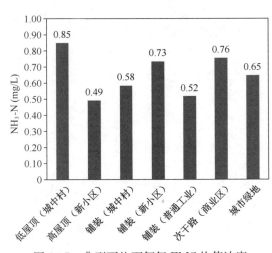

图 10-7　典型下垫面氨氮 EMC 均值浓度

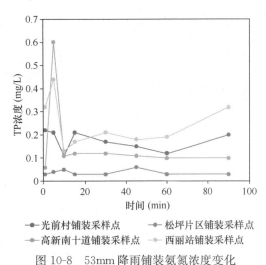

图 10-8　53mm 降雨铺装氨氮浓度变化

2. 典型小区入市政排口情况

典型小区共分为城中村、居住区、工业区、商业区4大类，小区入市政的雨水口采用雨天连续采样监测的形式，并对旱季晴天存在水流的排口采取"一周一测"方式进行水质监测。在晴天，城中村在雨水入市政排口前均配套设置村口点截污，在晴天雨水口仍存在一定流量，在已监测的城中村中，光前村、新围村、新屋村旱季晴天日均流量值分别为16.35m³/d、60.52m³/d、1.73m³/d，水质均接近污水浓度，此类排口流量虽小，但随蒸发、沉淀形成通沟污泥，在雨季第一场暴雨时冲入河道，是"零存整取"的主要来源；在雨天，各类排口在降雨过程中的污染物浓度则呈现城中村≫居住小区＞工业区＞商业区的特点，城中村雨水排口降雨期均值浓度为劣Ⅴ类水平；其余三类小区则以Ⅳ～Ⅴ类为主，主要超标因子为COD，氮磷基本均能满足三类水要求（表10-4）。

各类小区雨水排口降雨期均值浓度 表10-4

小区类型	COD	NH₃-N	TP
城中村	132.17	6.81	0.93
居住区	40.13	0.45	0.11
工业区	30.44	0.67	0.09
商业区	21.50	0.81	0.12

3. 典型排水分区情况

典型排水分区的雨天污染负荷以地表污染物、混流污水、管道污染物冲刷为主。其中，雨天污染负荷总量、地表污染物冲刷负荷分别通过在排口及典型下垫面，按照雨天典型降雨连续监测的下垫面浓度、流量数据获取；混流污水以晴天漏排污水、雨天污水管网高位溢流为主；管道淤积冲刷负荷可认为是入雨水管网总负荷与地表污染冲刷负荷、混接污水负荷的差值（图10-9）。

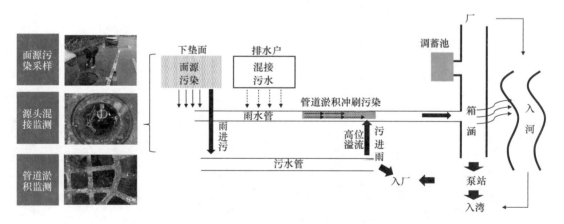

图10-9 大沙河流域雨水径流污染组成及去向示意图

按照以上方法，基于大沙河流域内降雨连续监测数据统计典型分区降雨污染物组分发现，排水分区的雨天COD污染负荷以地表污染物冲刷、管道污染物冲刷为主，分别达到50.41%、43.24%；NH₃-N、TP负荷以管道污染物冲刷占比最大，分别达到55.09%、58.99%；地表污染物冲刷占比分别为21.03%、25.03%；混流污水占比分别为23.88%、

15.98%。而针对城中村、工业区、居住区、商业区、物流区、文教区等典型排水分区，在各自污染物组分上则存在很大差别，通过统计分析，有助于指导开展不断降低雨天雨水径流污染的相关工作。

以光前村为例，其代表的城中村片区管道污染物占比突出，TP最高、COD次之，分别达到65.77%、57.20%；NH$_3$-N负荷则以混流污水为主，达到51.76%，且以高位溢流占比最高。结合城中村管网实际运维情况，管道淤积物、混流污水问题均与城中村内管网不完全雨污分流、排水管理运维有关；且需常态化保障城中村村口截流设施的稳定运行，进而避免城中村漏排污水溢流进入市政管网，造成管道淤塞等问题（表10-5）。

光前村片区降雨污染物组分分析　　　　　　　　　　表10-5

指标	COD	NH$_3$-N	TP
地表污染物冲刷负荷比例	34.78%	23.75%	24.00%
混流污水（漏排污水）负荷比例	2.43%	2.61%	2.50%
混流污水（高位溢流）负荷比例	5.59%	49.15%	7.74%
管道淤积物负荷比例	57.20%	24.49%	65.77%

同理，本项目也分别对居住区、商业区、工业区等典型排水分区进行分析，整理发现管道淤积往往与混接污水同步升高，地表污染与管道内污染比例相当等结论，对后续系统推进大沙河流域的排水精细化管理、雨水径流污染精准截流提供了技术支持（表10-6）。

典型排水分区雨水径流污染物组分情况　　　　　　　表10-6

典型排水分区	组分特点	问题分析
光前村	COD、TP以管道污染物为主，NH$_3$-N以高位溢流占比最高	截流设施强化运维（高水位）
松坪片区	地表污染占比一半，NH$_3$-N、TP污进雨、管道淤积占比高	排水管网修复，强化清淤
西丽站片区	以地表污染物冲刷为主	施工排水管理，场地径流管控
清华大学片区	COD以地表污染物冲刷为主，NH$_3$-N、TP以混流污水、管道淤积物为主	精准截流设施运维（高水位）
高新南九道/十道片区	混流污水（漏排污水）、管道淤积物比例高	污水系统工况（高水位） 雨水管涵排水不畅（高风险）

10.2.3　污染物总量统筹分配

基于市政管网关键节点、雨水排放口、截流箱涵及河道断面的监测数据，为实现污染物总量的统筹分配，本项目通过开展模型参数多重率定，建构本地适宜的流域水质水量模型参数，搭建流域水质水量模型，充分保障了模型的准确性、可靠性。通过创新流域TMDL理论，统筹源头海绵削减与排水箱涵、污水处理厂调蓄处理能力，建构"厂网河城"高效协同的雨水径流污染系统治理模式。

1. 流域水环境容量估测技术

考虑到大沙河生态基流屡弱，呈现出雨源型河流特征，在受纳水体的容量估测中，重点对降雨径流在不同重现期、不同历时的污染负荷变化进行分析，对降雨全过程的浓度变化进行研究，确认其是否能达到目标水质要求。因此，降雨条件下的受纳水体环境容量需充分考虑降雨径流带来的环境容量，且应依据河道断面分布、排水分区、溢流口的分布特征划分断面，确定区间的水环境容量，最终形成将城市雨水径流纳入计量的流域水环境容量估测原理，具体如下：

$$W_{纳}(t) = 0.001\left\{\left[1000Aq'(t) + \sum_{i=1}^{n}Q_i(t)\right] \times C_j \times (1 + K\Delta t) + Q_{补水}(t)(C_j - C_1 + KC_j\Delta t) \right. $$
$$\left. + Q_{基流}(t)(C_j - C_2 + KC_j\Delta t) + KVC_j\right\} \tag{10-1}$$

式中：C_1——补水水质，单位为 mg/L；

$\quad\quad C_2$——基流水质，单位为 mg/L；

$\quad\quad A$——研究区域面积，单位为 km²；

$\quad\quad q'(t)$——t 时刻研究区域的单位面积散排雨水径流量，单位为 mm/min；

$\quad\quad Q_i(t)$——t 时刻编号为 i 的排口雨水流量，单位为 m³/min；

$\quad\quad \Delta t$——模型中的计算步长，单位为 min；

$\quad Q_{补水}(t)$——t 时刻的补水充量，单位为 m³/min；

$\quad Q_{基流}(t)$——t 时刻的河道基流流量，单位为 m³/min；

$\quad\quad K$——污染降解系数，单位为 min⁻¹。

2. 流域 TMDL 技术

从流域尺度上看，在大沙河流域降雨过程中，降雨径流、生态基流、再生水出流及不断改善的湿地廊道生态等共同为流域提供了环境容量，污染物负荷则随着降雨径流对地表污染物的冲刷不断产出，并裹挟着厂站出水污染物、散排污染物等。因此，在降雨过程中的总量控制实际呈现出动态变化的关系。基于 TMDL 理论，本研究提出流域污染负荷的分配方式，即流域 TMDL 技术，具体如下：

$$ELA = (WLA + LA + BL + MOS) - (TMDL + WPR + LOSS) \tag{10-2}$$

式中：ELA——超污染负荷；

$\quad TMDL$——污染物最大日负荷量；

$\quad\quad WPR$——湿地水质净化工程的污染物去除量；

$\quad\quad WLA$——水体可容纳的点源污染负荷量；

$\quad\quad LA$——水体可容纳的径流（非点源）污染负荷量；

$\quad\quad BL$——水体污染物背景浓度值；

$\quad\quad MOS$——安全余量，取 $TMDL$ 的 5%～10%；

$\quad LOSS$——污染物在水体中的降解量。

通过核算分析，当污染物排放量大于环境容量值的值时，会出现超污染负荷的情况，需由污水处理厂及初雨调蓄设施进行消纳。如图 10-10 所示，一部分超污染负荷（ELA_1）被 $M_{允入厂负荷}$ 消化，另一部分（ELA_2）则需进入初雨调蓄池进行消纳。由此，通过流域 TMDL 技术，建立起了厂-网-河-城-池的总量控制关系。

3. 雨水径流污染精准截流与调度方法

按照"厂网河城池"的系统思路，大沙河流域雨水径流污染精准截流控制需考量在不同降雨条件下的河道环境容量和污染负荷变化，以满足水质目标和厂站能力为边界条件，

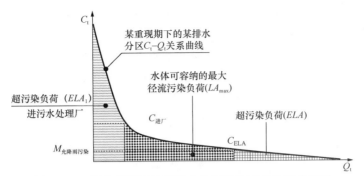

图 10-10　某重现期下的某排水分区污染雨水负荷分配图

对雨水径流进行收集调度（表 10-7）。

雨水负荷去向分析　　　　　　　　　　　　　　　　表 10-7

雨水类型	雨水去向	截排条件
初期雨水负荷	沿河箱涵、厂站	低于厂站控制能力
	调蓄池	若超出厂站控制能力，否则不设
后期雨水负荷	进入河道	低于环境容量

　　基于以上监测分析可得，大沙河流域降雨过程主要包括径流污染、散排污水及河道背景浓度（可忽略不计）三种污染负荷，需要通过对污染负荷与区域环境容量进行比较分析，确定是否调度。当环境容量值大于污染负荷累积量时，无需调度；当环境容量值小于污染负荷累积量时，则需采取调度措施，使得溢流污染雨水满足受纳水体水环境承载能力，截流初雨负荷则需满足污水处理厂的实际承载能力。结合大沙河流域排水系统工况，其截流初雨负荷主要由沿河箱涵及厂站进行调蓄，当截流初雨负荷大于箱涵及厂站调蓄能力之和时，则需构建初雨调蓄池，实现对初雨负荷的进一步消纳（图 10-11）。

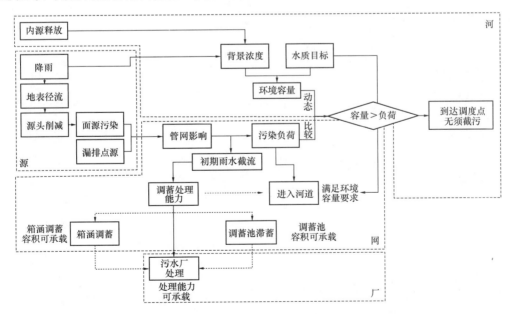

图 10-11　雨水径流污染精准截流控制思路

其中，入河污染物负荷累积量通过水质水量模拟分析，计算得出在某降雨条件下的动态入河污染负荷，主要包括地表雨水径流污染和散排污水量两大部分——地表雨水径流污染的估算需建立流域水质水量模型，依照各类下垫面经验资料、实测数据进行率定，得出降雨过程地表径流污染的分布时空变化；散排污水量需结合流域排口旱季实际水质水量进行监测估算。降雨动态水环境容量计算则根据流域水质水量模型，分段统计降雨过程入河水量变化，结合流域生态基流量、支流入河水量、厂站入河水量等基础监测，分段计算降雨动态水环境容量（图10-12、图10-13）。

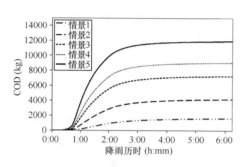 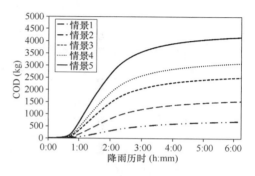

图 10-12 某河段降雨动态入河污染负荷　　图 10-13 某河段降雨动态水环境容量

通过降雨全过程模拟，获得任一时刻后续的污染负荷与环境容量增量变化曲线，据此确定径流污染控制时刻。通过模型充分模拟在不同重现期下的污染负荷、环境容量随时间的变化过程，并转换为污染负荷余量及环境容量余量的时间变化曲线，在两者相交处提取径流污染控制调度的时间点，再以降雨时间为横坐标，反查控制调度点对应的累积径流量，以及其对应的COD或氨氮浓度值，最终确定各断面的控制参数（图10-14、图10-15）。

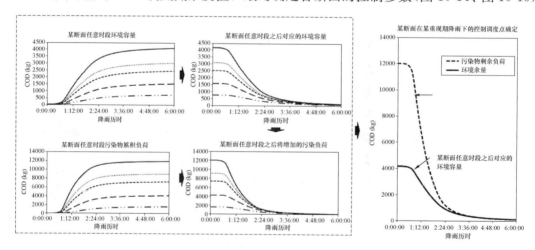

图 10-14 某断面子汇水分区入河污染负荷与环境容量变化

10.2.4 "厂网河城"系统方案谋划

基于以上对于排水系统运行工况的调查及径流污染监测分析结果，按照污染物总量统筹分配的工作思路，针对大沙河流域源头—过程—末端的系统方案谋划中，需要重点考虑

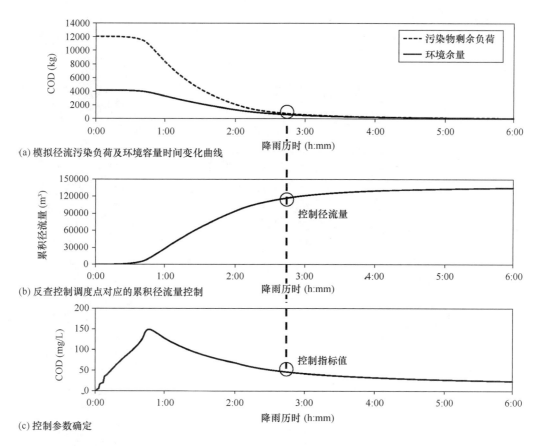

(a) 模拟径流污染负荷及环境容量时间变化曲线

(b) 反查控制调度点对应的累积径流量控制

(c) 控制参数确定

图 10-15　精准截流控制值确定过程

通过对下垫面冲刷污染、混流污染、管道淤积污染引发的入河污染负荷进行系统性控制，同时运用湿地生态等手段提升大沙河自身的自净能力，并在此基础上，利用大沙河沿河箱涵的转输功能开展精准截流与调度策略的制定。

1. 源头海绵控制

针对大沙河流域的下垫面冲刷污染控制，主要采用全域、系统化海绵城市建设的方式。根据《南山区海绵城市专项规划》的海绵建设策略，南山区共划分为 24 个海绵管控单元，其中大沙河流域涉及 NS-01、NS-02、NS-03、NS-05 等 8 个管控单元，具体要求如下（表 10-8、图 10-16）。

各管控单元年径流总量控制率核算　　　　　　　　　　　　表 10-8

管控单元	面积（不含水体）（ha）	年径流总量控制率（%）	设计降雨量（mm）	管控单元	面积（不含水体）（ha）	年径流总量控制率（%）	设计降雨量（mm）
NS-01	3041.3	86.3	55.1	NS-09	640.6	60.0	23.2
NS-02	210.8	72.6	33.8	NS-11	720.1	42.8	13.3
NS-03	801.8	63.0	25.4	NS-12	648.6	42.3	13.0
NS-05	520.9	50.6	17.2	LXD	285.0	70.0	31.3

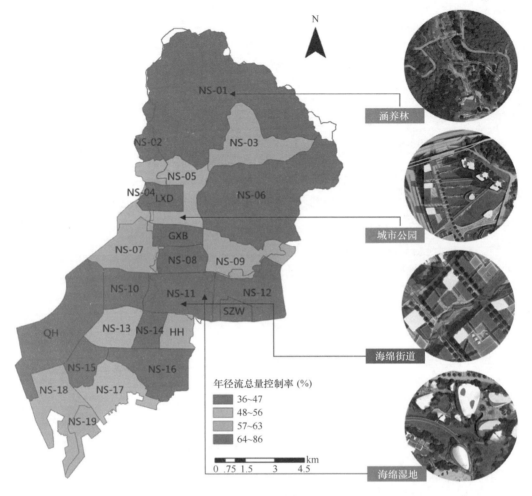

图 10-16　南山区海绵城市管控单元分区图

　　根据地块性质与居民生活需求，大沙河流域通过因地制宜设置海绵基础设施，提升公共绿地的海绵功能，主要包括城市公共绿色基础设施、林地绿色基础设施、湿地绿色基础设施等3大类。其中，城市公共绿色基础设施结合城市水景和海绵基础设施，提升城市绿地的海绵功能，包括城市公园、街心公园、街道绿化带等；林地绿色基础设施以保育及提升生态资源与群落为主，设置海绵基础设施，包括休闲栈道、景观休憩设施等，同时注重水景观营造及雨洪利用，提升公共绿地的海绵功能；湿地绿色基础设施以乔灌草以形成丰富的种植层次，同时增加水生植物，形成湿地生态系统，起到净化水质的作用（图 10-17～图 10-19）。

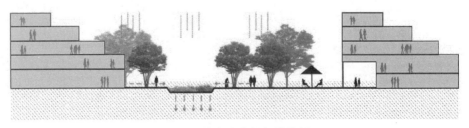

图 10-17　城市公共绿色设施断面

图 10-18　林地绿色基础设施断面

图 10-19　湿地绿色基础设施断面

2. 管网监测诊断

针对大沙河流域存在的混流污染、管道淤积污染等问题，本项目重点基于在线监测数据，开展污水管网入流入渗问题的监测诊断、溯源分析、整改完善，提升排水系统效能。其中，在监测诊断方面，本项目结合大沙河流域用地类型及产业发展情况，通过建立污水管网分级监测体系，利用夜间最小流量法、物料守恒法、RDII 法等可对管网入流入渗问题进行研判。

大沙河流域污水系统入流入渗分级监测分为整体、分区、源头三个层面，为管网高水位运行、旱天外水入流入渗、雨天入流问题诊断提供定量化的数据支撑。其中，在整体监测层面，对污水主干管关键节点与主要泵站进行在线监测；在分区监测层面，根据管道拓扑关系对管网进行分区，对管网入流入渗问题进行轮换监测；在源头监测层面，通过采集源头监测数据，获取大沙河流域污水排放源的水质参数（图 10-20、图 10-21）。

通过统计分析，源头小区污水浓度城中村＞住宅小区≫商业办公≫工业区＞公建区，呈现餐饮如厕产碳、洗澡产氮磷的排污规律；通过夜间最小流量法监测，源头小区的外水入渗率约为 15％，符合污水管网设计要求。雨天污水量则与降雨量存在明显的线性关系，入流比率住宅小区＞城中村＞工业区＞商业办公（图 10-22）。

市政管网监测诊断中，通过晴天开展水量、水质监测，分析出大沙河流域内 85％的市政管网为非满管流，干管充满度 67％，管充满度 25％，平均日入渗总量 3.4 万 m³。其中，入渗比超 50％的有同沙路北、红花岭、龙珠大道、松坪、香山西路、铜鼓路。在雨天则重点分析水量变化情况，统计得到雨水入流量（y）与降雨量（x）关系：$y = 0.4297x + 1.4269$，在 34mm 降雨下雨水入流量达到晴天 16 万 m^3/d 的 1 倍，雨入污严重区域以科苑南路、白石路、侨城东路、岗园路、石洲中路片区为主，占建成区入流量的 64%（图 10-23、图 10-24）。

图 10-20　整体监测点布点方案

图 10-21　管道精细化分区诊断监测方案

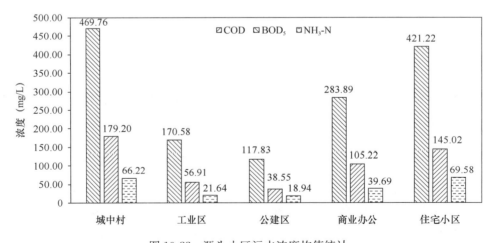

图 10-22　源头小区污水浓度均值统计

通过进一步开展叠加分析、溯源分析，可以发现，大沙河流域的污水管网入流入渗问题与管网建设年限、地下水位（压差）、排水能力不足有关，故在本项目中，提出了对大沙河流域管网修复强化事前/中/后管控评估的工作建议，并强调需重视污水零直排小区创

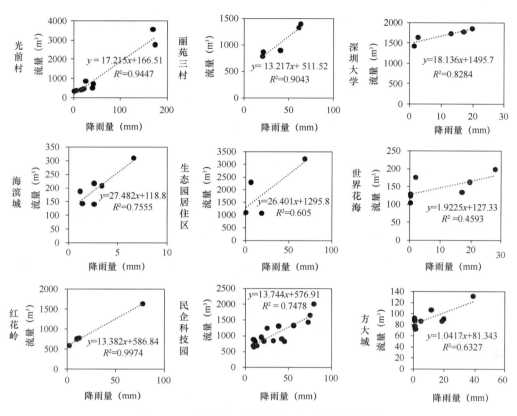

图 10-23　源头小区污水量与降雨量相关关系

图 10-24　大沙河流域污水管网晴天入渗情况分析

建中的雨落管等入污问题，加强施工场地雨水组织，同时排查生态区径流入污等问题，将低水位运行作为管道健康的重要指标。

3. 排口截流调度

在排口截流调度方面，本项目按照上述污染物总量统筹分配方法，基于其他径流污染控制措施可能实现的达标情景，提出对大沙河沿河排口采用精准截流控制的方式，实现对末端污染雨水的有效调度。其中，排口截流调度方案由控制指标及控制水量组成，以44.9mm设计降雨为例，计算了无海绵措施及不同海绵扩容方案所对应的末端调度方案，因文章篇幅所限，仅展示达标比例为50%的情景。表10-9、表10-10列出4种常见的可通过在线监测实时获取的污染物控制指标，实际调度时，以控制水量为首要触发条件，当控制水量未达到，而实测的各项污染物浓度数据均已低于控制指标时，也将触发智能截污闸门的关闭（即停止截流，让径流直接排放入河）。

常规模式（无海绵设施）下各单元排口截流调度方案　　　　　表 10-9

单元编号	入河径流浓度控制指标（mg/L）				控制水量（10^4 m³）
	SS	COD	NH₃-N	TP	
1	29.3	48.9	0.9	0.1	1.2
2	18.0	29.1	0.6	—	9.9
3	29.2	42.7	1.1	0.1	7.8
4	42.4	54.7	1.7	0.1	1.6
5	31.0	38.2	1.3	0.1	2.8
6	35.0	45.5	1.4	0.1	9.6
7	46.3	62.2	1.8	0.1	8.2
8	21.3	31.8	0.9	0.1	20.7
9	41.4	56.6	1.6	0.1	5.8
10	31.1	41.0	1.3	0.1	10.3
合计	—	—	—	—	77.9

海绵达标面积 50%条件下各单元排口截流调度方案　　　　　表 10-10

单元编号	入河径流浓度控制指标（mg/L）				控制水量（10^4 m³）
	SS	COD	NH₃-N	TP	
1	32.5	56.4	1.0	0.1	0.5
2	16.1	26.9	0.5	—	3.9
3	全量控制，不设控制指标				4.2
4	56.3	90.1	1.7	0.2	0.4
5	全量控制，不设控制指标				1.6
6	24.3	34.4	1.0	0.1	5.0
7	48.8	6.4	1.6	0.1	6.4
8	全量控制，不设控制指标				9.8
9	41.3	4.7	1.5	0.1	4.7
10	全量控制，不设控制指标				5.6
合计	—	—	—	—	42.1

同时，针对调蓄处理方式，结合实际降雨时，雨水截入顺序为：先进入箱涵，再进入调蓄池，最后进入厂站，其余雨水通过溢流进入河道。通过对各降雨条件下的雨水径流控制量分析，确定其在无海绵与海绵达标 25％、50％、65％、80％的调蓄需求见表 10-11，所需调蓄池容积分别为 $6.1 \times 10^5 m^3$、$4.4 \times 10^5 m^3$、$2.8 \times 10^5 m^3$、$1.1 \times 10^5 m^3$、$7.2 \times 10^4 m^3$，海绵 100％达标时不需调蓄。按照大沙河流域初步调蓄池布局方案，将大沙河流域具备建设条件的 5 处选址全部建设为雨水径流调蓄池，提供的总调蓄规模为 $2.7 \times 10^5 m^3$，故为实现河道水质稳定达地表水Ⅳ类，上述调蓄池建设完成后，仍需大沙河流域海绵达标比例达 50％以上。

不同降雨量下的调蓄需求及分配 表 10-11

降雨量 （mm）	截排雨量 （$10^5 m^3$）	所需调蓄空间（$10^4 m^3$）		
		截流箱涵	污水处理厂	调蓄池
无海绵				
13.6	2.5	8.8（满）	8.3（满）	7.7
24.8	5.3	8.8（满）	8.3（满）	36.1
37.7	7.5	8.8（满）	8.3（满）	57.9
44.9	7.8	8.8（满）	8.3（满）	60.8
59.5	7.3	8.8（满）	8.3（满）	56.0
海绵达标比例 25％				
13.6	1.7	8.8（满）	8	—
24.8	3.7	8.8（满）	8.3（满）	19.7
37.7	5.4	8.8（满）	8.3（满）	36.9
44.9	6.1	8.8（满）	8.3（满）	44.3
59.5	5.5	8.8（满）	8.3（满）	37.8
海绵达标比例 50％				
13.6	1.0	8.8（满）	1.1	—
24.8	2.1	8.8（满）	8.3（满）	4.2
37.7	3.4	8.8（满）	8.3（满）	16.8
44.9	4.2	8.8（满）	8.3（满）	25.0
59.5	4.5	8.8（满）	8.3（满）	27.5
海绵达标比例 65％				
13.6	0.5	5.37	—	—
24.8	1.2	8.8（满）	2.7	—
37.7	1.9	8.8（满）	8.3（满）	1.6
44.9	2.5	8.8（满）	8.3（满）	7.6
59.5	2.8	8.8（满）	8.3（满）	10.7

续表

降雨量 （mm）	截排雨量 （$10^5 m^3$）	所需调蓄空间（$10^4 m^3$）		
		截流箱涵	污水处理厂	调蓄池
海绵达标比例80%				
13.6	0.3	3.4	—	—
24.8	0.7	7.3	—	—
37.7	1.2	8.8（满）	3	—
44.9	1.6	8.8（满）	6.7	—
59.5	2.4	8.8（满）	8.3（满）	7.2
海绵达标比例100%				
13.6	0	—	—	—
24.8	0	—	—	—
37.7	0.02	0.2	—	—
44.9	0.2	1.6	—	—
59.5	0.7	6.8	—	—

10.3 探索创新

10.3.1 打通了排水系统监测诊断关键技术环节

现有的雨水径流污染控制收集往往仅考虑其中的某一环节，如进行源头低影响开发建设，仅注重源头产生量核算而不注重实际效果、在末端采取固定的弃流标准不考虑多源污染的影响等。这些控制方式缺乏系统统筹，对海绵城市建设、雨污分流整治、正本清源治理等综合控制技术集成度不够，对污染物产生、传输、收集处理全链条管控不够，难以实现对雨水径流污染的精准和动态分离，致使污水处理厂在雨季高负荷运行，造成水量、水质波动大，处理效率低下，同时溢流雨水水质水量与河道水环境目标无法匹配，最终影响河道水质达标。

本研究通过系统分析雨水径流污染累积、冲刷、传输、集中收集、处理的全过程，识别管控的关键环节，整理形成了一套适应于不同排水系统类型的雨水径流污染全链条监测技术"工具包"，以"雨污分流＋沿河箱涵"系统为例，重点对晴天水量大、雨天水质异常涵段对应排口上溯排查，分别提出针对排水户、接驳口、雨水排放口等关键节点的监测频次、方法、指标等，从而打破了各类排水系统在监测方法上无法统一的困境，为国内各地排水系统监测诊断提供方法支撑，为系统提升排水效能提供基础数据。

10.3.2 建立了截流系统水质水量实时调度方法

现阶段，针对雨水径流污染的控制调度方式仍以降雨量和产流时间为主，控制模式单一，控制精度低，采用污染物浓度、污染负荷总量的控制标准在实际操作中难以量化、实施性较差。对于各控制标准下，选择何种典型污染物建立与河道水质目标的关联，并能高效、可靠地实现实时调度尤为重要。目前，国内外对总量控制理论的应用大多针对自然流域，对城镇流域及排水分区的雨水径流污染负荷分配特殊性考虑不足；已开展雨水径流污染的控制措施、河道汛期水环境容量变化等相关研究，对于城市汇水区在降雨期分散产生、集中排放且受到排水系统体制和运行效能显著影响河道水质的实时有效控制方法，尚无成熟可参考的技术体系和方法工具。

本项目基于模型模拟，通过多方案对比，形成了一套能够同时满足污水处理厂承载能力、河道水环境质量要求的"厂网河城池"水质水量实时控制调度方案，不仅为河道汛期全面达标提供了技术保障，更为排水系统优化设计、实时调度、智慧运维提供了新的思路。

10.3.3　实现了模型情景分析与目标可达性研判

新时期，我国各大城市为确保流域水质稳定达标，各级各部门制定了包括正本清源、污水处理厂拓能、泵站建设、管网建设、污泥处理、河道治理、排放口改造及调蓄能力建设等多类型的工程建设计划，但是部分工程措施的具体实施效果尚不明确。

本项目通过创新采用模型情景分析方法，基于大沙河流域水质稳定达标的目标，针对现有的工程措施，通过流域综合模型系统对重要措施进行情景模拟分析，实现了对现有措施的合理性和实施效果进行量化评估，明确现有措施存在的不足和需要深化的内容。对水质改善情况、工程实施效果等进行评价，为后续工作的开展提供建议。

第 11 章　排水系统建设完善与提质增效案例

党的十八大以来，我国水生态环境保护发生重大转折性变化，水生态环境得到明显好转；但由于城市基础设施建设和水环境治理历史欠账较多，部分地区排水管网仍存在雨污难以分流、混错接等问题，排水系统和污水处理效能难以提升。目前，深圳市基本做到旱季污染物全收集、全处理，但由于存在较多的混错接、点截污及管网缺陷，雨季雨水进入污水系统的问题较为严峻，部分污水处理厂收集处理效能较差，生活污水治理"双转变、双提升"面临挑战。

本章以深圳市排水系统建设完善与提质增效做法为例，阐述了该城市在排水系统提质增效的创新模式，通过"污水零直排区"建设以及网格化污水系统监测与效能评估，持续完善城市排水系统，推动污水系统提质增效和排水系统精细化、全周期管理，促进水环境持续改善提升。

11.1　项目概况

党的十八大以来，我国水生态环境保护发生重大转折性变化，水环境质量得到明显好转，Ⅰ～Ⅲ类优良水体断面比例提升 23.3%，达到 84.9%；基本消除了 295 个地级及以上城市建成区的黑臭水体；"十三五"期间，地级及以上城市新建污水管网达 9.9 万 km，1200 多家省级及以上工业园区实现污水集中处理；累计完成了 2804 个水源地、1 万多个问题的排查整治；腾退长江岸线达到 162km，滩岸复绿达到 1213 万 m²。然而，由于城市基础设施建设和水环境治理历史欠账较多，部分地区难以彻底实现雨污分流，排水管网仍存在较多混接错接和老旧破损问题，污水处理能力有待提升，导致排水系统和污水处理效能普遍不高，污水处理厂进水浓度和生活污水集中收集率难以提升。

2015 年以来，深圳市大力推进治水工作，全面消除 159 个黑臭水体、1467 个小微黑臭水体，在全国率先实现全市域消除黑臭水体，水环境实现历史性、根本性、整体性好转，一大批河流重新焕发生机活力。此外，深圳市抓紧补齐水环境基础设施短板，消除管网覆盖空白区，"十三五"期间新增污水管网 6460km，约占污水管网总长度的 60%，新增污水处理规模 280 万 t/d，实现了对污水的全收集、全处理。

2020 年，深圳市进入治水提质增效巩固管理提升阶段，为不断提升污水收集处理效能、持续巩固提升水环境质量，要求深入推进"十个全覆盖"工作思路，提出应研究制定"污水零直排区"创建目标、计划和指引，出台评估验收的相关标准规范，并从"点、线、面"三个维度全面推进"污水零直排区"创建工作。2021 年，深圳市治水从巩固治污成果转向全面提质，《深圳市 2021 年水污染治理工作方案》明确将"以系统的观念引领水污染治理工作，坚持全要素治理、全周期管理、全流域统筹，持续巩固提升水环境质量，推动生活污水治理实现'双转变、双提升'作为了今后工作中的总体要求"。目前，深圳市基本做到旱季污染物全收集、全处理，但由于存在较多的混错接、点截污及管网缺陷，雨季雨水进入污水系统的问题较为严峻，生活污水治理"双转变、双提升"面临挑战。

本项目基于已开展的相关治水工作，明确"污水零直排区"定义，研究制定了"污水零直排区"创建工作指引，构建污水零直排区验收评估体系，针对典型问题提出整改完善措施；选取典型污水分区，建立"源头小区-污水支管-污水干管"的水质水量全链条监测体系，选取适宜的效能评估指标并应用监测和模型相结合的方法，进行典型分区效能评估，明确主要问题和提升方向，凝练形成技术要点，推动通过监测评估促进污水系统"双转变、双提升"。

11.2　项目内容

11.2.1　通过零直排区创建推动雨污分流全覆盖

本项目通过创新污水零直排区理念，明确创建方法、工作流程，探索构建覆盖不同层级的零直排区评估验收体系，检验排水系统雨污分流效果，推动实现雨污水全分流，不断提升污水收集处理效能和城市水环境质量。

1. 污水零直排区相关概念

"污水零直排区"的概念首先由浙江省提出。2018年，浙江省发布《浙江省"污水零直排区"建设行动方案》，明确污水零直排区建设的总体目标是"通过全面推进截污纳管，建立完善长效运维机制，基本实现全省污水'应截尽截、应处尽处'，使城镇河道、大江大河水环境质量进一步改善，河湖水生态安全保障进一步提升"，并提出深度排查、方案编制、全面整改、加快建设、强化管理、工作验收等六项主要任务。

考虑到2020年深圳市已开展正本清源、雨污分流工作，在水污染治理成效巩固管理提升阶段创建"污水零直排区"，不是提出一套新的措施，而是通过"污水零直排区"建设，推进网格化、标准化管理，对相关工作进行查漏补缺，进一步梳理完善排水系统，实现污水处理提质增效。因此，本项目结合深圳实际，创新污水零直排区的理念，将其定义为"具备完善雨污分流排水管网系统、实现雨污水分流收集、无污水直排或溢流进入水体，并已实施专业化排水管理和建立长效管控机制的区域"。

污水零直排区的网格分为污水零直排小区和污水零直排区。污水零直排小区以各类小区（包括住宅小区、工业区、商业区、商住两用区、公共机构和城中村）用地红线（管理线）为边界，划分为一个独立的污水零直排小区。污水零直排区参考《深圳市排水（雨水）防涝综合规划》三级排水分区划分，将一个或相邻若干个三级排水分区划分为一个污水零直排区，面积以 2～5km² 为宜（图 11-1）。

2. 通过零直排区创建评估促进排水系统持续完善

基于已开展的治水工作，通过污水零直排区网

图 11-1　污水零直排区网格示意图

格划分，系统梳理区域排水系统建设情况，通过查漏补缺、加强管理，不断完善排水系统、规范排水行为，实现污水零直排目标。具体创建流程如下。

（1）工作梳理。对照污水零直排区创建标准，系统梳理正本清源、雨污分流、污水处理厂提质增效、涉水面源污染长效治理、工业企业排水评估、排水管理进小区、排水许可监督及排水户入库管理等工作进展，明晰已开展的摸底排查、工程项目建设、实施方案及专项整治方案制定与实施等工作的推进落实情况，分析问题和不足，摸清各项工作的目标差距。

（2）方案制定。对照污水零直排区创建要求，制定污水零直排区创建工作方案，划分污水零直排区网格单元，厘清各网格单元的短板问题和薄弱环节，建立问题清单、任务清单、项目清单和责任清单，按照"清单化管理、建设好一个验收一个"的原则，制定污水零直排区创建计划，明确创建完成时间和验收自评时间。

（3）推进实施。系统开展排水小区"返潮"整改、市政雨污管网系统错接乱排整治等，确保网格单元内各项工程按期完成；通过全面落实排水管理进小区、涉水污染源长效管控等，建设并完善排水信息系统，建立健全长效管控机制。

（4）评估验收。各区根据污水零直排区创建工作进展，及时开展零直排小区和零直排区评估验收工作，并在每年底进行工作总结和自评；市水污染治理指挥部办公室每年对各区工作开展情况进行考评。

（5）整改完善。对于验收不合格的网格单元，制定措施进行整改，直至满足验收评估要求（图11-2）。

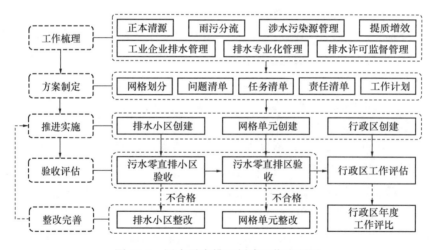

图11-2　污水零直排区创建工作流程图

3. 污水零直排区考核评估与整改完善

（1）污水零直排区考核评估要求

针对污水零直排区创建要求，构建"污水零直排小区-污水零直排区-行政区"不同层级的零直排区创建评估机制，明确对污水零直排小区和污水零直排区的认定要求，并以属地负责为原则，提出各行政区污水零直排区创建工作要求，制定污水零直排区（小区）验收要求和行政区实绩考核评估要点，形成验收-整改-再验收迭代机制（表11-1～表11-3）。

污水零直排小区验收要求　　　　　　　　　　　　　　　　　表 11-1

序号	验收项目	验收要求
1	建筑物底数清楚	明确小区边界、类型、面积，建筑物栋数、平面布置，各栋建筑物的性质、建筑面积
2	排水户底数清楚	明确排水户数量、分布、性质、排水量
3	排水户入库管理	按照"一户一档"要求建立排水户管理数据库，并纳入排水户管理系统平台
4	排水（污）许可全覆盖	依法需申领排污许可证、排水许可的，已依法取得排水（污）许可证
5	排水户达标排放	完成小区内的经营性、生产性排水户的排查及评估工作，经评估认定排水不达标的完成限期整改
6	排水管网底数清楚并入库管理	完成管网数据采集并录入 GIS 系统
7	雨污分流管网全覆盖	小区内雨污分流管网完善
8	雨污水分流收集、正确接驳	二级排水户与小区排水管网、一级排水户与市政排水管网接驳正确
9	排水管理	（1）签订移交管理协议，落实排水管理进小区要求； （2）建立排水设施管理、行政执法、工程整治"三合一"联动包干工作机制

污水零直排区验收要求　　　　　　　　　　　　　　　　　表 11-2

序号	验收项目	验收要求
1	排水小区底数清楚	排水小区数量、性质、排水量、用地面积、人口等数据详实
2	污水零直排小区建设完成	排水小区均已通过污水零直排小区验收
3	市政排水管网底数清楚并入库管理	完成市政排水管网普查，形成市政排水管网分布图并录入 GIS 系统
4	市政雨污分流管网全覆盖	市政道路雨污分流管网全覆盖，无管网覆盖空白区
5	排水管网错接乱接整改完成	完成排水管网排查检测，对存在外水入侵、雨污混接错接的排水管网及破损的老旧管网完成整改及修复改造
6	截污设施消除	消除小区、城中村、暗涵出口、支流等截污设施
7	涉水面源污染整治管理	开展涉水面源污染排查，列出问题清单，完成整改工作
8	排口建档入库管理	排查网格内入河、入湖、入沿河截污箱涵排放口，建立排口档案，并纳入排水设施 GIS 系统
9	雨水排口污水零排放	入河（湖、涵）排放口晴天无污水、废水直排；雨天排水 BOD 平均浓度不超过 20mg/L
10	排水管理	建立排水设施管理、行政执法、工程整治"三合一"联动包干工作机制

行政区考核评估要点 表 11-3

序号	考评项目	考评要点
1	创建方案	制定污水零直排区创建工作方案，即在系统梳理现有工作的基础上，按要求划定"污水零直排区"分区，厘清问题短板，确定工作目标和任务内容，制定问题清单、任务清单、项目清单、责任清单和工作计划
2	达标比例	污水零直排区占行政区建成区面积比例
3	机制建设	建立排水许可监督及排水户定期巡查制度，制定现场巡查分工表，落实责任片区和责任人
4		开展 13 类涉水污染源和城市面源污染排查，录入智慧平台，形成问题清单，开展定期巡查机制并落实动态更新
5		开展工业企业排水达标评估，形成评估报告和问题清单，开展定期巡查机制并落实信息公开
6		按照《室外排水设施数据采集与建库规范》要求，完成数据采集，建立排水设施地理信息（GIS）系统平台，并做好动态更新
7		建立排水管网周期性普查和检测评估制度，根据实际情况，确定分片区的普查周期（一般以 5～10 年为一个周期），对排水管网的内部结构以及管网是否安全运行进行全面排查和检测评估
8	实施效果	沿河箱涵（管）晴天运行情况。晴天管道充满度不超过 10%，BOD 不高于Ⅲ类水标准
9		污水处理厂运行情况。旱雨季平均进厂 BOD 浓度相差不超过 10mg/L，平均 BOD 浓度 2020 年达到 100mg/L，2021 年达到 120mg/L
10	宣传引导	利用多种形式的媒介和平台，积极开展"污水零直排区"创建工作的公众宣传，提高公众意识，引导公众参与创建工作
11	总结自评	编制"污水零直排区"创建年度评估报告，自评创建方案编制、分区达标比例、机制建设、创建效果和宣传引导等创建工作情况，并提交相关佐证材料

（2）问题整改完善措施

对于验收评估未能达标的污水零直排区（小区），制定具体措施进行整改，直至满足验收评估要求，进而实现排水系统长效管理。在污水零直排区（小区）验收评估过程中，常见的问题包括但不限于：排水户未经许可排放、小区雨污分流系统构建不彻底、小区排水设施的日常维护管理存在疏漏、市政排水管网存在错接乱接现象以及雨水排放口存在污水漏排等。针对这些典型问题，提出以下整改完善措施。

① 加强排水户监管，定期开展排水户调查信息复核与动态更新，明确排水户数量、分布、性质、排水量，按照"一户一档"要求建立排水户管理数据库，并定期开展排水户排水监督检查。

② 推进涉水面源污染长效治理，对于面源污染突出的餐饮、汽修洗车、农贸市场、

美容美发等场所，以及化粪池、生活垃圾中转站、屠宰场、垃圾填埋场、废品回收站、施工工地等水污染高风险场所，建设完善的废水收集系统和预处理设施，确保作业污水经严格处理后，依规接驳排入市政污水管网，坚决杜绝将未经处理的作业污水违规排入雨水管网的行为；对于城中村、城市道路、河道沿岸等 3 类对象，实施全过程密闭化垃圾收集转运，通过定期清理道路和河岸垃圾，有效减少径流污染，保持河岸景观干净美观。

③ 全面排查小区雨污分流系统，溯源晴天雨天污水出流的点位，对存在雨污水未正常接驳的管道进行整改，确保雨水与污水彻底分离，避免混流现象。

④ 持续推进排水管理进小区，强化小区排水设施的日常维护与管理，建立健全巡查、检修机制，及时发现并解决潜在问题，保障设施正常运行。

⑤ 全面梳理市政排水管网，纠正错接乱接现象，优化管网布局，确保污水能够顺畅、准确输送至污水处理设施。

⑥ 加强对雨水排放口的监测与管理，严禁污水通过雨水排放口偷排，一旦发现违规行为，立即查处并追究责任。

11.2.2　通过监测评估促进污水处理"双转变、双提升"

本项目选取监测条件较好的典型二级分区和适宜的效能评估方法、指标，采用监测与模型相结合的手段，分析评估分区污水收集效能情况，研究制定精准治理策略，指导二级分区的效能提升，并凝练形成网格化污水收集效能监测评估方法及技术要点，提出应用建议。

1. 评估分区划分

在流域分区的基础上，将污水系统收集处理效能评估单元分为三级污水分区。其中，以污水处理厂的服务范围作为一级分区，每根进厂主干管或汇入进厂主干管的干管对应的服务范围以及泵站的服务范围作为二级分区，每根次干管形成的管网子系统作为三级分区（表 11-4）。

污水分区划定方法 表 11-4

污水分区	划分方法
一级分区	根据污水处理厂的服务范围进行划分，分期污水处理厂合并为同一范围
二级分区	每根进厂主干管或汇入进厂主干管的干管对应的服务范围，划分为 1 个二级分区；有泵站的片区，每个泵站的服务范围划分为 1 个二级分区
三级分区	在二级分区的基础上，二级分区内的每根次干管形成的管网子系统，划分 1 个三级分区

2. 典型分区选取与本底分析

（1）典型分区选取

按照以下原则选取典型二级分区：①片区内的排水管网底数清晰；②片区有明确的污水收集主干管且边界清晰，大小适中（2～5km²）；③能覆盖排水系统的不同完善程度，能体现主要问题，如可以选择低浓度工业废水影响大、正本清源不完善、片区错乱接较多截污/流系统难以退出污水收集系统等不同问题特点的区域作为典型分区。本项目选取沙头角片区作为典型二级分区，开展污水系统效能监测和模型评估。

沙头角片区位于大鹏湾排海一号，北部为梧桐山，属郊野型片区。片区位于盐田水质净化厂服务范围内，面积 4.99km²。沙头角片区以居住用地为主，居住用地占比约 35.6％（图 11-3）。

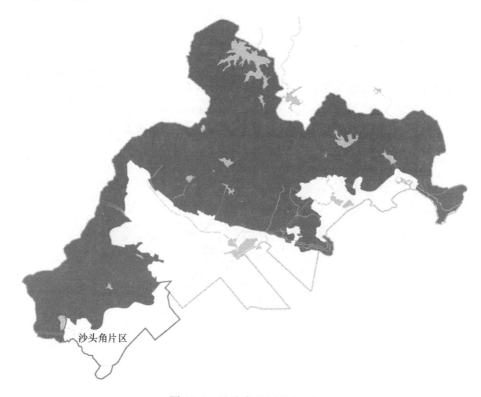

沙头角片区

图 11-3　沙头角片区位置图

（2）排水设施情况

沙头角片区的排水体制以分流制为主，存在小部分未分流地块。片区已建污水管网 32.46km，污水主干管共分 2 路，一路为"中英街污水泵站-沙头角污水泵站-盐田水质净化厂"的 DN1200 污水压力管，一路为经深盐路的 DN800 重力污水管。现状污水泵站有 2 座，为沙头角污水泵站、中英街污水泵站，现状规模分别为 7.0 万 m³/d 和 0.5 万 m³/d（图 11-4）。

（3）雨污混错接、点截污及未分流地块情况

沙头角片区内存在 2 处市政雨污混接、2 处雨污水高位溢流以及 10 处点截污设施。沙头角片区内未分流地块主要为城中村，总面积约 13.82 万 m²，占片区面积比例为 2.77％。

3. 监测方案与评估方法

（1）监测方案

根据二级分区监测方法，结合片区实际，对 4 个源头小区接入市政管网的接驳口和 6 个市政管网的关键节点开展水质水量监测，明确监测指标、监测周期和采样频次。监测布点方案见表 11-5。

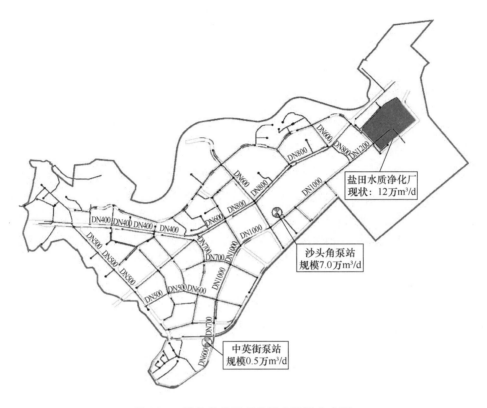

图 11-4 沙头角片区现状排水设施分布图

监测布点方案统计表 表 11-5

类别	监测点位	采样位置	采样频率	监测指标
源头小区接驳市政管	东部山海家园（旧居住区）	晴天	早 8：00～10：00（2 个水样）、中 12：00～14：00（2 个水样）、晚 18：00～20：00（2 个水样）	BOD、COD、氨氮、总磷、液位、流量
	万达壹海城（商业区）			
	蓝郡西堤（新居住区）	雨天	—	液位、流量
	金融路 93 号大院（城中村）			
二级分区总口、关键节点	海景二路东北	晴天	早 8：00～10：00（3 个水样）、中 12：00～14：00（2 个水样）、晚 18：00～20：00（2 个水样）、晚 21：00～23：00（3 个水样）	BOD、COD、氨氮、总磷、液位、流量、电导率
	下梧桐路东南			
	东和路			
	海景二路	雨天	单场降雨过程中均匀采集 12 个样品，共采集 1 场降雨	BOD、COD、氨氮、总磷、液位、流量、电导率
	沙深路与金融路交路口			
	深盐路			

（2）评估方法

针对晴天、雨天入流入渗情况，采用夜间最小流量法、水质水量平衡法、RDII分区管网诊断等方法对监测结果进行分析，并利用雨晴流量比、晴天液位比、污水浓度值等指标进行综合评价。

4. 监测结果分析

（1）源头小区入流入渗情况

采用夜间最小流量法，统计监测时段的晴天日均流量和夜间最小流量均值，计算外水入流入渗率。4个源头小区的入流入渗率在8%～48%，入流入渗率为：城中村＞商业区＞新居住区＞旧居住区。城中村入流入渗率突出，考虑为管网系统不完善所致；另外，位于临海区的源头小区外水入流入渗较高，初步分析为受海水入流影响。

在降雨情况下，采用雨晴流量比和RDII分区法评估源头小区雨天入流入渗情况。分析发现蓝郡西堤的"雨入污"问题较为突出，雨天瞬时流量达48.19L/s；金融路93号大院为城中村，晴天、雨天流量特征曲线相似，晴天入流入渗率较高，考虑可能长期存在山水或海水入流问题。

（2）市政管网入流入渗情况

根据对市政管网关键节点的水量水质监测，在降雨量大时，各监测点位的液位和水质均有一定程度的变化，其中下梧桐路南和海景二路北雨天水质浓度下降明显，仅为晴天浓度的1/2（图11-5）。

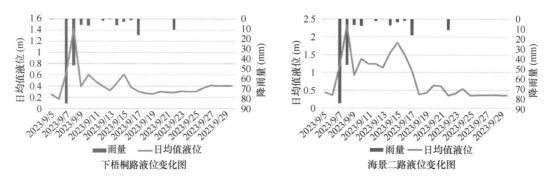

图 11-5　市政管网液位变化情况

采用水质水量平衡法计算片区晴天外水入流入渗情况，结合海景二路电导率分析及液位分析，海景二路上游汇水分区晴天入流入渗率较高是海水入流所致；金融路电导率稳定，但管网高液位运行，结合金融路靠近沙头角河，可能存在河水入侵问题；深盐路上游汇水分区毗邻生态区，存在一定的山水入流，导致其入流入渗率较高。

根据RDII法分区计算雨天管网入流入渗量，雨进污严重区域：污水分区一、污水分区四和污水分区五。污水分区一雨天入流入渗显著，雨天水质浓度低于晴天浓度，分区内存在点截污；污水分区二雨天入流入渗不明显，但管网存在高液位运行情况，结合分区内存在两处高位溢流点，考虑为入流雨水又溢出；污水分区四雨天入流入渗现象较明显，片区内存在未分流地块及多处点截污；污水分区五雨天入流入渗显著，雨天水质浓度仅为晴天时的1/2，且片区内存在市政雨污混接小区；污水分区六雨天入流入渗不明显，海景二路北监测点流量随降雨变化存在延迟，考虑为上游雨天入流入渗影响（图 11-6，表 11-6）。

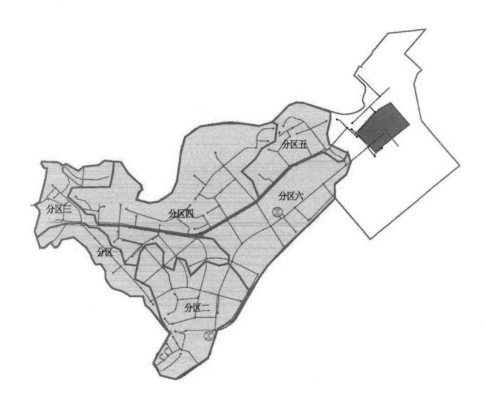

图 11-6 沙头角片区 RDII 法分区情况

市政管网雨天入渗分析 表 11-6

监测点位	降雨中总流量 $Q_总$（m³）	晴天管道平均日流量 $Q_旱$（m³）	降雨时长（d）	排水分区面积（km²）	降雨量（mm）	单位面积 RDII $[m^3/(km^2 \cdot mm)]$	备注
沙深路与金融路交界处	72080.8	2417.27	14	0.267	290	493.85	分区 1
海景二路	56902.1	4066.3	14	1.04	290	−0.09	分区 1+分区 2
盐田东和路	62487.8	15493	6	0.573	205	−259.4	分区 3
深盐路	27076	2003.7	10	1.04	236.1	28.67	分区 4
下梧桐路南	28168.8	917	12	1.416	233	52.03	分区 4+分区 5
海景二路北	84352	7022	14	2.286	290	−21.05	分区 1+分区 2+分区 3+分区 6

5. 效能模型评估

（1）模型评估思路

采用 InfoWorks ICM 水力模型，搭建沙头角片区污水管网模型，并基于源头小区和市政管网晴雨天监测情况，进行模型参数率定。通过不同设计工况及典型降雨条件下的水力模型模拟，评估沙头角片区污水管道运行情况及水力状况；结合不同污水整治措施设置模拟情景，评估沙头角片区污水系统效能提升效果（图11-7）。

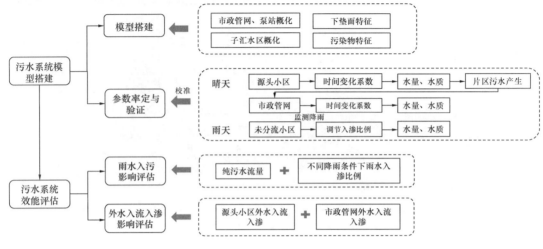

图 11-7　模型评估思路

（2）模型搭建

考虑集水区、污水管网、污水点源以及旱雨季源头小区、市政管网外水入流入渗边界条件等要素，搭建沙头角片区模型，共概化180段管渠、1933个集水区以及17个无法分流地块（图11-8）。

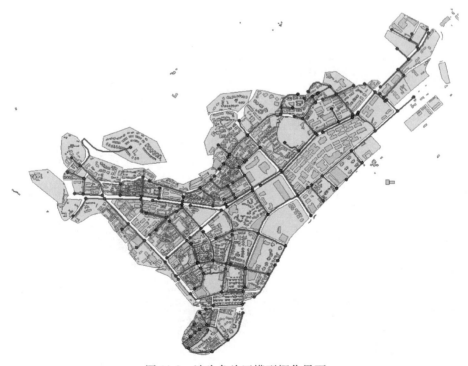

图 11-8　沙头角片区模型概化界面

（3）参数率定

根据土地利用类型和源头小区晴天水量水质监测结果，设定不同用地类型的污水产生量和初始浓度值。在水量率定方面，取源头小区、市政管网一周晴天流量数据的平均数作为典型晴天数据，通过手动调整污水产生量时间变化系数，拟合模拟值和监测值，率定源头小区、市政管网的流量数据；通过调整无法分流地块的径流系数，模拟雨天无法分流地块的入流入渗比例。在水质率定方面，手动调试不同用地类型的污染物浓度值以及时间变化系数，率定源头小区水质数据；手动调试市政管网外水入流入渗的水质浓度，率定市政管网水质数据（图 11-9、图 11-10）。

一般采用纳什效率系数作为水量率定结果的判定标准，NSE＞0.5 即为可接受值，NSE 结果越大则说明模拟效果越好，最大值为 1。经率定，源头小区和市政管网水量率定的纳什系数均大于 0.5。

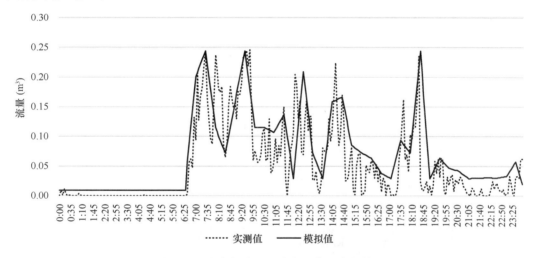

图 11-9　沙头角片区源头小区水量率定结果

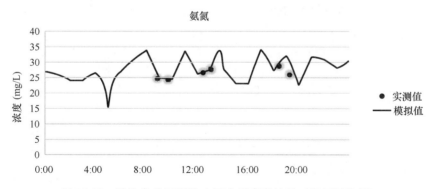

图 11-10　沙头角片区源头小区水质率定结果（以氨氮为例）

（4）模型评估

① 雨入污情况影响评估

通过调整未分流地块入流入渗比例，对比市政管网关键节点在中雨、大雨、暴雨 3 种不同设计暴雨强度下的污水流量和浓度变化，评估片区污水收集效能变化情况。通过对比四种模拟情况，分析水量和水质变化，可知未分流地块雨天对管网水质影响显著。

对比无未分流地块情况，其中中雨情况下 24 小时共计新增流量 288m³，上升约 1%、BOD 浓度降低 10.5mg/L，降低约 29%；大雨情况下 24 小时共计新增流量 1397m³，上升约 4.7%、BOD 降低 18.9mg/L，降低约 53%；暴雨情况下 24 小时共计新增流量 2749m³，上升约 9.2%、BOD 降低 26.3mg/L，降低约 74%（图 11-11）。

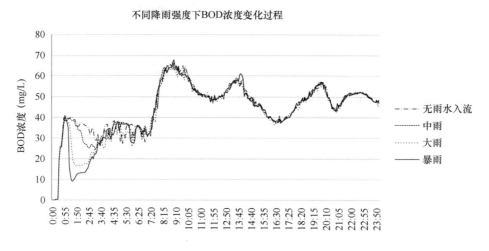

图 11-11　不同设计降雨强度下 BOD 日变化过程图

② 外水入流入渗影响评估

晴天片区内污水系统的主要问题为山水、海水等外水入流以及地下水入渗影响，通过模拟在晴天条件下消除源头小区外水入流入渗、消除市政管网外水入流入渗以及同时消除源头小区和市政管网的外水入流入渗等 3 种情景，评估片区不同区域外水入流入渗的影响程度以及消除外水影响后的效能提升效果（图 11-12）。

对比存在源头和市政管网外水入流入渗的情况，可知市政管网外水入流入渗和源头小区外水入流入渗相比，市政管网外水入流入渗影响更为显著。具体而言，仅剥离源头小区外水的情况下 24 小时共计减少流量 2051m³，降低约 6.9%，BOD 浓度增加 1.21mg/L，增加约 2.5%；仅剥离市政管网外水的情况下 24 小时共计减少流量 6584m³，降低约

图 11-12　不同外水入流入渗工况下 BOD 变化情况

22.1％，BOD 浓度增加 6.94mg/L，增加约 14.17％；同时剥离源头小区和市政管网全部的外水情况下 24 小时共计减少流量 9468m³，降低约 31.8％，BOD 浓度增加 9.21mg/L，增加约 18.82％。

（5）治理策略

根据模型的雨入污影响评估、外水入流入渗影响评估分析，市政管网晴天外水入流入渗影响最为显著，剥离市政管网外水 24 小时可减少流量 6584m³，降低约 22.1％。结合沙头角片区监测评估结果，应重点排查深盐路（分区四）片区、东和路（分区三）片区的外水入流入渗影响。

根据模拟评估结果，深盐路仅剥离源头小区外水时 24 小时减少的流量为 298m³，仅剥离市政管网外水时 24 小时减少的流量为 1235m³；东和路仅剥离源头小区外水时 24 小时减少的流量为 606m³，仅剥离市政管网外水时 24 小时减少的流量为 1809m³。因此，对于深盐路和东和路，污水管网收集效能的主要影响因素均为市政管网外水入流入渗。

下一步建议根据分析结果对深盐路（分区四）片区、东和路（分区三）片区管段进行综合手段排查，应用管道潜望镜检测（QV）、声纳检测、管道闭路电视检测（CCTV）等手段，找到外水入流入渗具体点位，开展污水管网破损修复。当某一管段（两个检查井之间的管道）中存在的缺陷超过 3 个（含）以上时，建议整体更换污水管道。

6. 监测评估技术要点与应用建议

结合典型二级分区监测评估分析，总结污水评估单元的监测布点方法、监测频率要求、效能评估方法以及模型评估方法，提出应用建议，推动污水系统收集处理效能持续提升。

（1）监测评估技术要点

① 监测布点方法

污水评估单元的监测布点要涵盖污水管网－二级分区－主干管网－污水处理厂全链条，有区域代表性，覆盖区域的各类要素；并且考虑经济性和可行性原则，控制新增监测设备数量，选择实施难度小、成本低的监测指标以及设备现场易于安装的监测点位。

a. 一级分区

一级分区利用污水处理厂现有监测设施，无须另外布设。通过在线流量监测数据和 BOD_5 人工采样数据开展一级分区污水收集效能评估。

b. 二级分区

二级分区分为基本点位和拓展点位。基本点位布置于二级污水分区关键节点，即二级分区干管与一级分区干管接驳处或市政污水泵站位置；基本点位应开展在线液位监测或流量监测，建议同步开展电导率在线监测和 BOD_5 水质采样。扩展点位可结合既有监测设备布置情况，按照沿程不超过 1km 的间距或建成区 $1km^2$/个的密度布置污水次干管监测点，重点开展液位和电导率在线监测；结合二级分区实际情况，可在污水总口、截污点接入市政污水管网的检查井、正本清源小区或存在返潮的片区的下游污水管道、存在高水位运行的污水管道以及截流管道等补充水量水质监测。

② 监测频率要求

晴天监测建议包含工作日和周末，以获取不同生活时段下污水产生情况。晴天水质采样建议每个监测点位每天采集至少 10 个样本。雨天监测的水质采样建议单场降雨过程中每个监测点均匀采集至少 12 个样品。

③ 效能评估方法

通过在线液位、流量监测以及水质采样，评估一级分区、二级分区的污水收集处理效能。其中，二级分区重点关注管网运行情况和收水效能，通过晴天液位比、雨晴液位比/雨晴流量比、污水浓度值等指标，并采用夜间最小流量法、水质水量平衡法、RDII 分区管网诊断等方法对监测结果进行分析，评估晴天、雨天条件下源头小区和市政管网的入流入渗情况，进一步诊断管网运行问题。

④ 模型评估方法

城市污水管网模型搭建与评估的步骤分为：数据整理与数据库建立、污水系统概化、模型参数率定、工况场景评估（表 11-7）。

城市污水管网模型搭建要点

表 11-7

序号	步骤	技术要点
1	数据整理与数据库建立	勘探资料：检查井的坐标、井面高程井底标高，管线的管径，上、下游管底标高，管材等； 其他资料：模型研究范围的人口、工业情况
2	污水系统概化	概化要素：污水管道、检查井、泵站、截污设施等； 边界条件：采用夜间最小流量法分析得到的源头小区晴天入渗量、水质水量平衡法估算的市政管网入渗量、水质采样结果
3	模型参数率定	源头小区：手动调整不同用地类型产生的污水量和水质的时间变化系数，拟合模拟值和监测值。考虑工作日和周末变化情况，可选取连续一周晴天水质量数据的平均数作为监测典型值。 市政管网：晴天手动调整关键节点的外水渗入量和水质，拟合模拟值和检测值；雨天通过调整接入污水系统的无法分流地块的径流系数，率定雨入污情况
4	工况场景评估	评估场景一：评估片区晴天受外水的影响情况 影响晴天污水系统效能的主要原因是地下水、山水、海水等外水入渗。通过去除污水分区各类外水影响因素的情景模拟，对比去除外水前后污水系统的水量水质变化情况，评估分区外水影响程度，研判易受外水影响的关键点位，提出针对性治理措施。 评估场景二：片区雨天雨水入污的影响情况 在不同设计降雨条件下，通过调整未分流地块入流入渗比例，对比市政管网关键节点污水流量和浓度变化情况，分析评估分区雨污分流完善程度对分区污水收集效能的影响程度。 评估场景三：评估片区可能存在的问题点位及影响程度 通过设计工况下的水力模型模拟，计算各管道在运行过程下各个时间点的流速、流量，模拟管道的水头线、水位变化。一方面通过模拟结果，研判污水系统中超负荷或运行有问题的点位，分析其影响因素和影响程度，提出治理策略；另一方面结合流量计或液位仪的监测数据实时跟进重点管道（如进厂主干管）的运行状态

（2）应用建议

利用获取的监测数据和监测评估方法，定期开展一级分区、二级分区的效能评估，为排水运维管理单位开展管网问题诊断分析和排查整改提供技术支撑，也为排水主管部门开展排水管理工作绩效考核和污水处理按效付费核算提供依据。

基于典型二级分区的监测分析结果和模型率定参数，可用于条件接近的污水二级分区模型搭建与评估，并利用已有监测点位的监测数据进行校核验证。

污水系统监测体系及监测数据，建议纳入水务物联网平台进行集中管理，实现水务大数据中心平台、市排水信息系统数据共享。将监测评估和模型评估功能纳入排水信息系统，提升排水信息系统的实时评估、问题诊断和决策支持功能，并与排水设施运维工单系统衔接，实现自动感知、工单秒转、履职留痕、管理闭环，提升排水管理工作效率。

11.3　探索创新

11.3.1　创新深圳特色污水零直排区发展理念

创新提出具有深圳特色的污水零直排区概念，即"具备完善雨污分流排水管网系统、实现雨污水分流收集、无污水直排或溢流进入水体，并已实施专业化排水管理和建立长效管控机制的区域"。通过系统梳理正本清源、雨污分流、涉水污染源长效治理、工业企业排水评估、排水管理进小区、排水管网及排水户入库管理等工作，提出以完善分流制排水系统为基础、以专业化排水管理进小区为依托、以改造排水管网雨污混接和纠正违法排水（污）行为抓手、以涉水污染源长效治理为重点的深圳污水零直排区创建要求。

11.3.2　构建网格化、全周期的排水系统考核评估体系

在污水零直排区创建的基础上，以雨污分流全覆盖、污水系统提质增效为目标，构建"小区—分区—行政区"互联互通的网格化实绩考评办法，将排水户、市政接驳口、雨水排放口、沿河截污管、污水干管、污水处理厂站等要素的运行情况纳入评估考核指标，通过采取"考核打分"方式评价各行政区创建效果，约束各地对于不合格的网格单元，制定措施进行整改，直至满足验收评估要求。

11.3.3　建立全链条、精细化的污水系统收集处理效能监测评估体系

以污水系统"双转变、双提升"为导向，划分污水系统三级网格分区，明确"源头小区—污水管—沿河截流箱涵—污水处理厂站"的水质水量全过程监测节点方案，通过约束监测内容、监测节点、监测指标及监测频次，采用监测评估与模型评估相结合的手段，系统考察清污分流、雨污分流效果及污水处理实际效能，为各地开展污水系统收集处理效能的全链条监测评估提供技术"工具包"。

第12章 罗湖区碧道建设规划

碧道建设被赋予了重塑城市水系生态价值、优化空间布局、提升居民生活质量的多重使命，也是"厂网河城"一体化流域治理中全流域融合理念下的重要体现。基于罗湖区现存水安全、水环境、水生态等方面的挑战，罗湖区碧道建设将围绕水环境治理、水生态保护、水安全提升、景观特色塑造、游憩系统构建五大任务展开，包括改善水质、增加生态岸线、优化管网建设、强化水安全管理、提升水文化内涵以及促进水休闲活动开展等方面，特别是在水安全系统方面，罗湖区针对存在的防洪隐患和雨污混合排放问题，采取了针对性的整改措施，以保证雨季来临时河流具备足够的泄洪能力和稳定的水质表现。

本章从项目概况、项目内容、探索创新三个方面介绍了罗湖区碧道建设规划项目，从全流域融合的视角阐述了罗湖区碧道建设规划构思、系统评估、空间布置、规划方案，并总结凝练了该项目的主要创新点，围绕创新点提出了基于碧道建设模式的全流域融合的高品质发展模式。

12.1 项目概况

深圳市罗湖区总面积 $78.75km^2$，其中建成区面积为 $43.4km^2$，其余主要为深圳水源保护区和梧桐山森林保护区。罗湖区属于典型的高强度开发地区，现状毛容积率达到 1.5，金三角地区容积率超过 3.0，金三角地区用地面积只占全区用地 16%，但集聚了全区约 65% 的商业商务建筑规模、72% 的总部企业数量。

在辖区推进碧道规划及建设与河流水文基础情况密不可分。罗湖区位于深圳河流域，境内水系包括深圳河干流罗湖段、3条一级支流、12条二级支流和4条三级支流，共20条河流，总长度 $61.56km$，其中，流域面积大于 $10km^2$ 的河流有6条，自西向东分别为深圳河、布吉河、笔架山河、深圳水库排洪河、梧桐山河及莲塘河（图12-1）。

为加快推进罗湖区碧道建设，满足人民群众对优美生态环境的需要，罗湖区启动《罗湖区碧道建设规划》编制工作。该项目对碧道理念进行了详细描述，结合区域建设现状和发展规划，制定明确的碧道建设目标、原则、布局、任务，统筹安排建设计划，为全面提升城区人居环境、空间复合利用、产业转型升级及城市功能优化，为深圳朝着建设中国特色社会主义先行示范区的方向前行、努力创建社会主义现代化强国的城市范例做出积极贡献。截至目前，罗湖区从水安全、水环境、水生态、水景观、水文化、水经济等多方面全方位开展辖区碧道建设工作，完成了深圳水库排洪河（中下游段）碧道、布吉河（下游段）碧道、正坑水碧道等广受专家和市民好评的优秀碧道项目。

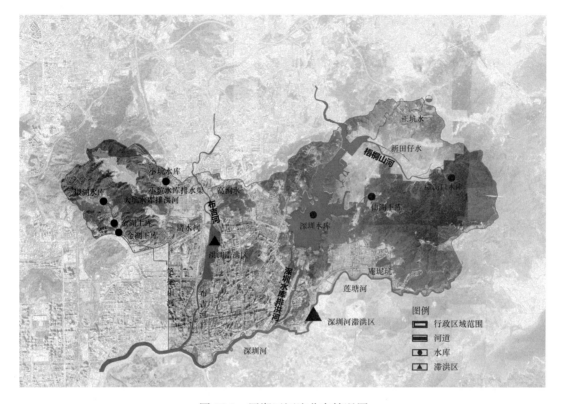

图 12-1　罗湖区河流分布情况图

12.2　项目内容

12.2.1　规划构思

碧道生态总体目标是实现河湖水系最优美，水生态修复成效突出。现状水域面积约为 532ha，水面率为 6.76％。预计至 2035 年碧道建设完成后，新增水面至 550ha（新增 18ha），水面率增至 6.99％。编制碧道建设规划应突出自然生态，以实现水清为第一目标，先行做好水环境改善，水生态修复，推动河流从达标水体向健康河湖提升，坚持以人民为中心，为人民提供高质量生态产品。统筹山水林田湖海草各生态要素，以系统思维推进碧道建设，并加强与治水提质、正本清源、黑臭水体整治等项目的有序衔接，树立节约意识、成本意识、效益意识。以错位发展、彰显特色为原则，按照水体不同、区域不同进行分类开发建设，因水制宜确定流域功能定位，避免低水平重复建设，量力而行，尽力而为（图 12-2）。

综合考虑生态基质、生态控制线分布情况，流域分布情况，产城发展情况，以街道为依据，将罗湖区划分为郊野生态区、科创生态区、黄金水岸区、生态休闲区、自然郊野区组团（图 12-3）。

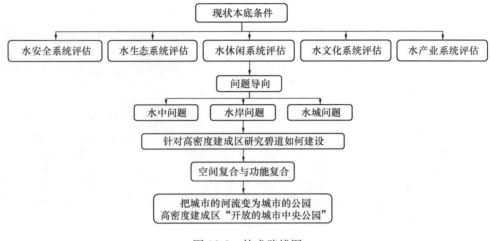

图 12-2 技术路线图

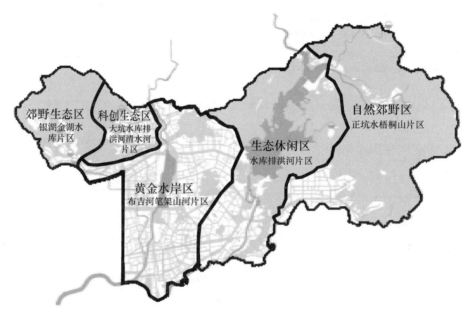

图 12-3 罗湖区碧道分区图

12.2.2 系统评估

1. 水安全系统评估

结合《深圳市防洪（潮）及内涝防治规划（2021～2035）》《罗湖区水务发展"十四五"规划》等相关文件对罗湖区河道防洪情况进行综合分析，罗湖区现状共 5 条河道存在水安全问题，分别为大坑水库排洪河、清水河、笔架山河、布吉河（草埔段和下游段）、深圳河。

大坑水库排洪河存在不达标河段长 1.10km。造成防洪不达标的原因主要是红岗路以下段河道行洪断面不足（4.0m×3.8m）、造成行洪能力不足。大坑水库排洪河水现状出口断面规模为 5.0m×3.7m，经计算，过流能力 54m³/s，需解决 53m³/s 的过流能力缺口。

清水河部分河段不满足 50 年一遇防洪标准，不达标河长 0.45km，范围为宝洁路至清水河明渠终点段。造成防洪不达标的原因主要是红岗路至清水河明渠终点段断面狭小（排水管 DN1800、明渠 1.1m×1.3m），造成行洪能力不足（表 12-1）。

罗湖区河道防洪情况分析表　　　　　　　　　　　　　　　表 12-1

河流名称	规划防洪标准/重现期（年）	现状情况/防洪标准/重现期（年）
深圳河	200	20～200
莲塘河	50	50
水库排洪河	100	100
梧桐山河	50	50
笔架山河	50	20～50
布吉河	100	50～100
清水河	50	0.3km 河段不满足标准
大坑水库排洪河	50	1.1km 河段不满足标准

2. 水生态系统评估

依据深圳市海绵城市建设办公室于 2018 年 9 月发布的《深圳市海绵城市建设关键指标本底调查细则（条文及条文说明）》，经核查统计，罗湖区生态岸线占比合计 58.8%（包含初级生态岸线 20.8%、高级生态岸线 5.2%、原始生态岸线 32.76%），硬化岸线占比 21.3%，暗渠占比 19.9%。

从生态岸线占比情况来看，总体硬化岸线生态退化明显，大多以垂直型硬化岸线为主，河道断面内生态改造难度大。垂直断面内增设生态景观空间难度大，例如布吉河，水流速度较快，造成河道内水生植物稳定性差，同时河流季节性强、坡降大、水流速度快，洪峰期流速超过 2m/s，不利于水生植物的生长稳定性。水位落差大、日常水量少，河渠深，亲水性差，例如布吉河除洪湖公园段，常水位水深为 0.5～1.12m，堤顶至常水位水面为 4～6.3m。

水中水岸植物资源禀赋不高，造成水中水岸的生态系统功能受到削弱。水库、山地、河道上游沿岸植被覆盖度较高，人类扰动较大的硬质河道植被覆盖低。布吉河、深圳河等水域是候鸟迁徙线路中的重要"中转站"的组成部分，全球候鸟迁徙和我国候鸟迁徙路线中，有一条路线经过深圳，罗湖区有所涉及；我国华南地区每年初冬蝴蝶迁徙经过广东，罗湖区有所涉及。深圳十佳观鸟点中，罗湖区占四处，分别为洪湖公园、东湖公园、仙湖植物园、梧桐山风景区。

3. 水休闲系统评估

交通系统主要从轨道交通与城市道路两方面来进行评估。在轨道交通方面，罗湖轨道交通包括铁路与地铁；铁路为深圳站，铁路线路主要为广深港客运专线；地铁线路为 1 号线、2 号线支线、3 号线支线、5 号线支线、7 号线支线、8 号线支线与 9 号线支线，地铁线路四通八达；罗湖现状的铁路与地铁线，皆经过罗湖重要的河湖水系，且都有一定的空间视线关系；各地铁站点皆在碧道拓展与协调区内。

城市道路方面，罗湖区道路正处于完善路网结构的快速发展期，现状建成次干路及支路网密度均低于《深圳市城市规划标准与准则》要求，内部各组团功能区间联系不畅。五横六纵主干路网结构仍在加快完善中，清水河一路、南环路一期、笋岗动走线等道路处在施工阶段。现状对外通道匮乏，主要依靠区内干道等衔接清平高速、东部过境高速。洪湖西路、人民公园路、罗芳路、望桐新路等主干路串联了布吉河、深圳河排洪渠、梧桐河等主要支流水系。其余河道可达性均以支路为主。

慢行系统为非机动化出行提供空间和载体，是城市综合交通系的重要组成部分，主承步行和自车出行。慢行系统在空间上有多种形态，如绿道为代表的道路慢行系统，二层步行连廊、地下步行系统、立体自行车道为代表的立体慢行系统，以及生态、绿地、公园、广场等开放公共空间上的慢行系统。罗湖区现状慢行系统建设较为完善，慢行整体网络系统基本成型。但是城市慢行道、自行车道不足，连续性、系统性较差。道路网中，部分城市道路无步行道或无自行车道，公共交通慢行接驳设施建设滞后，既有绿道未达到网络化，分布零散。如省立绿道 2 号线绿道基本孤立，与城市自然资源无联系。

4. 水文化系统评估

罗湖区文化内涵丰富，类型多样。罗湖文化底蕴深、特色要素多。罗湖区列入"非遗"名录的非物质文化遗产共计 18 项，其中国家级 1 项，省级 2 项，市区级 15 项。非物质文化遗产主要有传统体育《六步大架》、传统杂技《辛氏杂技》、传统技艺《庆美银楼金银器传统技艺》、传统美术《内画》《中国古典金石传拓艺术》《脸谱面具绘画技艺》、传统音乐《树叶吹奏》。其中，国家级"非遗"项目麦秆画、牙舟陶，区级项目传拓艺术多次在活动中展出。

罗湖区历史文化资源集中于布吉河下游，类型涉及历史风貌区、历史建筑。目前有 7处不可移动文物，8 处历史文化建筑，包含在怀月张公祠（第一批）、罗湖口岸联检大厦（第一批）、地王大厦（第一批）、深圳迎宾馆（第二批）、深圳证券交易所（第二批）、深圳书城（罗湖城）（第二批）八个历史保护文件内。历史文化资源多分布于老村，现状利用与水系联系较弱。辖区共有博物馆 6 家，包括 1 家国有博物馆和 5 家非国有博物馆，金石艺术博物馆作为全国唯一一家非国有博物馆参加 2019 年"国际博物馆日"中国主会场专题展览；推进非物质文化遗产的传承和活化工作，开展文化遗产日、深圳非物质文化遗产周罗湖分会场等活动，创办了罗湖岭南文化季、罗湖区皮影文化艺术节等非物质文化遗产节庆。

在"十三五"期间，罗湖区文体设施网络逐步健全。初步制定《罗湖区公共文体设施总体规划（2018～2035）》，建立文体设施介入城市更新规划建设常态机制；重大设施项目稳步推进，罗湖体育休闲公园、区体育中心室内网球馆建成并投入使用，完成罗湖美术馆消防改造；完善基层文体场馆布局，基本形成区、街道、社区三级公共文体服务设施网络，10 个街道、83 个社区实现综合性文化服务中心全覆盖，建成街道图书馆 4 个、"悠·图书馆" 17 个、乐读社区 4 个（图 12-4）。

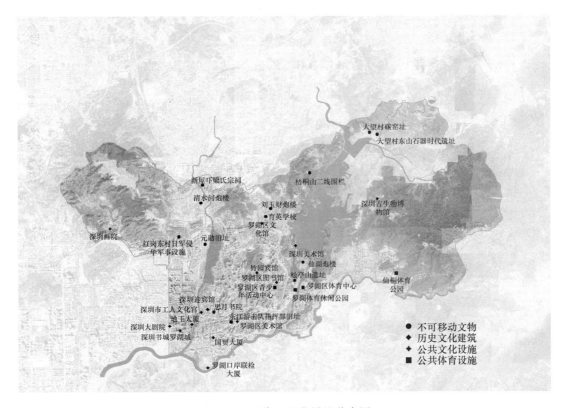

图 12-4　罗湖区文化设施分布图

5. 水产业系统评估

"十三五"期间，罗湖区全力推动金融、商贸、商务服务等主导产业转型升级，前瞻布局数字经济、生命健康等新兴产业发展，形成"南金融商贸、北科技创新"的产业发展格局。在"十四五"期间，罗湖区将立足产业空间布局和发展基础，落实我市"东进、西协、南联、北拓、中优"区域协调发展战略，持续优化"一主两区三带"产业空间布局，依托"一半山水一半城"生态资源，针对金融、商贸、商务服务、战略性新兴产业等不同产业及从业人群，对科技、服务、成本、配套、生态等要素需求，提供多样化、个性化、复合化的优质产业空间和服务配套，形成宜商、宜居、宜业的产业集聚区，便利大中小企业各得其所、共生共荣，探索高度建成中心城区产城深度融合可持续发展的新模式，与此同时将与水产业系统产生密切的联系。

在《深圳市罗湖区国民经济和社会发展第十四个五年规划和二〇三五年远景目标纲要》中指出，罗湖区"十三五"发展包含城市安全隐患显著，防洪排涝无法满足标准，河道箱涵结构存在安全问题等城区承载力矛盾凸显的问题，在"十四五"期间，应采用"三生"融合发展策略。坚持"绿水青山就是金山银山"，依托罗湖"一半山水一半城"先天优势，促进经济与环境协调均衡发展，统筹"生活、生产、生态"发展需求，巩固"国家生态文明建设示范区"建设成效，全方位构建宜居、宜业、宜游的高品质国际化城区。采取重构城区空间功能品质的策略，重塑空间布局结构，统筹大片区功能优化。以笋岗—清水河重点片区、笔架山河暗渠复明及沿线更新改造、口岸经济带、湖贝-蔡屋围片区战略空间重构为突破口，通过大统筹推进大片区功能优化，打造贯穿红岭新兴金融产业带"纵向"发展及沿口岸经济带"横向"发展廊道的"L形"中央活力区，全面提升中心城区生产、生活、生态功能品质。

12.2.3　空间布置

规划创建高品质高质量碧道，将城市的河流变为城市的公园，打造高密度建成区开放的城市中央公园，实现河湖水系最优美、蓝绿网络最通达、水岸生活最活力，管控实施最有序。通过水环境指标提升，水面增加，实现安澜清澈，最大程度恢复城市河流的自然生态性，助力解决水中问题，达到河湖水系最优美。通过碧道、绿道的修建完善，助力解决水城问题，实现全区慢行系统连续贯通。通过碧道建设，带动滨水沿线城市发展，助力解决水岸问题，驱动城市发展活力引擎。协调规划构建导则指引，对接城市更新确保实施。

规划构建"一带、五廊、三核、两线"全自然要素碧道格局。其中，"一带"为深圳河、莲塘河生态带；"五廊"指笔架山河廊道、布吉河廊道、沙湾河廊道、梧桐山廊道、清水河廊道；"三核"为银湖山生态核心、梧桐山生态核心、洪湖公园生态核心；"两线"为银湖-红岗-围岭-梧桐山区域绿道生态线、洪湖-翠竹-东湖城市绿道生态线（图12-5）。

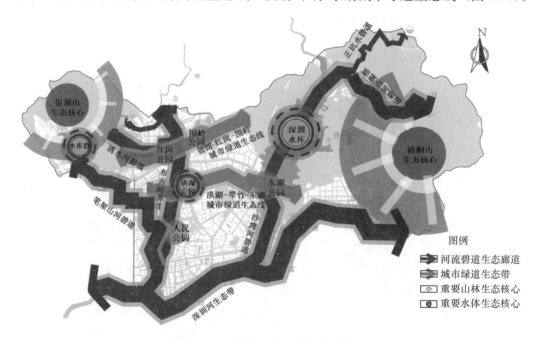

图 12-5　罗湖区碧道总体格局图

12.2.4　规划方案

1. 安全生态、碧水清流

通过河道综合整治、暗渠复明、公园改造、清淤清障、海绵城市建设等一系列工程措施，解决河道防洪不达标、建成区滞蓄空间较少、暗渠化严重等问题。

罗湖区碧道规划水安全保障结合海绵城市策略，以提升系统防护能力为目标，提升极端灾害天气预警应急抢险能力。深圳市是台风多发频发地区，为积极稳妥沉着应对台风灾害的袭击，进一步规范完善城市防灾减灾体系，全面提升应急抢险能力，需要构建完善的雨水管渠系统、排水防涝系统、防洪系统、超标应急系统，解决城市内涝风险。

（1）布吉河水安全保障策略

上游揭盖复明、河道改线复明，中游洪湖公园段湖底清淤，下游段结合《深圳市防洪（潮）及内涝防治规划（2021～2035)》对深圳水库的挖潜，降低河道水位，并增设移动挡墙等设施保障布吉河下游段河道防洪达标。

（2）笔架山河水安全保障策略

结合碧道建设，对笔架山河进行系统的暗渠复明拓宽，实现还河于城，还水于民。

（3）清水河水安全保障策略

结合行洪断面需求，将 DN1800 管道拓宽至 4m×2m 行洪通道；规划河道复明用地，对红岗路至清宝路河段进行拓宽，保障防洪标准内的河道行洪安全；结合现状暗涵安全鉴定，对清宝路至清一路段旧有箱涵进行拆除重建。

（4）深圳河水安全保障策略

结合《深圳市防洪（潮）及内涝防治规划（2021～2035)》方案，通过深圳水库挖潜、河干流堤防加高等工程措施调高河道防洪标准。

（5）大坑水库排洪河水安全保障策略

在大坑水库排洪河上游，青湖山庄西侧林地打造景观型调蓄空间，结合小坑水库整治工程，减少大坑水库排洪河行洪压力。对接《清水河片区水系规划及暗涵复明研究》项目，新建分洪水廊道，将大坑水库排洪河洪水引入清水河排放，缓解大坑水库排洪河行洪压力，避免穿越铁路扩孔问题（图 12-6）。

图 12-6　罗湖区水安全系统规划策略图

在水环境提升系统方面，规划水环境系统按照"厂-网-河-站"思路全面进行改造和提升。通过完善污水处理设施，保留罗芳水质净化厂、洪湖水质净化厂，新建大望水质净化厂或保留现状分散处理设施，污水处理总规模实现 46.5 万 m³/d；规划至 2025 年，罗湖区共建成 14 座污水泵站，关停 2 座污水泵站，总规模约 63 万 m³/d。其中扩建北斗污水泵站至 10 万 m³/d（现状规模 5.8 万 m³/d），规划新改建污水主干管网总长约 21.2km，重点解决局部片区污水无出路问题，打通主干瓶颈管段，提升污水系统承载力；同时结合笋岗、清水河重点片区以及湖贝等城市更新片区同步落实污水管网建设；建立洪湖水质净化厂、罗芳水质净化厂、滨河水质净化厂及大望水质净化厂、布吉水质净化厂、埔地吓水质净化厂相互之间的污水调配机制。此外，严格按照海绵城市建设规划要求，做到海绵城市理念"应做尽做"，系统解决区域内城市面源污染问题。

2. 山水畅游、文化串联

碧道休闲系统规划的总目标是将蓝绿空间融合统筹发展。在碧道建设规划中，以深圳河慢行轴线深圳水库为碧道小循环，与罗湖区东、西、中、北四条绿道组成的大环线形成呼应，打造罗湖区蓝绿主轴与主环。通过各个网状的碧道（河道脉络与湖水库）与城市绿道的合力，串联区域内的山、水、林、田、湖、草各个资源，同时结合各个片区空间与产业特点，形成蓝绿空间格局各个片区的特色主题网络（图 12-7）。

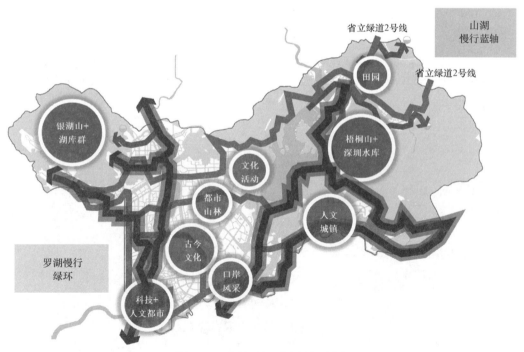

图 12-7　蓝绿空间融合网概念图

强化碧道沿线滨水空间与区域交通系统与城镇公共交通系统衔接。加强碧道与城际轨道站点、长途汽车站、高速公路出入口、城市地铁站点与公交枢纽站等重要交通节点的衔接，合理设置换乘点，提供公交转接、自行车租赁、停车服务与地图导引等服务，按照就近原则，依托道路、绿道等，设立公交转接或慢行转接线路。

　　罗湖区碧道建设规划充分对接城市综合交通规划，构建"轨交＋慢行"的出行方式，依托生活型街道、滨水及沿路绿带、地块内部街巷等，系统布局垂直于河岸的慢行通道，重点串联腹地轨交站点、重要公共服务设施与重要公共空间等，形成滨水至腹地的活力动线。慢行通道的设置密度，可根据河道（段）的功能特征分类分级予以确定。依据城市重点区域分布、重点碧道分布和轨道交通枢纽节点的重要性衔接节点共 16 个。

　　碧道要与在建及规划绿道充分衔接，与规划绿道同步设计与建设。碧道规划与滨水绿道建设重合的部分可因地制宜按碧道标准改造完善提升，加挂碧道标识，避免重复建设。规划 20 个碧道绿道衔接点，衔接点应设置信息指示设施，设置必要的公共自行车放置点、公共厕所及休憩设施等。在保障安全的基础上，鼓励滨水空间积极向市民公众开放，并依据河道所处的功能、区位、景观、生态涵养等要求进行差异化引导。

　　此外，立足于现状文化资源，以沿线重点文化要素为依托，以公共交往和文化博览为核心功能，通过改造提升或新建的方式，结合水系打造主题文化展示核心节点，提升滨水公共活力。强化核心节点带动作用，全面展示罗湖文化风采。依托碧道设置水文化设施，发展水文化体验活动。体现人水相依，保护、延续、传承河道及两岸建筑风貌的历史和文化传统，讲述历史故事，加强与沿线周边历史人文资源点的联系，利用滨水空间的集聚作用，打造滨水开放的人文博物馆。

　　规划设置八大组团，展现罗湖区不同的文化风貌（图 12-8）。红色文化组团依托元勋旧址等地，设置文化展示项目，可规划设置爱国主义教育场所；创意文化组团、特色艺术组团依托自然生态环境，可设置生态自然教育基地、自然参观等活动场所；湖山生态文化组团依托深圳美术馆、罗湖区文化馆、深圳水库等地，可设置生态文明展览、湖山文化观光体验等；文体娱乐组团依托罗湖区粤海体育休闲公园、东湖公园、罗湖区体育中心等，可将碧道与周边运动设施进行河流串联，形成运动游径；广府文化组团依托罗湖区湖贝南

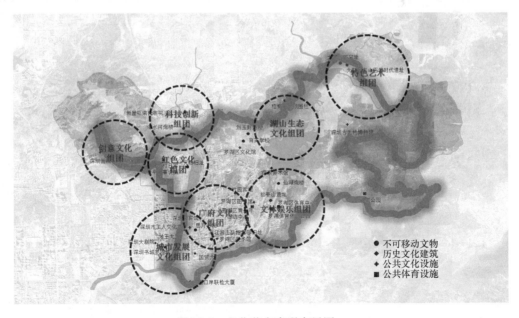

图 12-8　文化节点串联布局图

坊，对老深圳、老罗湖的风貌进行保护与展示；城市发展文化组团依托罗湖区地王大厦、国贸大厦等，展现深圳发展及改革开放轨迹；科技创新组团依托罗湖区未来建设的方向，构建滨水游憩和科技展示窗口。

3. 产业发展、水城共荣

在水经济建设方面，规划重点搭建以碧道河流为架构的水岸生态与经济综合体，打造水岸生态与经济综合体服务于罗湖区重点城市功能区，通过部分段落的沿岸改造，实现水城联动，为沿岸商业空间提供休闲活动场所，同时带动沿岸空间活力。借助河流型碧道建设，激发沿线生态价值，实现水产城融合。实现水城联动，为沿岸商业空间提供休闲活动场所，同时带动沿岸空间活力。

以水为景，聚焦滨水空间景观营造，全面推动碧道建设区与协调区景观优化，带动城市形态提升以碧道建设区与碧道协调区为抓手，分层推进滨水环境与空间的提升。对于碧道建设区，即位于城市蓝线范围内的，与水生态、水环境密切相关的地区，规划采用"清、修、营"三步走策略。

（1）对碧道建设范围内的具有一定环境影响性且不具备历史人文价值的建筑进行清除；

（2）对工程性滨水岸线进行生态化改造，对其河岸线型、环境进行修复；

（3）对碧道建设区的景观进行设计，通过景观设计、公共空间设计、设施设计等，真正使之从"景观资源"营造为"景观场所"。

对于碧道协调区，即位于城市蓝线范围外，但紧邻滨水一线的地区，规划采用"改、控、优"三步走策略。

（1）识别碧道协调区内的旧厂房、旧村居与旧城镇，鼓励推动综合整治或改造提升；

（2）建议加大滨水地区的建设管控力度，结合滨水景观提升的需要，设定关键性的规划设计指标与条件；

（3）对滨水地区的公共开放空间进行优化，提高碧道协调区内的公园绿地、生态空间、广场及其他公共设施或公共活动空间的设计品质，推动滨水景观向内部渗透。

4. 廊道节点、统筹管控

规划打造涵养蓄存型、调蓄净化型、生态保育型生态节点，统筹考虑所有水生态空间，强化水生态节点服务功能，实现上游生态保育、中游涵养蓄存、下游调蓄净化（图12-9）。

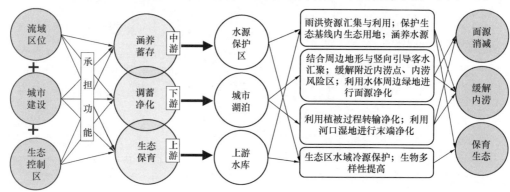

图12-9 碧道工程生态节点建设技术路线图

规划统筹考虑所有生态空间，增强生态节点生态服务功能，增强生态连贯性，进行水生态廊道修复提升，生态廊道分类管控与提升，宏中微观分级施策，具体如下。

生态区中的水廊道主要有自然郊野型生态廊道，宏观层面侧重生态保育，进行郊野徒步休闲功能岸线建设为主，主要为自然岸线；中观层面采用有限干预的方式恢复河道自然蜿蜒形态；微观层面重点进行生态修复，恢复生机勃勃，实现生境丰富。对仙湖水、茂仔水、赤水洞水、正坑水、深圳水库排洪河（生态区段）进行自然郊野型生态廊道建设。

建成区中的水廊道主要有生活休闲型、黄金水岸型生态廊道，宏观层面定位打造生活休闲型生态廊道、黄金水岸型，前者加强水系连通，侧重生态修复，改造硬质岸线，后者加强生态空间塑造，结合城市更新活动，侧重岸线生态品质；中观层面实施河岸曲化改造，恢复健康状态，满足水量需要；微观层面进行植物稳定护岸，生境修复，丰富滨生态群落。对深圳河干流罗湖段、莲塘河、深圳水库排洪河（非生态区段）进行生活休闲型生态廊道，对布吉河罗湖段、笔架山河罗湖段、清水河、大坑水库排洪河进行黄金水岸型生态廊道建设（图 12-10）。

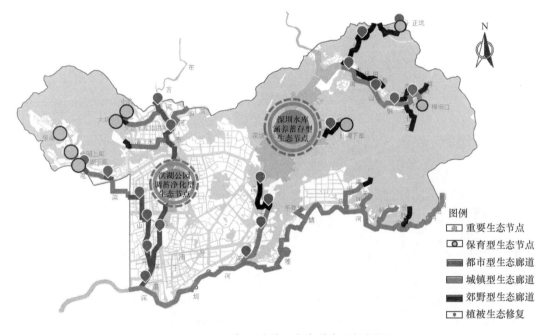

图 12-10　罗湖区碧道生态廊道布局规划图

5. 提出碧道生态建设指引

（1）碧道设计应以水污染治理等工作为基础，维护和提升水环境质量，达到相应水质标准。

（2）碧道设计应复核水质达标情况，对于尚未达标的，应综合考虑外源减排、内源清淤、生态补水、活水循环、生态恢复等多种方式，提出保障水质稳定达标的具体措施。河湖库所沉积底泥是水生态环境的有机组成部分，也可能是主要的内源污染源，应科学分析、合理确定清淤规模、清淤方式和处置方式。

（3）碧道设计可结合滞洪区、河口、污水处理厂等节点建设自然或人工湿地，改善水质。植物配置应选用土著种，优先选择根系发达、净化能力好、生长期长、株型高、便于管理维护的挺水植物。

（4）碧道设计应尽量维持河湖岸线和海洋岸线天然状态，禁止缩窄河道行洪断面，避免侵占海域，避免裁弯取直；同时也应避免为营造景观，人为将现状顺直的岸线修整弯曲。

（5）碧道设计应保留河湖横断面坡、岸、滩、槽、洲、潭等多样化的自然形态，避免将河湖底部平整化，应维持自然的深水、浅水等区域，维护河道生境的多样性。

（6）碧道设计应充分利用沿线城市公共绿地，建设雨水花园、生物滞留带、植草沟、透水铺装等设施，构建海绵系统，削减雨水径流量和初期雨水污染，形成弹性的蓄水空间，避免河道遭受较大的冲击而造成生态系统的破坏。经充分评估和规划后，可利用山塘、非饮用水水源水库对旱季河道进行补水，确保旱季不断流，维持河道生态基流，提升水环境容量。

（7）碧道设计可利用经水质提升后的污水处理厂尾水对河道进行补水，应合理安排近远期补水点、补水水量，提高补水的生态效益，改善水环境质量。

（8）碧道设计应体现建筑物结构与材料的生态性、环保性、景观性，加快推进环境友好的新技术、新工艺、新材料、新设备的运用，包括生态混凝土、装配式多孔结构、护砌体、土工织物、内加剂、涂料等。

（9）碧道设计布设亲水设施应减少对近岸动物栖息地的不利影响，设置必要的生物通道。

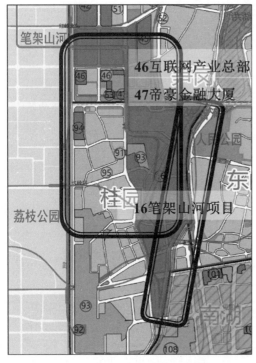

图 12-11　笋岗街道-46 互联网产业总部和 47 帝豪金融大厦更新项目位置图

6. 提出城市更新管控和用地协同要求

落实国家、省、市有关工作部署，坚持"以用促建"，以国土空间规划改革为契机，借助"多规合一"平台，加强空间规划的统筹协调和信息共享，提高政府协同效率，提升城市的空间治理能力，推进智慧城市建设。

衔接城市更新、法定图则要求，对设施实施用地核查工作，确保建设项目的可落地实施性。以笋岗街道-46 互联网产业总部和 47 帝豪金融大厦更新项目为例，核查笔架山河道水域控制线侵占、蓝线侵占情况（图 12-11）。46 项目用地 3.69 万 m²、47 项目用地 0.54 万 m²，依据最新蓝线规划修编成果，该更新项目存在重叠水域控制线、蓝线问题，故规划方案中需保证笔架山河水域控制线 9m 和两侧蓝线 10m 的空间预留。规划建议在更新项目推进实施过程中，应按照规划方案进行线位预留，清退水域控制线内占地，保留水生态空间。

12.3　探索创新

12.3.1　提出高密度城区河湖水系最优美建设路径

充分结合高密度城区自身所处的发展阶段、特点与存在问题，以"水城产共治"作为指导碧道规划与建设的核心理念，实现"生产、生活、生态"三生共融，坚持安全为本、生态优先、特色彰显、系统治理、协同协作、经济合理的原则，研究河湖水系最优美的建设技术路径。提出碧道设施空间规划与利用技术，以治水为先导，优化生态本底，增强对绿色高能产业及高素质人群的吸引力。此外，通过治城提升城市服务功能，将公共空间布局还水于民；以治产、治城反哺治水，从源头上杜绝污染，实现标本兼治、长治久清。最后，强化绿色节约、共建共享思路，在确保河道行洪安全的前提下，注重生态保护与自然修复，坚决防止和避免过度人工化，寻求基于自然的碧道解决方案，降低建设和维护成本。

12.3.2　突破传统局限统筹力争实现水城综合发展

遵循传统红线、绿线、蓝线的技术法规，突破传统局限性，统筹规划建设实现水陆综合发展，提高人民的生活品质，建立人与自然的良性循环。休闲系统的总目标是将蓝绿空间融合统筹发展，建立碧道小循环与区域绿道组成的大环线形成呼应，打造蓝绿主轴与主环。通过各个网状的碧道（河道脉络与湖水库）与城市绿道的合力，串联区域内的山、水、林、田、湖、草各个资源，同时结合各个片区空间与产业特点，形成蓝绿空间格局各个片区的特色主题网络。提出城市更新管控要求与用地协同策略，将以生态优先为先决条件制定的规划引导作为后续碧道建设项目立项的重要依据，和与涉河更新单元规划协同的重要依据，引导国土空间高品质发展。

12.3.3　提出水务基础设施空间生态治理与修复技术

综合考虑生态基质、生态控制线分布情况，流域分布情况，产城发展情况，以街道为依据，统筹考虑全要素水生态空间，强化水生态节点服务功能，实现上游生态保育、中游涵养蓄存、下游调蓄净化功能；通过"植物-动物-微生物"共同作用提升水质，实施上游河岸植被生态修复，中游底栖动物投放与栖息地修复，下游漫滩植被修复；发挥河流空间吸引力，增强区域集聚效应，以激活山水养生的自然景观为特色、以串联休闲游憩的文化景观为特色、以开发水利风景旅游资源为特色、以打造水上风景道为特色，努力实现城市建设人性化，城市管理人情味，人民群众有获得感。

附录 1   相关术语定义

1. 流域   basin

地表水或地下水的分水线所包围的汇水或集水区域。

2. 碧道   ecological belt

以水为纽带，以江河湖库及河口岸边带为载体，统筹生态、安全、文化、景观和休闲功能建立的复合型廊道。

3. EOD 模式   Eco-environment-oriented development

生态环境导向的开发模式，是以生态保护和环境治理为基础，以特色产业运营为支撑，以区域综合开发为载体，采取产业链延伸、联合经营、组合开发等方式，推动公益性较强、收益性差的生态环境治理项目与收益较好的关联产业有效融合，统筹推进，一体化实施，将生态环境治理带来的经济价值内部化，是一种创新性的项目组织实施方式。

4. 低影响开发   low impact development，LID

指在城市开发建设过程中，通过生态化措施，尽可能维持城市开发建设前后水文特征不变，有效缓解不透水面积增加造成的径流总量、径流峰值与径流污染的增加等对环境造成的不利影响。

5. 面源污染   non-point source pollution

溶解和固体的污染物从非特定地点，在降水或融雪的冲刷作用下，通过径流过程而汇入受纳水体（包括河流、湖泊、水库和海湾等）并引起有机污染、水体富营养化或有毒有害等其他形式的污染。

6. 海绵城市   sponge city

通过城市规划、建设的管控，从"源头减排、过程控制、系统治理"着手，综合采用"渗、滞、蓄、净、用、排"等技术措施，统筹协调水量与水质、生态与安全、分布与集中、绿色与灰色、景观与功能、岸上与岸下、地上与地下等关系，有效控制城市降雨径流，最大限度地减少城市开发建设行为对原有自然水文特征和水生态环境造成的破坏，使城市能够像"海绵"一样，在适应环境变化、抵御自然灾害等方面具有良好的"弹性"，实现自然积存、自然渗透、自然净化的城市发展方式，有利于达到修复城市水生态、涵养城市水资源、改善城市水环境、保障城市水安全、复兴城市水文化的多重目标。

7. 生态流量   ecological water flow

为了维系河流、湖泊等水生态系统的结构和功能，需要保留在河湖内满足生态用水需求的流量（水量、水位）及其过程。

8. 排水系统   sewer system

收集、输送、处理、再生和处置污水和雨水的设施以一定方式组合成的总体。

9. 排水体制　sewerage system

在一个区域内收集、输送污水和雨水的方式，有合流制和分流制两种基本方式。

10. 合流制　combined system

用同一管渠系统收集、输送污水和雨水的排水方式。

11. 分流制　separate system

用不同管渠系统分别收集、输送污水和雨水的排水方式。

12. 合流制管道溢流　combined sewer overflow

降雨时，在合流制排水系统中超过截流能力的水排入水体的状况。

13. 产流模型　flow generation model

模拟降雨通过地表下垫面下渗、填洼、截留、蒸发等降雨损失后形成地表径流过程的数学模型。

14. 汇流模型　flow routing model

模拟降雨形成汇水区域出口断面径流过程的数学模型。

15. 概化模型　simplified model

基于城镇排水防涝系统主要要素特征进行概化模拟的数学模型。

16. 雨量径流系数　volumetric runoff coeficient

设定历时内降雨产生的径流深与降雨量之比。

附录 2　相关政策文件

2015 年 4 月 16 日，国务院发布《国务院关于印发水污染防治行动计划的通知》（国发〔2015〕17 号），要求各地按照"节水优先、空间均衡、系统治理、两手发力"的原则，贯彻"安全、清洁、健康"方针，系统推进水污染防治、水生态保护和水资源管理。

2015 年 4 月 25 日，中共中央、国务院印发《中共中央　国务院关于加快推进生态文明建设的意见》，明确了加快推进生态文明建设是加快转变经济发展方式、提高发展质量和效益的内在要求，是坚持以人为本、促进社会和谐的必然选择，是全面建成小康社会、实现中华民族伟大复兴中国梦的时代抉择，是积极应对气候变化、维护全球生态安全的重大举措。

2015 年 9 月 11 日，住房和城乡建设部、环境保护部发布《城市黑臭水体整治工作指南》，提出了 2015～2020 年的黑臭水体整治工作目标，并对整治方案、整治技术及整治效果评估等提出了具体要求。

2016 年 12 月 11 日，中共中央办公厅、国务院办公厅印发《关于全面推行河长制的意见》，提出设立各级河长负责组织领导相应河湖的管理和保护工作，包括水资源保护、水域岸线管理、水污染防治、水环境治理等。

2017 年 11 月 20 日，中共中央办公厅、国务院办公厅印发《关于在湖泊实施湖长制的指导意见》，要求在全面推行河长制的基础上，在湖泊实施湖长制，坚持人与自然和谐共生的基本方略，遵循湖泊的生态功能和特性，严格湖泊水域空间管控，强化湖泊岸线管理保护，加强湖泊水资源保护和水污染防治，开展湖泊生态治理与修复，健全湖泊执法监管机制。

2018 年 9 月 30 日，住房城乡建设部、生态环境部发布《关于印发城市黑臭水体治理攻坚战实施方案的通知》，旨在进一步扎实推进城市黑臭水体治理工作，巩固印发《水污染防治行动计划》以来治理成果，加快改善城市水环境质量。

2018 年 10 月 11 日，国务院办公厅发布《关于保持基础设施领域补短板力度的指导意见》，指出要促进农村生活垃圾和污水处理设施建设；支持城镇生活污水、生活垃圾、危险废物处理设施建设，加快黑臭水体治理；支持重点流域水环境综合治理。

2019 年 4 月 15 日，国家发展改革委、水利部印发《国家节水行动方案》，为落实推动全社会节水，全面提升水资源利用效率，形成节水型生产生活方式，保障国家水安全，促进高质量发展。

2019 年 4 月 29 日，住房和城乡建设部、生态环境部、国家发展改革委发布了《关于印发城镇污水处理提质增效三年行动方案（2019—2021 年）的通知》，督促各地加快补齐城镇污水收集和处理设施短板，尽快实现污水管网全覆盖、全收集、全处理。

2021 年 4 月 8 日，国务院办公厅发布《国务院办公厅关于加强城市内涝治理的实施意见》(国办发〔2021〕11 号),要求各地系统建设城市排水防涝工程体系、提升城市排水防涝工作管理水平、统筹推进城市内涝治理工作。

2021 年 11 月 2 日,中共中央 国务院印发《中共中央 国务院关于深入打好污染防治攻坚战的意见》,要求以精准治污、科学治污、依法治污为工作方针,统筹污染治理、生态保护、应对气候变化,深入打好蓝天、碧水、净土保卫战。

2022 年 2 月 21 日,生态环境部印发《关于开展汛期污染强度分析推动解决突出水环境问题的通知》,以指导各地开展汛期污染强度分析,着力突破面源污染防治瓶颈,推动水环境质量持续改善。

2022 年 9 月 6 日,水利部办公厅发布《水利部办公厅关于强化流域水资源统一管理工作的意见》(办资管〔2022〕251 号),要求各地强化流域水资源统一管理,提升流域治理管理能力和水平。

2023 年 2 月 8 日,水利部、农业农村部、国家林业和草原局、国家乡村振兴局联合印发《关于加快推进生态清洁小流域建设的指导意见》,提出全面推动小流域综合治理提质增效,从治山保水、治河疏水、治污洁水、以水兴业等方面大力推进生态清洁小流域建设,助力乡村振兴和美丽中国建设。

2023 年 5 月 25 日,中共中央、国务院印发了《国家水网建设规划纲要》,明确了国家水网总体布局,并提出了完善水资源配置和供水保障体系、完善流域防洪减灾体系、完善河湖生态系统保护治理体系、推动国家水网高质量发展以及保障措施方面的要求。

2023 年 7 月 25 日,国家发展改革委、生态环境部、住房城乡建设部等部门印发《环境基础设施建设水平提升行动(2023—2025 年)》,部署推动补齐环境基础设施短板弱项,全面提升环境基础设施建设水平,明确了生活污水收集处理及资源化利用设施建设水平提升行动等方面的任务。

2023 年 12 月 12 日,国家发展改革委、住房城乡建设部、生态环境部印发《关于推进污水处理减污降碳协同增效的实施意见》,督促各地推动污水处理减污降碳协同增效,提出加强源头节水增效、污水处理节能降碳、污泥处理节能降碳三方面重点任务。

2024 年 3 月 20 日,国务院发布《节约用水条例》,促进全社会节约用水,坚持和落实节水优先方针,深入实施国家节水行动。为保障国家水安全、推进生态文明建设、推动高质量发展提供有力的法治保障。

我国流域治理相关政策文件名录汇编

发布日期	文件名称	发文单位	文号
2015 年 4 月 16 日	《国务院关于印发水污染防治行动计划的通知》	国务院	国发〔2015〕17 号
2015 年 4 月 25 日	《中共中央 国务院关于加快推进生态文明建设的意见》	中共中央 国务院	—
2015 年 9 月 11 日	《城市黑臭水体整治工作指南》	住房和城乡建设部、环境保护部发布	—

发布日期	文件名称	发文单位	文号
2016 年 12 月 11 日	《关于全面推行河长制的意见》	中共中央办公厅、国务院办公厅	—
2017 年 11 月 20 日	《关于在湖泊实施湖长制的指导意见》	中共中央办公厅、国务院办公厅	—
2018 年 9 月 30 日	《关于印发城市黑臭水体治理攻坚战实施方案的通知》	住房城乡建设部、生态环境部	—
2018 年 10 月 11 日	《关于保持基础设施领域补短板力度的指导意见》	国务院办公厅	国办发〔2018〕101 号
2019 年 4 月 15 日	《国家节水行动方案》	国家发展改革委、水利部	发改环资规〔2019〕695 号
2019 年 4 月 29 日	《关于印发城镇污水处理提质增效三年行动方案（2019—2021 年）的通知》	住房和城乡建设部、生态环境部、国家发展改革委	建城〔2019〕52 号
2021 年 4 月 8 日	《国务院办公厅关于加强城市内涝治理的实施意见》	国务院办公厅	国办发〔2021〕11 号
2021 年 11 月 2 日	《中共中央 国务院关于深入打好污染防治攻坚战的意见》	中共中央 国务院	—
2022 年 2 月 21 日	《关于开展汛期污染强度分析推动解决突出水环境问题的通知》	生态环境部	环办水体函〔2022〕52 号
2022 年 9 月 6 日	《水利部办公厅关于强化流域水资源统一管理工作的意见》	水利部办公厅	办资管〔2022〕251 号
2023 年 2 月 8 日	《关于加快推进生态清洁小流域建设的指导意见》	水利部、农业农村部、国家林业和草原局、国家乡村振兴局	水保〔2023〕35 号
2023 年 5 月 25 日	《国家水网建设规划纲要》	中共中央 国务院	—
2023 年 7 月 25 日	《环境基础设施建设水平提升行动（2023—2025 年）》	国家发展改革委、生态环境部、住房城乡建设部	发改环资〔2023〕1046 号
2023 年 12 月 12 日	《关于推进污水处理减污降碳协同增效的实施意见》	国家发展改革委、住房城乡建设部、生态环境部	发改环资〔2023〕1714 号
2024 年 3 月 20 日	《节约用水条例》	国务院	国令第 776 号

参 考 文 献

[1] 杨海乐，陈家宽. "流域"及其相关术语的梳理与厘定[J]. 中国科技术语，2014，16(2)：38-42.

[2] 詹道江，叶守泽. 工程水文学[M]. 3 版. 北京：中国水利水电出版社，2000.

[3] Kaufman M，Rogers D，Murray K. Urban Watersheds：Geology，Contamination，and Sustainable Development[J]. Environmental & Engineering Geoscience，2012，18(4).

[4] Parece E T，Campbell B J. Identifying Urban Watershed Boundaries and Area，Fairfax County，Virginia[J]. Photogrammetric Engineering & Remote Sensing，2015，81(5).

[5] 王浩，贾仰文. 变化中的流域"自然-社会"二元水循环理论与研究方法[J]. 水利学报，2016，47 (10)：1219-1226.

[6] Jia Yangwen. Integrated Analysis of Water and Heat Balances in Tokyo Metropolis with a Distributed Model[D]. Tokyo，Univ. of Tokyo，1997.

[7] Sivapalan M，Savenije H，Bloeschl G. Sociogydrology：A new science of people and water [J]. Hydrological Processes，2012，26(8)：1270-1276.

[8] Viglione A，et al. Insights from socio-hydrology modelling on dealing with flood risk-Roles of collective memory，risk taking attitude and trust[J]. Journal of Hydrology，2014(518)：71-82.

[9] Elshafe Y，Coletti J Z，Sivapalan M，et al. A model of the socio-hydrologic dynamics in a semiarid catchment：Isolating feedbacks in the coupled human-hydrology system[J]. Water Resources Research，2015，51(8)：6442-6471.

[10] Chen X，Wang DB，Tian FQ，et al. From channelization to restoration：Sociohydrologic modeling with changing community preferences in the Kissimmee River Basin，Florida[J]. Water Resources Research，2016，52(2)：1227-1244.

[11] 王浩. 西北地区水资源合理配置和承载能力研究[J]. 中国科技奖励，2005(3).

[12] 王浩，贾仰文. 变化中的流域"自然-社会"二元水循环理论与研究方法[J]. 水利学报，2016，47 (10)：1219-1226.

[13] 黄强，蒋晓辉，刘俊萍，等. 二元模式下黄河年径流变化规律研究[J]. 自然科学进展，2002，(8)：92-95.

[14] 王西琴，刘昌明，张远. 基于二元水循环的河流生态需水水量与水质综合评价方法：以辽河流域为例[J]. 地理学报，2006(11)：1132-1140.

[15] 魏娜，游进军，贾仰文，等. 基于二元水循环的用水总量与用水效率控制研究：以渭河流域为例 [J]. 水利水电技术，2015，46(3)：22-26.

[16] 刘建康. 生态学文集[M]. 北京：化学工业出版社，2007.

[17] 贾先文，李周. 流域治理研究进展与我国流域治理体系框架构建[J]. 水资源保护，2021，37(4)：7-14.

[18] 贾先文，李周. 北美五大湖 JSP 管理模式及对我国河湖流域管理的启示[J]. 环境保护，2020，48 (10)：70-74.

[19] 吕志奎. 流域治理体系现代化的关键议题与路径选择[J]. 人民论坛，2021(Z1)：74-77.

[20] 唐耀华. 城市化概念研究与新定义[J]. 学术论坛，2013，36(5)：113-116.

[21] Cu C，Wu L，Cook I. 2012. Progress in research on Chinese urbanization. Front Architectural Res，1：101-149.

[22] Gu C. Urbanization：Processes and driving forces[J]. Science China (Earth iences)，2019，62(9)：1351-1360.

[23] Chaolin G，Lingqian H，G. COOK I. China's Urbanization in 1949－2015：Processes and Driving Forces[J]. Chinese Geographical Science，2017，27(6)：847-859.

[24] Sun G，Riedel M，Jackson R，Kolla R，Amatya D，Shepard，J. Influences of Management of Southern Forests on Water Quantity and Quality[R]. Asheville，NC：U. S. Department of Agriculture，Forest Service，Southern Research Station，2004：195-234.

[25] ODriscoll M，Clinton S，Jefferson A，Manda A，McMillan S. Urbanization effects on watershed hydrology and in-stream processes in the southern United States[J]. Water，2010，2(3)：605-648.

[26] Zhou G Y，Wei X H，Chen X Z，et al. Global pattern for effect of climate and land cover on water yield[J]. Nature Communications，2015(6)：5918.

[27] Oudin L，Salavati B，Furusho-Percot C，et al. Hydrological impacts of urbanization at the catchment scale[J]. Journal of Hydrology，2018，559：774-786.

[28] 郝璐，孙阁. 城市化对流域生态水文过程的影响研究综述[J]. 生态学报，2021，41(1)：13-26.

[29] Boggs J L，Sun G. Urbanization alters watershed hydrology in the Piedmont of North Carolina[J]. Ecohydrology，2011，4(2)：256-264.

[30] 南京水利科学研究院. "十一五"国家科技支撑计划重点项目"雨洪资源化利用技术研究及应用技术"总报告[R]. 南京：南京水利科学研究院，2011.

[31] 赵剑强. 城市地表径流污染与控制[M]. 北京：中国环境科学出版社，2002.

[32] Weltzin，J F，Loik M E，et al. Assessing the response of terrestrial ecosystems to potential changes in precipitation[J]. BioScience，2003，53(10)：941-952.

[33] 夏军，翟晓燕，张永勇. 水环境非点源污染模型研究进展[J]. 地理科学进展，2012，31(7)：941-952.

[34] DeFries R，Eshleman K N. Lan-se change and hydrologic processes：a major focus for the future [J]. Hydrological Proesses，2004，18 (11)：2183-2186.

[35] Schcjeler T. The importance of imperviousness[J]. Watershed Protection Techniques，1994，1(3)：100-111.

[36] Paul M J，Meyer J L. Streams in the urban landscape[J]. Annual Review of Ecology and Systematics，2001，32：333-365.

[37] Barrett K，Helms B S，Guyer C，et al. Linking process to pattern：causes of stream breading amphibian decline in urbanized watersheds[J]. Biological Conservation，2010，143 (9)：1998-2005.

[38] 张建云. 城市化与城市水文学面临的问题[J]. 水利水运工程学报，2012(1)：1-4.

[39] 程涵，金哲，管蓓. 城镇人口增长造成水环境压力浅析：以南京市某河流为例[J]. 安徽农学通报，2017，23(24)：75-77.

[40] 王立新，王健. 高度城市化地区水的综合治理方法和实践[J]. 中国水利，2020(10)：1-6.

[41] 中华人民共和国生态环境部. 生态环境部公布 2023 年第四季度和 1—12 月全国地表水环境质量状况[EB/OL]. (2024-1-25)[2024-04-03]. https：//www. mee. gov. cn/ywdt/xwfb/202401/t20240125_

1064785. shtml.

[42] 人民日报. 全国地级及以上城市98.2%黑臭水体已消除"十四五"时期瞄准县级城市建成区［EB/OL］. (2021-03-31)［2024-04-03］. https：//www. gov. cn/xinwen/2021/03/31/content_5596917. htm.

[43] 李禾. 为守牢水生态安全底线提供支撑［N］. 科技日报，2024-04-03(8).

[44] 生态环境部农业农村部水利部关于印发《重点流域水生生物多样性保护方案》的通知［R］. 中华人民共和国国务院公报，2018，(28)：71-79.

[45] 世界自然基金会. 长江生命力报告2020［R］. 北京：世界自然基金会(瑞士)北京代表处，2020.

[46] 刘录三，黄国鲜，王璠，等. 长江流域水生态环境安全主要问题、形势与对策［J］. 环境科学研究，2020，33(5)：1081-1090.

[47] 赵晏慧，李韬，黄波，等. 2016—2020年长江中游典型湖泊水质和富营养化演变特征及其驱动因素［J］. 湖泊科学，2022，34(5)：1441-1451.

[48] 张瑞艳. 城市水环境与黑臭水体治理［C］//河海大学，河北工程大学，浙江水利水电学院，北京水利学会，天津市水利学会. 2023(第二届)城市水利与洪涝防治学术研讨会论文集. ［出版者不详］，2023：9.

[49] 中华人民共和国国家发展和改革委员会. 专家解读丨加快推进城市内涝治理，构筑人民美好生活空间［EB/OL］. (2021-06-02)［2024-04-03］. https：//www. ndrc. gov. cn/xxgk/jd/jd/202106/t20210602_1282447. html.

[50] 中华人民共和国水利部. 2022年全国水利发展统计公报［EB/OL］. (2023-12-21)［2024-04-03］. http：//www. mwr. gov. cn/sj/tjgb/slfztjgb/202312/t20231221_1698710. html.

[51] 科技日报.《节约用水条例》5月1日起实施全面建设节水型社会［EB/OL］. (2024-03-28)［2024-04-03］. http：//www. stdaily. com/index/kejixinwen/202403/b8de8e73270c4032a3ce739d09749884. shtml.

[52] 童绍玉，周振宇，彭海英. 中国水资源短缺的空间格局及缺水类型［J］. 生态经济，2016，32(7)：168-173.

[53] 赵孝威，张洪波，李同方，等. 中国城市水资源短缺类型与发展轨迹识别：以32个主要城市为例［J］. 自然资源学报，2023，38(10)：2619-2636.

[54] Muditha Prasannajith Perera. Watershed Management：Theories and Practices［M］. Colombo：Godage International Publishers Pvt. Ltd. 2019.

[55] Wang G，Mang S，Cai H，et al. Integrated watershed management：evolution, development and emerging trends［J］. Journal of Forestry Research，2016，27(5)：967-994.

[56] Zheng L D. History of watershed resource management［J］. China Water Resources Management Publishing House，2004，305.

[57] Chen S J. History of China water resource management［J］. China Water Resources Management Publishing House，2007，134.

[58] Land stewardship through watershed management：perspectives for the 21st century［M］. Springer Science & Business Media，2002.

[59] 陈晓敏. 漫谈中国古代城市排水设施［J］. 才智，2008(20)：30-32.

[60] 杜鹏飞，钱易. 中国古代的城市排水［J］. 自然科学史研究，1999(2)：41-51.

[61] 莫罹，龚道孝，徐秋阳，等. 论城市水系统的发展模式［J］. 净水技术，2019，38(8)：1-7；63.

[62] 曲格平. 中国的环境与发展［M］. 北京：中国环境科学出版社，2007.

[63] 张晶. 中国水环境保护中长期战略研究[D]. 北京：中国科学院大学，2012.

[64] 姚瑞华，赵越，徐敏，等. 重点流域水污染防治的发展历程与展望[C]//全国环境规划院（所）长联席会暨中国环境科学学会环境规划专业委员会2013年学术年会. 中国环境科学学会，环境保护部，2013.

[65] 韩融. "流域治理—固碳增汇"耦合协同的实践形态与优化策略：基于云南省抚仙湖流域治理的案例研究[J]. 云南行政学院学报，2023，25(5)：117-127.

[66] 莫罹，龚道孝，司马文卉，等. 绿色高效的雄安新区城市水系统规划建设综合方案研究[J]. 给水排水，2021，57(11)：70-76.

[67] 王波，胡滨，牟秋，等. 公园城市水系统顶层规划的实践探索：以天府新区为例[J]. 城市规划，2021，45(8)：107-112.

[68] 楼少华，唐颖栋，陶明，等. 深圳市茅洲河流域水环境综合治理方法与实践[J]. 中国给水排水，2020，36(10)：1-6.

[69] Los Angeles County Public Works. (2021). LA River Master Plan 2021. Retrieved from http：//larivermasterplan. org/.

[70] Natural History Museum of Los Angeles County，Higgins，M. L.，Pauly，B. G.，Goldman，G. J.，& Hood，C. (2019). Wild LA：Explore the Amazing Nature in and Around Los Angeles. Portland，OR：Timber Press.

[71] 李允熙. 韩国首尔市清溪川复兴改造工程的经验借鉴[J]. 中国行政管理，2012(3)：96-100.

[72] 李国英. 坚持系统观念 强化流域治理管理[J]. 中国水利，2022(13)：2；1.

[73] 陈茂山. 贯彻落实国家"江河战略"的思考[J]. 中国水利，2024(5)：1-5.

[74] 褚俊英，周祖昊，王浩，等. 流域综合治理的多维嵌套理论与技术体系[J]. 水资源保护，2019，35(1)：1-5；13.

[75] 李曼，薛祥山，章雨欣，等. EOD模式下水生态环境保护与治理策略研究[J]. 环境保护与循环经济，2023，43(12)：50-57.

[76] 莫世川，谢坤，陈华，等. 城市厂网河一体化模拟与调度研究进展[J]. 中国农村水利水电，2022(10)：42-46；50.

[77] 汤伟真，吴亚男，任心欣. 海绵城市专项审查要点与方法研究[J]. 中国给水排水，2018，34(17)：123-127.

[78] 张亮，俞露，汤钟. 基于"厂-网-河-城"全要素的深圳河流域治理思路[J]. 中国给水排水，2020，36(20)：81-85.

[79] 王玉明. 粤港澳大湾区环境治理合作的回顾与展望[J]. 哈尔滨工业大学学报（社会科学版），2018，20(1)：117-126.

[80] 陶相婉，莫罹，龚道孝，等. 雄安新区城市水系统全周期管理机制研究[J]. 给水排水，2021，57(11)：77-81.

[81] 吴舜泽，姚瑞华，赵越，等. 科学把握水治理新形势 完善治水机制体制[J]. 环境保护，2015，43(10)：12-15.

[82] 高世楫，李佐军，陈健鹏. 中国水环境监管体制现状、问题与改进方向[J]. 发展研究，2015(2)：4-9.

[83] 陶相婉，莫罹，龚道孝，等. 政策工具视角下城市水系统全周期管理策略研究[J]. 给水排水，2021，47(1)：67-71.

[84] 刘杰希，张垒，阮晨. 城水融合视角下的沿江轴线规划：以成都沱江发展轴为例[J]. 规划师，

2021，37(11)：69-75.

[85] 刘律，孙烨. 河流流域生态保护规划方法探索：以泗河流域生态保护与空间利用总体规划为例[C]//中国城市规划学会，贵阳市人民政府. 新常态：传承与变革——2015中国城市规划年会论文集(07城市生态规划). 中国城市规划设计研究院上海分院规划三所；中国城市规划设计研究院上海分院，2015：10.

[86] 易康梅，孙悦民. 基于系统工程理论的中小河流治理问题分析[J]. 水利技术监督，2021，(6)：171-174.

[87] 彭阁. 临沂城区现代水网建设实践及其成效分析[D]. 泰安：山东农业大学，2012.

[88] 水利部关于修订印发水利标准化工作管理办法的通知[J]. 中华人民共和国国务院公报，2019，(22)：58-63.

[89] 毛斌，宋源，李军强，等. 水城融合理念下河流治理规划探索[J]. 水利规划与设计，2022，(2)：9-11；15.

[90] 郭秉晨. 对欠发达地区转变经济发展方式的思考[J]. 宁夏党校学报，2012，14(1)：89-92.

[91] 王爱杰，许冬件，钱志敏，等. 我国智慧水务发展现状及趋势[J]. 环境工程，2023，41(9)：46-53.

[92] 杨明祥，蒋云钟，田雨，等. 智慧水务建设需求探析[J]. 清华大学学报(自然科学版)，2014，54(1)：133-136；144.

[93] 颜立群. 智慧水务建设现状和发展方向[J]. 城市建设理论研究(电子版)，2023，(18)：217-219.

[94] 刘艳臣，张书军，沈悦啸，等. 快速城市化进程中排水管网运行管理的技术思考与展望[J]. 中国给水排水，2011，27(18)：9-12.

[95] 袁嘉苗. 地表水环境质量评价与原因分析[J]. 皮革制作与环保科技，2022，3(19)：78-80.

[96] 陆露，高峰，郭娟，等. 排水管网运维管理问题分析与对策研究[J]. 中国给水排水，2022，38(2)：8-13.

[97] 张璞，刘欢，胡鹏，等. 全国不同区域河流生态基流达标现状与不达标原因[J]. 水资源保护，2022，38(2)：176-182.

[98] 刘爱珠. 源头削减措施在海绵城市建设中的应用[J]. 天津建设科技，2019，29(5)：78-80.

[99] 颜鲁祥，王天鹏. 基于海绵城市理念的天津市老旧小区改造策略探析[J]. 智能建筑与智慧城市，2019(11)：100-102.

[100] 张林厂. 试论"海绵城市"在市政道路给排水 设计中的应用[J]. 建材与装饰，2019，33：272-273.

[101] 杨潞，孙雷. 黑臭水体整治工程中控源截污技术探讨[J]. 科技创新与应用，2019(10)：144-145.

[102] 高吉喜，徐德琳，乔青，等. 自然生态空间格局构建与规划理论研究[J]. 生态学报，2020，40(3)：749-755.

[103] 黄河林. 生态文明战略视角下的城市滨水空间规划模式研究[J]. 城市建设理论研究(电子版)，2023，(11)：161-163.

[104] 冯琴. "城市双修"建设背景下的滨水景观保护策略研究[J]. 华东科技(综合)，2019(4)：2.

[105] 丁孟达，张晨晖，佟彤，等. 海绵城市建设评价指标研究[J]. 给水排水，2022，58(S1)：22-25.

[106] 李一平，郑可，周玉璇，等. 南方城市污水处理系统效能评估与提质增效策略制定[J]. 水资源保护，2022，38(3)：50-57.

[107] 梁鸿，潘晓峰，余欣繁，等. 深圳市水生态系统服务功能价值评估[J]. 自然资源学报，2016，

31(9)：1474-1487.

[108] 国家发展改革委，国家统计局. 关于印发生态产品总值核算规范(试行)的通知[Z]. 2022-03-26.

[109] 邓灵稚，杨振华，苏维词. 城市化背景下重庆市水生态系统服务价值评估及其影响因子分析[J]. 水土保持研究，2019，26(4)：208-216.

[110] 浙江省市场监督管理局. 生态系统生产总值（GEP）核算技术规范 陆域生态系统：DB33/T 2274—2020[S].

[111] 深圳市市场监督管理局. 深圳市生态系统生产总值核算技术规范：DB4403/T 141—2021[S].

[112] 王丽娜. 以数据为驱动力，城市排水系统模拟与应用发展转型[J]. [出版者不详]，2024.

[113] 崔诺，鲁梅，胡馨月，等. 提质增效背景下排水管网检测技术的应用与总结[J]. 中国给水排水，2023，39(6)：33-40.

[114] 孟莹莹，冯沧，李田，等. 不同混接程度分流制雨水系统旱流水量及污染负荷来源研究[J]. 环境科学，2009，30(12)：3527-3533.

[115] 辛璐，赵云皓，卢静，等. 生态导向开发（EOD）模式内涵特征初探[C]//中国环境科学学会. 2020 中国环境科学学会科学技术年会论文集(第一卷).《中国学术期刊(光盘版)》电子杂志社有限公司出版，2020：4.

[116] 生态环境部办公厅，发展改革委办公厅，国家开发银行办公厅. 关于推荐生态环境导向的开发模式试点项目的通知[Z]. 2020.

[117] 逯元堂，赵云皓，辛璐，等. 生态环境导向的开发(EOD)模式实施要义与实践探析[J]. 环境保护，2021，49(14)：30-33.

[118] 夏美琼，陈燕香，凌敏，等. 流域综合治理生态环境导向的开发模式探讨[J]. 环境生态学，2022，4(12)：57-62.

[119] 孙金龙. 我国生态文明建设发生历史性转折性全局性变化[N]. 人民日报，2020-11-20(09).

[120] 李荣. EOD 模式下流域治理项目投融资方式浅析[J]. 环境与发展，2023，35(3)：6-11.

[121] 肖洵，胡秀媚，谭超，等. 广东万里碧道中期建设成效总结与思考[J]. 中国水利，2023(23)：46-53.

[122] 宋政贤. 水产城深度融合：超大城市治水新路——以茅洲河碧道光明试点段为例[J]. 中国建设信息化，2021(12)：84-86.

[123] 范雅婷，程家辉，李越凡，等. 城市水务基础设施与公共空间一体化更新的类型形态研究[J]. 世界建筑导报，2023，38(2)：56-61.

[124] 刘珩，杨志奇. 从"单一"到"多元"赋能水利基础设施公共化：深圳荷水文化基地：洪湖公园污水处理厂上部景观设计[J]. 世界建筑导报，2023，38(1)：31-34.

[125] 李彦军，冯杰. 城市新画卷，市民幸福河：北京亮马河滨水景观廊道设计[J]. 风景园林，2022，29(12)：50-54.